Ingrid Newkirk & Gene Stone

TIERE

Wer sie sind und was das für unser Zusammenleben bedeutet

Vorwort von Mayim Bialik & Sky du Mont

GrünerSinn
Verlag

Für uns, den GrünerSinn-Verlag, ist nachhaltiges Handeln wegweisend.
Deshalb achten wir bei der Herstellung ganz besonders auf umweltfreundliche, ressourcenschonende und schadstoffarme Produktionsweisen und Materialien.
So kommen Papiere aus nachhaltiger Forstwirtschaft zum Einsatz und für die Druckproduktion werden nur erneuerbare Energien und reine Pflanzenölfarben verwendet.
Dieses Buch wurde in Österreich gedruckt und gebunden.

Konzept: Ingrid Newkirk & Gene Stone
Satz & Layout: Christina Brause
Übersetzung: Nadja Kutscher
Lektorat: Hannah Grieger
Fotocredits: Coverfoto: Tony Arapovic/Unsplash.com, S. 28: Project Ideas/Shutterstock.com, S. 35: Imageinit/Shutterstock.com, S. 40: Jearu/Shutterstock.com, S. 49: Film Studio Aves/Shutterstock.com, S. 53: Aleksey Sagitov/Shutterstock.com, S. 59: mark higgins/Shutterstock.com, S. 64: Rob D the Baker/Shutterstock.com, S. 73: demamiel62/Shutterstock.com, S. 76: Jose Rui Santos/Shutter-stock.com, S. 94: Jim Cumming/Shutterstock.com, S. 98: Igor Pushkarev/Shutterstock.com, S. 105: Willyam Bradberry/Shutterstock.com, S. 135: PETA USA, S. 143: Jørn Stjerneklar/Mayday Press, S. 153: PETA USA, S. 155: PETA ASIA, S. 158: f.ield of vision/Shutterstock.com, S. 161: GG6369/Shutterstock.com, S. 174: Wikipedia.org, S. 178: Troutnut/Shutter-stock.com, S. 202: etonastenka/Shutterstock.com, S. 212: Foodio/Shutterstock.com, S. 256: PETA USA, S. 257: Wikipedia.org
Herstellung: Christian Dolezal, Print Alliance HAV Produktions GmbH, Bad Vöslau

ISBN: 978-3-946625-33-9
1. Auflage 2021, GrünerSinn-Verlag
www.veganverlag.de

Gedruckt nach der Richtlinie „Druckerzeugnisse“
des Österreichischen Umweltzeichens,
Print Alliance HAV Produktions GmbH, UW-Nr. 715

Gewidmet Nanci Alexander, die schon so viele Tiere glücklich gemacht hat, dass man es kaum mehr zählen kann, und in Erinnerung an Gurudev Chitrabhanuji, den verstorbenen Jain-Meister, der alle Lebewesen als unsere Brüder und Schwestern begriff.

INHALTSVERZEICHNIS

VORWORT VON MAYIM BIALIK

Anfang der 2000er-Jahre arbeitete ich an meiner Doktorarbeit in Neurowissenschaften an der Universität von Kalifornien, Los Angeles. Die Welt war damals noch eine andere: Unsere Handys waren einfach nur Handys. Pluto war noch ein richtiger Planet in voller Größe (sorry, Pluto). Und der amerikanische Zirkus Ringling Bros. and Barnum & Bailey Circus tingelte noch durch die Lande (siehe dazu S. 175).

Mit Blick auf das große Ganze erscheinen 20 Jahre nicht gerade lange. Aber bei all der neuen Technologie und dem stetigen Informationsfluss in Warpgeschwindigkeit fühlt es sich so an, als würden wir heute an einem einzigen Tag so viel Neues lernen wie früher in einem ganzen Jahr. Und selbst wenn das abgedroschen klingen mag: Wissen ist Macht, woher es auch stammt. *TIERE* stattet die Leserinnen und Leser mit jeder Menge Wissen darüber aus, *wer* – nicht *was* – Tiere wirklich sind, und verleiht ihnen somit die Macht, unseren Umgang mit Tieren zu verändern.

Als Neurowissenschaftlerin und Tierfreundin will ich verstehen, wie Lebewesen denken, fühlen und kommunizieren. Die vergleichende Neuroanatomie hat den wissenschaftlichen Blick auf die Fähigkeiten von Tieren grundlegend verändert – und damit auch den öffentlichen Blick. Wir haben mit anderen Tieren wesentlich mehr gemein, als den meisten von uns bewusst ist. Früher dachten wir, nur der Mensch hätte hochentwickelte kognitive Fähigkeiten. Doch mittlerweile ist bekannt, dass das nicht stimmt. Tiere kommunizieren und spielen miteinander, lernen voneinander und ja, lieben einander – alles auf ihre ganz eigene Art und Weise.

Der Wissenschaftlerin in mir gefällt an *TIERE* besonders, dass es voller wissenschaftlicher Studien, überzeugender Daten und überraschender Fakten über Tiere steckt. Der Veganerin in mir gefällt das Buch, weil es uns klarmacht, wie leicht und lohnenswert es ist, mit unserem eigenen Handeln kein Tierleid zu verursachen. Wir müssen uns nicht einschränken: Köstliches Essen, schicke Handtaschen und Kleidungsstücke, die wie „echtes" Leder aussehen, spektakuläre Kinofilme oder Zirkusauftritte können weiterhin Teil unseres Lebens sein. Das alles ist möglich, ohne dass dafür auch nur einem einzigen Lebewesen ein Haar gekrümmt wird.

Als vegane Mutter, die gleichzeitig Wissenschaftlerin ist, möchte ich meinen Jungs beibringen, Dinge zu hinterfragen. Sie sollen die Welt nicht einfach so hinnehmen, wie sie ist, nur weil das bequemer wäre oder weil alle anderen es so machen. Ich bringe ihnen bei, dass sie gerecht und freundlich zu anderen sein sollen, nicht selbstgefällig. Sie sollen als Erwachsene ihre Entscheidungen basierend auf Fakten, aber auch auf Mitgefühl treffen. *TIERE* kann ihnen – und uns allen – zeigen, wie das geht. Ich danke Ingrid und Gene dafür, dass sie uns erklären, wie vielfältig Tiere sind, und wie einfach es ist, sie respektvoll und gut zu behandeln.

– Mayim Bialik

VORWORT VON SKY DU MONT

Tiere umgeben uns täglich und oft leben wir mit ihnen. Seit vielen Jahren beschäftigen mich Tiere sehr. Privat, als mitfühlender Mensch. Und ganz besonders beschäftigt mich, was wir Menschen ihnen antun. Warum nur erheben wir uns über sie, fügen ihnen unendliche Qualen zu, bestimmen über ihr Leben oder schauen weg, wenn wir sehen, was ihnen alles angetan wird?

Es ist uns allen bewusst, dass Tiere Gefühle haben und wie sie Schmerzen empfinden. So vieles wird einfach hingenommen. Weil es schon immer so war? Weil es Tradition ist und wir nicht wagen unsere Stimme zu erheben?

Mir liegt es fern, andere Menschen zu bevormunden. Je mehr ich aber über Tiere lerne, über ihre Einzigartigkeit, ihre Bedürfnisse, ihre herausragenden Fähigkeiten, umso mehr möchte ich sie schützen und helfen, Entscheidungen zu treffen, die ihnen nicht schaden. Und gleichwohl möchte ich auch andere Menschen dazu ermutigen, dies zu tun.

Genau aus diesem Grund ist es so schön, dieses Buch von Ingrid Newkirk zu lesen. Sie nimmt uns an die Hand und erklärt uns die wunderbare Welt der Tiere auf eine mitfühlende und empathische Art.

Ich komme immer häufiger in Situationen, in denen ich mich dafür schäme, was wir Menschen Tieren antun. Und nicht nur den Tieren. Die ganze Erde, auf der wir alle leben, leidet darunter, wie wir mit ihr umgehen. Wir verpesten die Luft, vermüllen die Meere, roden mehr und mehr unberührte Natur. Und das Klima beginnt, sich sichtbar und spürbar zu wehren und zu rächen. Viele Lebensräume von Tieren werden immer kleiner. Allein in Deutschland verlieren wir jeden Tag unberührte Natur in der Größe von fast zehn Fußballfeldern. Unwiederbringlich, für immer! Weltweit sterben täglich ca. 130 Tier- und Pflanzenarten aus – das ist erschreckend und macht mir Angst! Was hinterlassen wir unseren Kindern?

Vor diesem Hintergrund hat mir das vorliegende Buch gut gefallen – denn es schafft Verständnis. Für Tiere! Es hat mich sehr bewegt. Jeder von uns trifft täglich unzählige Entscheidungen, von denen viele unbedacht und schlichtweg egoistisch sind und denen es an Empathie mangelt. Wir sollten niemals vergessen, dass diese Entscheidungen auch Auswirkungen haben und damit Tiere betreffen. Tiere können sich nicht wehren – sie müssen es ertragen.

Wäre es nicht wunderbar, wenn wir die Chance nutzen würden, um noch mehr spannende Dinge über Tiere zu erfahren? Und vielleicht wird es dann viel klarer: Jeder kann täglich dazu beitragen, die Welt lebenswerter zu machen und vor allem sie auch zu erhalten. Für alle Lebewesen. Wenn jeder Einzelne sich Gedanken machen würde, wie wir unsere Welt besser und humaner machen könnten, wäre das die optimale Voraussetzung, alte Denkmuster aufzubrechen und neue Wege zu gehen.

Ich erinnere mich daran, was Henry Ford einmal gesagt hat: „Wenn Sie immer das tun, was Sie immer getan haben, erhalten Sie immer das, was Sie immer haben."

Achten wir besser aufeinander und lernen wir voneinander. Denn wir teilen diese Welt mit Tieren und ihr Schicksal sollte auch unser Schicksal sein. Zum Beispiel gibt es keine Erklärung, warum noch immer ein Tierschutzgesetz existiert, das Tiere eigentlich nicht wirklich und effektiv schützen kann.

Wir sind heute dafür verantwortlich, wie unser aller Zukunft morgen aussehen wird. Die Zukunft von Menschen und Tieren.

– Sky du Mont

VORWORT VON HARALD ULLMANN

Eigentlich wollte ich 1982 als ganz normaler Austauschstudent zwischen der Pädagogischen Hochschule Heidelberg und der West Virginia University in Morgantown nur ein Jahr lang meine Englischkenntnisse verbessern und das Land der unbegrenzten Möglichkeiten kennenlernen. Das „unbegrenzt" habe ich wohl, im Nachhinein betrachtet, etwas zu wörtlich genommen – aus dem einen Austauschjahr sollte letztendlich ein zwölfjähriger USA-Aufenthalt werden!

Mit Tierschutz und Tierrechten war ich vor meiner Zeit in Amerika nicht in Berührung gekommen. Bis dato hatte sich mein gesellschaftliches Engagement darin erschöpft, meinen Zivildienst geleistet zu haben – immerhin im Jahr 1977, zu einer Zeit also, in der man noch vor Gericht ziehen musste, um sein „reines Gewissen" zu verteidigen.

In den USA angekommen, habe ich zum ersten Mal in meinem Leben vegetarisch und vegan lebende Menschen kennengelernt. Von ihnen habe ich sehr viel über Tierschutz, die Behandlung und vor allem die grausame Misshandlung von Tieren erfahren. An der Uni gab es dazu verschiedene Veranstaltungen und Infostände. Und so kam ich zum ersten Mal mit PETA in Kontakt – denn dort lagen auch von der Tierrechtsorganisation veröffentlichte Broschüren und Aufnahmen auf Videokassetten zum Mitnehmen aus. Was ich darauf zu sehen bekam, hat mich tief erschüttert und mir die Augen geöffnet. Schlagartig wurde mir klar, wie widersprüchlich mein Verhalten war: Ich lehnte Gewalt gegen Menschen strikt ab – wie konnte ich da gleichzeitig Gewalt gegen Tiere rechtfertigen? In diesem Moment begriff ich, wie paradox das alles war, und fasste an Ort und Stelle einen Entschluss: „Unser ungerechtes Verhalten den Tieren gegenüber muss endlich aufhören! Wir leben im 20. Jahrhundert, für solche Barbareien ist kein Platz mehr! Wir alle, also auch ich, sind verantwortlich dafür, dass diese himmelschreiende Ungerechtigkeit aufhört!"

Mein erster Schritt in eine bessere Zukunft für Tiere: Ich wurde Vegetarier. Rückblickend denke ich, dass ich ruhig schon entschiedener hätte sein können. Aber man muss das im Kontext der damaligen Zeit betrachten – als Vegetarier war ich vor knapp vierzig Jahren schon richtig progressiv. Neben meiner neuen Ernährungsweise habe ich mich während des Studiums dann auch bald bei verschiedenen Tierschutzgruppen engagiert und an deren Projekten teilgenommen.

Am Ende dieses so enorm prägenden Austauschjahres hatte ich eigentlich vor, wenigstens vorübergehend zurück nach Deutschland zu gehen, um mein Studium zu beenden. Doch es sollte anders kommen: Zurück in Heidelberg fiel mir zufällig in einer Tierschutzzeitschrift eine Stellenanzeige von PETA auf und ich habe mich per Postkarte (!) von Deutschland aus für die Stelle in den

USA beworben. Ein paar Wochen später kam tatsächlich eine Postkarte von PETAs Gründerin und Vorsitzenden Ingrid Newkirk zurück, auf der sie mich zu einem Bewerbungsgespräch in die USA einlud. Da musste ich nicht lange überlegen – ich flog kurzerhand nach Virginia und fing an, bei PETA Probe zu arbeiten. Nach nur zwei Wochen war alles klar: Hier wollte ich bleiben! Das war der Job, den ich unbedingt machen wollte! Also ging ich schnell zurück nach Heidelberg, löste dort alles auf und flog dann auf direktem Wege zurück in die USA, um bei PETA anzufangen. *The rest is history*, wie die Amerikaner zu sagen pflegen: Ich verbrachte fast acht intensive, erfüllende und aufregende Jahre bei PETA in Maryland und merkte jedes Jahr ein bisschen mehr, dass der Einsatz für die Rechte der Tiere meine Berufung ist. Diese an allen Ecken und Enden der Gesellschaft so drängende Aufgabe wollte ich irgendwann auch in meine Heimat Deutschland tragen und mich dort ebenso für die Rechte der Tiere einsetzen. Deswegen gründete ich mit Ingrid zusammen Ende 1993 den Verein PETA Deutschland e.V.

Der Anfang meines Lebens mit und für die Tiere

Meine ersten Schlüsselerlebnisse mit Tieren hatte ich bald nach meinem Arbeitsbeginn in den USA. Damals wurden Hunde zu meinen Freunden, zu meiner Familie – das hatte ich zuvor noch nicht erlebt. In meiner Kindheit und Jugend hatten wir keine Tiere in meinem Elternhaus. Meine damalige Frau, die auch mit mir zusammen bei PETA gearbeitet hat und Amerikanerin ist, lebte in West Virginia mit einem zugelaufenen Hund namens Koro zusammen, der mir sehr schnell ans Herz gewachsen ist. Zu ihm kamen dann noch Druzhok und Rogan – beide Hunde haben wir aus misslichen Lebenslagen gerettet. Nachdem wir dann nach Maryland gezogen waren, verstarb Druzhok leider und wir suchten nach einiger Zeit einen Kompagnon für unsere beide Hunde. Im örtlichen Tierheim haben wir gefragt, welcher Hund es am schwersten hat, vermittelt zu werden, – diesem Tier wollten wir nämlich ein liebevolles Zuhause geben. Gesagt, getan – so kam ein großer Hund namens Shandy in unseren Haushalt, den einfach niemand haben wollte. In der Nachbarschaft wurde außerdem ein Husky-Mischling namens Darby sehr schlecht gehalten. Der vollgedröhnte „Besitzer" kümmerte sich nur ganz miserabel um ihn. Nach vielem geduldigen Zureden konnten wir ihn schließlich überzeugen, uns Darby zu überlassen. Gerade noch rechtzeitig – zwei Tage später brannte das Haus des Mannes komplett ab, als dieser gerade unterwegs war. Darby hätte das sicher nicht überlebt. Das war wirklich Rettung in letzter Sekunde! Von da an lebten wir mit diesen vier Hunden zusammen und wir bestritten zusammen unseren Alltag – Tiere, für die wir immer da waren und sie auch für uns. Die innige Verbindung zu Hunden ist bis heute ein wichtiger Teil meines Lebens: Meine Frau, die von Beginn an bei PETA Deutschland ehrenamtlich tätig war, und ich leben auch heute mit zwei wunderbaren Hunden zusammen, dem dreibeinigen Fjonek und der einäugigen Momo.

Warum dieses Buch auch auf Deutsch veröffentlicht wird

Das Buch, das Sie in Händen halten, wurde von PETAs Gründerin Ingrid Newkirk und Gene Stone, dem Initiator der Bestseller *Gabel statt Skalpell*, *How Not to Die*, *Warum manche Menschen nie krank werden* und über 40 weiteren Büchern über Wissenschaft, Medizin und Gesundheit, verfasst. Es nimmt seine Leserinnen und Leser mit in die beinahe unendlich vielfältige Welt des Tierreichs. Poetisch und einfühlsam stellt das Autorenduo faszinierende Fakten über Tiere vor – diese sind mehr als ausreichend, um Sie staunend und tief beeindruckt zurückzulassen.

Das ist es, was mir persönlich so wichtig ist. Je mehr die Menschen verstehen, was für bemerkenswerte Geschöpfe Tiere sind, umso mehr können sie sie achten und möchten sie sie schützen. Ich träume immer noch davon, dass die Gesellschaft – jeder und jede Einzelne als Baustein eines großen Ganzen – aufwacht und versteht, wie wertvoll und essenziell wichtig ein tierfreundliches Leben für uns alle ist. Wir hängen alle voneinander ab, stehen in einer wechselseitigen Beziehung zueinander – das ist es, was wir Menschen nur allzu leicht vergessen.

Dieses Buch ruft uns wieder in Erinnerung, wie komplex und faszinierend Tiere sind – genau wie wir. Denn wir sind schließlich alle Tiere.

Es besteht aus zwei Teilen. Der erste Teil beginnt mit Beschreibungen einer Auswahl der schier unglaublichen Navigations- und Orientierungsfähigkeiten ganz verschiedener Tiere, von Katzen über Zugvögel bis hin zu Schildkröten. Darauf folgt eine Reise ins Reich tierischer Kommunikation: Man mag das Buch kaum mehr aus der Hand legen, wenn man mit Spannung verfolgt, wie Wale, Papageien und viele andere Tiere miteinander kommunizieren – in ihren ganz eigenen jeweiligen Sprachen. Das dritte Kapitel handelt von der Liebe, die Tiere füreinander empfinden. Man erfährt, wie Tiere sich ineinander verlieben, was sie von Kindererziehung halten und nach welchen Kriterien sie sich einen Partner aussuchen. (Manch einer von uns kann hier vielleicht noch Entscheidendes dazulernen.) Den Abschluss des ersten Teils schließlich bilden faszinierende Beispiele einer Tätigkeit, die sowohl vom Menschen als auch fast allen Tierarten eifrig und mit Genuss verfolgt wird und wieder einmal unterstreicht, wie viele Gemeinsamkeiten wir alle haben – die Rede ist vom Spielen. Diese Fülle an Beispielen komplexen Verhaltens in der Tierwelt wirft Fragen auf: Nach dem Wert eines Tieres, nach der Intelligenz von Tieren und natürlich danach, wie wir Menschen mit ihnen umgehen. Der zweite Teil des Buches beschäftigt sich daher ganz folgerichtig mit der Frage, wie wir alle in unserem Alltag tierfreundliche Entscheidungen treffen können. Newkirk und Stone bieten einfache Möglichkeiten, wie wir alle vermeiden können, Tiere zu benutzen oder zu missbrauchen. Sie konzentrieren sich dabei auf die vier Bereiche, in denen Tiere am häufigsten ausgebeutet werden: Experimente, Lebensmittel, Kleidung und Unterhaltung. Das Buch hält für alle Bereiche Vorschläge bereit, wie man unkompliziert und ohne viel Aufwand vermeiden kann, Tiere zu benutzen. Die Autoren verzichten dabei auf jede Belehrung; stattdessen informieren sie umfassend, gut lesbar und praktikabel darüber, wie es gelingen kann, keine Tiere mehr auszubeuten.

Denn die vielen Arten, wie wir Tiere diskriminieren, sind ebenso falsch wie Ausgrenzungen und Unterdrückung aufgrund von Geschlecht oder Hautfarbe. Wer auch nur ein wenig darüber nachdenkt, kommt nicht umhin festzustellen, dass dies logisch und richtig ist.

Das Buch wurde in den Vereinigten Staaten verfasst und stützt sich daher auf viele Beispiele und Quellen aus dem amerikanischen Raum. Wir haben bei der Übersetzung darauf geachtet, den Charakter des Buches nicht zu verändern, es aber für die hiesigen Lesenden spannend und interessant zu gestalten. Daher haben wir deutsche Beispiele und Quellen hinzugefügt, damit der Inhalt des Buches auch hierzulande gut verstanden und natürlich auch angewendet werden kann.

Im Namen aller Tiere wünsche ich Ihnen schöne Lesestunden.

– Harald Ullmann
2. Vorsitzender PETA Deutschland e.V.

» EINLEITUNG

Ein Hund, der vor Freude wild herumspringt, wenn sein Mensch nach Hause kommt. Ein Kaiserpinguin, der sein Kind während eines eisigen Schneesturms warmhält. Ein Delfin, der uns scheinbar aus dem Wasser heraus anlächelt. Eine müde Katze, die zufrieden schnurrt. Mantarochen, die am Meeresboden ein Unterwasserballett aufführen. Eine Lerche, die das schönste Lied von allen singt. Tiere faszinieren den Menschen. Sie machen uns Freude und bereichern unser Leben tagein, tagaus.

Durch Wissenschaft und Beobachtungen, aber manchmal auch einfach aufgrund eines glücklichen Zufalls, erfahren wir immer mehr über die Lebewesen, mit denen wir uns die Erde teilen. Wir wissen mittlerweile, dass es nicht ein Segelschiff war, das die Erde als erstes umrundet hat, sondern ein Albatros. Dass Schimpansen Studierende in Computerspielen schlagen können. Und dass eine winzige Wüstenmaus Trinkwasser sammelt, indem sie vor ihrem Bau einen Stein platziert, um von dessen Oberfläche an heißen Tagen den Morgentau trinken zu können.

Wir vergöttern unsere tierischen Mitbewohner und können von ihren Eigenarten gar nicht genug kriegen. Wir schauen Dokumentationen über das geheime Leben von Straßenhunden, Fischottern oder Ameisen, die Wasseransammlungen überqueren, indem sie sich Boote aus Blättern fertigen oder mit ihren eigenen Körpern Brücken bauen. Wir besuchen Wildtierparks, füttern die Eichhörnchen in unserem Garten, bewundern von Schiffen aus Wale und gehen in Afrika auf Safari. Der Berufswunsch „Tierarzt" steht bei jungen Leuten hoch im Kurs. Sein Zuhause mit einem Tier zu teilen, gilt als Steigerung der Lebensqualität. Und nur zu gern geben wir unser hart verdientes Geld für Hundeleckerlis, Katzenkratzbäume und besonders gemütliche Körbchen für unsere Lieblinge aus.

Fast tagtäglich lesen wir irgendwelche Meldungen über ein besonders süßes, witziges oder anderweitig außergewöhnliches Tier. Wir schicken uns Videos von Tieren, die andere Tiere oder Menschen aus Stürmen oder vor Bränden retten, – oder von Feuerwehrleuten und anderen Helden des Alltags, die wiederum Tiere retten. In einem New Yorker Museum lief kürzlich eine Ausstellung unter dem Titel „Wie Katzen das Internet übernahmen" – kein Wunder, schließlich gibt es Katzenvideos mit über einhundert Millionen Klicks! Aber nicht nur Katzen sind im Internet populär. Eine Auffangstation für Fledermäuse postete vor einiger Zeit ein kurzes Video davon, wie eine verwaiste Fledermaus mit einem Wattestäbchen gefüttert wird, – Millionen Menschen sahen es sich an und die Website der Organisation brach zusammen.

Tiere haben beeindruckende Fähigkeiten. Und seit einigen Jahren wird uns immer stärker bewusst, dass sie Dinge können, von denen wir einst dachten, sie seien dem Menschen vorbehalten. So können Tiere zum Beispiel zählen: Hühner und Bären mindestens bis Fünf. Schafe erkennen mindestens 60 Artgenossen und können menschliche Gesichter auseinanderhalten, wenn man ihnen Fotos zeigt. Ein Border Collie namens Chaser hat sich die Bezeichnungen von über 1.000 Spielzeugen gemerkt.

Je mehr wir über Tiere und ihre Fähigkeiten wissen, desto stärker stellen wir unser Verhältnis zu ihnen infrage. Vielleicht wurden Sie als Kind auch einmal gefragt: „Wenn du ein Tier sein könntest, welches wärst du gern?“ Wie würden Sie heute auf diese Frage antworten? Ein Vogel? Ein Wolf? Ein Elefant?

Hätte man diese Frage vor 100 Jahren gestellt, wäre sie noch schwerer zu beantworten gewesen. Denn die meisten Tiere wurden stets nur für das gesehen, was sie dem Menschen an Nutzen brachten. Kanarienvögel wurden in Kohleminen mitgenommen, um am Überleben der Tiere zu erkennen, ob noch genügend Sauerstoff vorhanden war. Pferde wurden im Krieg eingesetzt. Hunde hatten damals einen „Herren“ – was sich bis heute im etwas abgeschwächten „Herrchen“ hartnäckig hält.

Natürlich gab es auch zu jener Zeit Menschen, die ihre Hunde liebten – aber die Liebe hatte Grenzen. Streunende Hunde wurden in New York beispielsweise im Hudson ertränkt. Walspeck erleuchtete die Lampen der Menschen und Fischbein wurde zu Korsetten verarbeitet. Ein Huhn war ausschließlich etwas zu essen – nicht vielleicht auch jemand, für den man auf einem Gnadenhof eine Patenschaft hat. Für jeden Schwangerschaftstest wurde ein Kaninchen geopfert. Ein Junge wurde zum Mann, indem er mit seinem Vater zur Jagd ging. Wir alle haben eine Vorstellung davon, wofür Tiere sonst noch herhalten mussten. Was sollte man also auf die Frage, welches Tier man sein wolle, antworten? Die Auswahl war stark begrenzt. Denn mit den meisten Tieren, die mit dem Menschen in Kontakt kamen, nahm es kein gutes Ende.

Natürlich geschehen selbst heute noch schreckliche Dinge mit Tieren. Aber vieles hat sich verändert. Der größte Zirkus der Welt hat seine Pforten geschlossen. Anstatt verzweifelter Tiere finden sich in vielen Manegen heute besonders talentierte Menschen oder technische Zaubereien. Brieftauben und Kutschpferde konnten durch elektronische Kommunikationsmittel ersetzt werden. In Auffangstationen leben teils Gänse, die vor dem Weihnachtsmahl bewahrt wurden, oder Bären, die einst in schäbigen Privatzoos dahinsiechten. Und der Fellbesatz an Ihrem Mantel? Ist heutzutage wahrscheinlich eher Kunstpelz als Echtfell. Für Hunde und Katzen gibt es in vielen Städten Wellnesstempel, ja sogar spezielle Bäckereien.

Wir wissen heute viel mehr darüber, wer Tiere sind – dank Verhaltensforschern wie Konrad Lorenz, Primatologinnen und Primatologen wie Jane Goodall, Biruté Galdikas, Frans de Waal oder Dian Fossey, Meeresforschern wie Jacques Cousteau und seiner Familie und nicht zuletzt dank der unzähligen Menschen, die sich für die Rechte der Tiere einsetzen. Wir bringen Tieren heutzutage Liebe, Verständnis und Respekt entgegen. Wie wir sie sehen und was wir für sie tun, hat sich grundlegend verändert.

Im ersten Teil dieses Buches soll es um diese Beziehung zwischen Mensch und Tier gehen und darum, wer Tiere wirklich sind. Wir möchten Einblicke geben in all ihre Talente, Sprachen und komplexen Kulturen. Im zweiten Teil des Buches ziehen wir daraus die logischen Schlussfolgerungen: Da wir nun so viel über Tiere wissen, wie können wir einen Umgang mit ihnen schaffen, in dem ihre Individualität und ihre Talente respektiert werden? Oder mit anderen Worten: Wie können wir selbst glücklich und zufrieden leben, ohne dass dafür Tiere ausgebeutet werden?

Wir werden Ihnen von Tieren erzählen, die Unfassbares geschafft haben. Von Tieren, die Spiele erfinden oder unglaubliche Reisen unternehmen, die Wissenschaft vor Rätsel stellen und Dinge schaffen, die kein Mensch jemals könnte. Danach möchten wir Sie mit spektakulären Neuerungen inspirieren: computeranimierte Schimpansen in Filmen, die man von echten Tieren nicht mehr unterscheiden kann (die aber am Filmset wesentlich flexibler sind); Medikamente, die in Rekordzeit mit Computerprogrammen und menschlichen Daten – ganz ohne Tierversuche – entwickelt wurden; und „Hühnchen", für das kein echtes Huhn sterben musste. Sie werden begeistert sein, welch vielfältige Möglichkeiten Sie haben, Tieren zu einem besseren Leben zu verhelfen.

Würden alle Menschen wirklich verstehen, wer Tiere sind, wären wir vielleicht ein ganzes Stück näher an den Gedanken von Jenny Leading Cloud von den White River Sioux, einem indigenen Volk Nordamerikas. Sie sagte einmal:

„Der Büffel und der Kojote sind unsere Brüder. Die Vögel sind unsere Cousins. Noch die kleinste Ameise, selbst eine Laus und die winzigste Blume, die man findet, – sie alle sind mit uns verwandt. Am Ende unserer Gebete sagen wir ‚mitakuye oyasin' – ‚all meine Verwandten'. Und das umfasst alles, was auf diesem Kontinent wächst, krabbelt, rennt, kriecht, hüpft oder fliegt."

» TEIL I:

EINDRUCKS-VOLLES TIERLEBEN

Die Forscherinnen und Forscher des Max-Planck-Instituts für evolutionäre Anthropologie trauten ihren Augen kaum. Ihr Erstaunen hatte nicht etwa mit einem neuen Fossil oder der Entdeckung eines bislang unbekannten menschlichen Vorfahren zu tun, sondern mit Rico, einem Border Collie. Im Jahr 2004 bewies der so normal wirkende, zehnjährige Hund, dass er auf Kommando mehr als 200 verschiedene Gegenstände zu seinem Menschen bringen konnte. Doch das war noch nicht alles: Rico erinnerte sich selbst einen Monat später noch an jedes einzelne Objekt. Das Forschungsteam wollte unbedingt herausfinden, wo die Grenzen von Ricos Fähigkeiten lagen. Deshalb unterzog man ihn verschiedenen kognitiven Tests, in denen der Vierbeiner erstaunliche Problemlösefertigkeiten an den Tag legte. Dinge, die er bereits kannte, aus einem Nebenzimmer zu holen, war für Rico kein Problem. Als man ihm dann auftrug, einen neuen Gegenstand zu holen, dessen Namen er vorher nie gehört hatte, konnte Rico schlussfolgern, dass es sich wohl um den einen handeln musste, dessen Namen er noch nicht kannte. Also brachte er das einzige ihm unbekannte Objekt. Im Nachgang der Versuche wurden Ricos kognitive Fähigkeiten mit denen von Menschenaffen, Delfinen, Papageien und auch menschlichen Kindern verglichen.

In der Forschung wird die Intelligenz tierischer Versuchsteilnehmer häufig mit der des Menschen verglichen. Aber kann man Intelligenz wirklich so einfach vergleichen – sei es nun zwischen Tier und Mensch oder selbst zwischen Tier und Tier? Wenn Rico einen Tennisball unter verschiedenen Objekten richtig auswählen kann, macht ihn das automatisch klüger als eine Küstenseeschwalbe, die jedes Jahr über 70.000 Kilometer zwischen dem Nord- und dem Südpol zurücklegt? Ist eine Klavier spielende Katze intelligenter als ein Schimpanse, mit dem wir Menschen fast 99 Prozent der DNA gemein haben und der sich in Zeichensprache mit uns unterhalten kann?

Die Intelligenz von Tieren zu vergleichen, ist genauso schwierig, wie die Intelligenz von Menschen zu vergleichen. Wer ist klüger: Aristoteles oder Plato, Newton oder Einstein, Monet oder Manet? Die Darwin-Seefledermaus oder der chinesische Riesensalamander, der indische oder der afrikanische Elefant? Im Grunde sind solche Intelligenzvergleiche ein sinnloses Unterfangen. Zudem hat eine Studie jüngst gezeigt, dass bisher noch nicht einmal 15 Prozent der geschätzten 9 Millionen Spezies der Erde entdeckt wurden. Wer weiß schon, welch faszinierende Lebewesen in den Tiefen der Ozeane, weit oben in der Stratosphäre oder im Dickicht des Dschungels leben? Wie intelligent könnten sie sein? Vielleicht so intelligent, dass wir es schlichtweg nicht begreifen können.

Für viele Menschen entscheidet die Intelligenz eines Tieres darüber, wer unser Mitgefühl verdient und wer nicht. Dabei wissen wir noch so wenig über die menschliche Intelligenz, dass es kaum sinnvoll sein kann, Tiere anhand dessen einzuteilen, wie ähnlich ihr Gehirn dem unseren ist. Man könnte wohl sagen: Es ist nicht gerade *intelligent*, Tiere auf dieser Grundlage als wichtig oder unwichtig einzustufen.

Unser Buch soll nicht nur die vermeintliche menschliche Überlegenheit infrage stellen oder aufzeigen, dass Tiere denken und handeln wie wir. Wir möchten außerdem die Fälle beleuchten, in denen Tiere ganz anders handeln als wir, und diese Unterschiede würdigen. Wie sollte man nur die geistigen Fähigkeiten eines Gibbons mit denen eines Blauwals vergleichen? Unterschiedliche Tiere haben unterschiedliche Fähigkeiten. Und wir werden im Laufe dieses Buches feststellen, dass Tiere auf ganz einzigartige Weise denken, navigieren, kommunizieren, lieben und spielen.

Über viele Jahre hinweg glaubte die Wissenschaft, es komme bei Tieren einzig und allein auf die Intelligenz an. Sie ging auch davon aus, dass man Intelligenz als Kontinuum begreifen müsste und dass der Mensch in dieser Entwicklung am höchsten Punkt angekommen sei. Jede andere Spezies ließe sich an der passenden Stelle in die Skala einfügen. Ein solches Konzept vertrat auch der berühmte Naturforscher Charles Darwin. In seinem Buch *Die Abstammung des Menschen* von 1871 schrieb er: „Der Unterschied zwischen dem Menschen und den höheren Tieren, so groß er auch sein mag, ist bloß graduell, nicht grundsätzlich." Im Grunde meinte Darwin damit, dass alle Tiere angesichts ihrer gemeinsamen Abstammung über die gleiche Ausstattung an geistigen Fähigkeiten verfügen, nur dass diese unterschiedlich stark ausgebildet sind.

Das ist kein neuer Gedanke. Vor 2.400 Jahren stellte Aristoteles seine Idee einer „Stufenleiter der Natur" (oder *Scala Naturae*) vor. Wie Darwin ging schon Aristoteles davon aus, dass man alles Leben praktisch hintereinander anordnen könne: Vermeintlich niedere Tiere wie Würmer an einem Ende, Hunde oder auch Katzen irgendwo in der Mitte und angeblich höher entwickelte Tiere wie Affen und Menschen am anderen Ende. Im Mittelalter erweiterten christliche Theologen Aristoteles' Lehre um die „Stufenleiter der Wesen" – eine hierarchische Aneinanderreihung mit Gott an der Spitze, gefolgt von Engeln, Menschen, anderen Tieren, Pflanzen und dann Mineralen. Jedes Glied der Kette hatte in sich noch eine eigene Hierarchie. Beim Menschen standen etwa Könige, Aristokraten und andere Adlige ganz oben, Bauern hingegen unten. Die am höchsten gestellten Tiere waren große Karnivoren wie Löwen und Tiger. Sie waren unzähmbar und galten damit als den fügsamen Tieren wie Hunden und Pferden überlegen. Selbst Insekten waren untereinander noch einmal aufgeteilt: Die Honig herstellende Biene stand über Moskitos und Pflanzen verzehrenden Käfern. Unter allen anderen befand sich die Schlange – aufgrund ihres Betrugs im Garten Eden.

Noch im 20. Jahrhundert klammerten sich Wissenschaftler an die Idee, man könne Tiere gemessen an ihrer (am Menschen orientierten) Intelligenz fein säuberlich in eine Reihenfolge bringen. Immer grausamere Versuche sollten die kognitiven Fähigkeiten von Tieren nachweisen. Viele dieser Tests wurden von einem Psychologen namens Harry Harlow von der University of Wisconsin-Madison durchgeführt. Berühmt wurde Harlow mit Tierversuchen in den 1950er-Jahren: Damals entriss er Affenmüttern ihre Babys und gab diesen anstelle ihrer Mutter ein Gebilde aus Draht. Die verzweifelten Versuche der traumatisierten Rhesusaffen, ihren leblosen „Müttern" liebevolle Reaktionen zu entlocken, wurden die Grundlage seiner Arbeit. Er wollte damit Mutterentzug, Abhängigkeiten und soziale Isolation erforschen. Viele Historiker vertreten die Auffassung, dass Harlow mit seinen grausamen Versuchen entscheidend zum Aufkommen der Tierrechtsbewegung beigetragen hat. Nach den Affenversuchen entwickelte Harlow ein Experiment zur Lernfähigkeit, das unter dem Begriff „Lerneinstellungen" bekannt wurde. Beispielsweise zeigte er einem Tier zwei Türen, wobei sich nur hinter einer Nahrung befand. Der Test wurde so lange wiederholt, bis das Tier gelernt hatte, welche Tür die richtige war. Fast wie in Aristoteles' *Scala Naturae* schuf sich die Wissenschaft mit Versuchen wie diesen eine Art IQ-Test zur Bewertung der unterschiedlichen Spezies.

Zunächst schienen die Experimente gängige Annahmen über Hirngrößen zu bestätigen. Menschen schneiden in „Lerneinstellungen" besser ab als Schimpansen, die wiederum besser sind als Gorillas. Gorillas schlagen allerdings Frettchen, welche wiederum Stinktiere schlagen. Stinktiere sind immer noch besser als Eichhörnchen und so weiter. Aber umso mehr Tiere getestet wurden, desto weniger passte alles zusammen. Plötzlich meisterten Blauhäher und andere Vögel den Versuch besser als die Hälfte der getesteten Säugetiere. Ein Wissenschaftler drückte es so aus: „Tauben lassen Affen bei einigen Aufgaben echt alt aussehen."[1] Schon bald wurde den Forschenden so klar, dass das Tierreich einfach zu komplex ist, um Tiere in eine Rangliste einzupassen. Und so wurden viele der Versuche, die zahllose Tiere körperlich und geistig traumatisiert hatten, nach und nach eingestellt. Ein Forschungspapier aus dem Jahr 1969 fasst die damalige Erkenntnis so zusammen: „Das Konzept, dass alle lebenden Tiere entlang einer ‚phylogenetischen Skala' mit dem Menschen an der Spitze aufgereiht werden können, entspricht nicht der aktuellen Forschung im Bereich Tierevolution. Die vergleichende Psychologie hat bei der Auswahl der Versuchstiere und bei der Interpretation von ähnlichem und unterschiedlichem Verhalten oftmals das zoologische Modell der Tierevolution außer Acht gelassen. Das hat die Entwicklung aussagekräftiger Generalisierungen stark behindert."[2]

Tierische Intelligenz kann nur im Kontext der evolutionären Entwicklung der jeweiligen Spezies verstanden und studiert werden. Den Menschen machen nicht nur sein aufrechter Gang und sein großes Gehirn aus, sondern auch seine Individualität, Kunst oder Musik. Unsere Empfindungskraft ließ uns Sprache, Feuer und das Kochen von Nahrung entdecken. Aber wie wir im Verlauf des Buches erfahren werden, besitzen auch viele Tiere solche und ähnliche Fähigkeiten. Andere hingegen verlassen sich auf völlig andere Muster, die wir noch nicht einmal verstehen können.

Ameisen haben ihre kollektiven Instinkte über einen Zeitraum von über 140 Millionen Jahren verfeinert und sich so weiterentwickelt. Haben Sie schon einmal Aufnahmen einer Ameisenkolonie in Zeitlupe gesehen? Jedes Tier hat innerhalb einer bestimmten Gruppe eine ganz eigene Rolle. Und jede Gruppe hat eine bestimmte Aufgabe. Wer sich schon einmal eine hitzige Debatte unter Politikerinnen und Politikern angeschaut hat, weiß, dass menschliche Kommunikation schnell dem Geschrei auf einem Kinderspielplatz ähneln kann. Eine Ameisenkolonie hingegen kann aus hunderten Millionen von Ameisen bestehen und alle arbeiten scheinbar perfekt gemeinsam auf das kollektive Ziel hin. Unsere sechsbeinigen Insektenfreunde mögen nicht wie wir mit gesprochenen Wörtern kommunizieren. Aber sie koordinieren mit einer komplexen Sprache aus Gerüchen, Berührungen und Tönen ihre Fortpflanzung, Bautätigkeiten, das Sammeln von Ressourcen und sogar Kriege. Wer würde angesichts dessen behaupten, die kollektive Intelligenz einer Ameisenkolonie sei weniger tiefgreifend als die Individualität des Menschen?

Selbst die Größe des Gehirns ist kein ausreichender Hinweis auf Intelligenz. Das Gehirn des Menschen steht an vierter Stelle hinter Pottwalen, Elefanten und Delfinen. Auch wenn man Gehirn und Körpergröße ins Verhältnis setzt, landen wir nur auf Platz fünf: vor uns liegen Ameisen, Spitzhörnchen, kleine Vögel und Mäuse. Anatomisch betrachtet weist nichts eindeutig darauf hin, welche Tiere „klüger" als andere sind. Es gibt einfach zu viele Variablen. So haben Vögel beispielsweise ein relativ kleines Gehirn, kleine Nervenzellen und Nervenverbindungen – und trotzdem beeindruckende geistige Fähigkeiten.

Gerade Lebewesen, bei denen man es am wenigsten erwartet, können einen mit ihren Fähigkeiten überraschen. Wer würde beim Thema Intelligenz beispielsweise an Schleimpilze denken? Sie sind weder Pflanzen noch Tiere und auch keine Pilze, sondern bodenbewohnende Amöben mit nur einer einzigen Zelle. Zum Vergleich: Der menschliche Körper hat geschätzte 37 Billionen Zellen. Schleimpilze können exotische Farben und Formen annehmen: Einige ähneln mehr einer Honigwabe oder einem knallbunten Eis am Stiel als einer Amöbe. Bis zu drei Meter weit können sie sich ausbreiten. Es gibt einen Schleimpilz, der „Hundekotze" genannt wird. Sie ahnen es schon: Er sieht seinem Namensgeber zum Verwechseln ähnlich. Weltweit gibt es über 900 Arten von Schleimpilzen und die Wissenschaft ist ganz verrückt nach ihnen (Biologieprofessor Frederick Spiegel von der University of Arkansas – ein Schleimpilzexperte – sagte einmal, sie seien „das Schönste und Außergewöhnlichste, was ich je gesehen habe"[3]). Mittlerweile wurden in Neuseeland Schleimpilze identifiziert, die genetisch identisch mit Schleimpilzen in den USA sind. Das bedeutet, dass sie auf irgendeine Art und Weise einmal um die halbe Welt gereist sein müssen – und das ganz ohne Flügel, Pfoten oder Füße. Wenn man Schleimpilze in der Mitte zerreißt, wachsen sie trotzdem weiter und pflanzen sich fort. Eine Studie ergab, dass Schleimpilze sogar Labyrinthe durchqueren können.

In der Forschung werden Labyrinthe häufig eingesetzt, um die kognitiven Fähigkeiten von Tieren zu testen. Denn um den Weg durch ein Labyrinth zu finden, braucht es ein gutes Gedächtnis und Problemlösefähigkeiten. Besonders der Hippocampus wird mit einem Labyrinth auf die Probe gestellt. Dieser sitzt in einer der evolutionär ältesten Regionen des Wirbeltiergehirns und spielt eine wichtige Rolle in der Zusammenführung von Informationen aus Lang- und Kurzzeitgedächtnis. Außerdem hängt er eng mit dem räumlichen Bewusstsein zusammen, das zur Orientierung gebraucht wird. Die Entwicklung des Hippocampus wird oft als Indikator der Gesamtintelligenz betrachtet. Und ein Labyrinth bietet die einfachste Möglichkeit, ihn zu testen. Ein winziger Schleimpilz an einem Ende des Labyrinths kann sich so vermehren und wachsen, dass er zu einem Stück Nahrung am anderen Ende gelangt. Erreicht der Schleimpilz dabei eine Sackgasse, zieht er seine Ästchen ein, geht den gleichen Weg wieder zurück und versucht es an einer anderen Stelle. So dauert es teils nur Stunden, bis ein Schleimpilz den kürzesten Weg zu seiner „Belohnung" gefunden hat. In einer weiteren Studie fand ein Forschungsteam der University of Sydney heraus, dass Schleimpilze außerdem über ein Raumgedächtnis verfügen. Sie können eine durchsichtige Schleimspur hinterlassen und so Orte wiederfinden, an denen sie bereits waren. Wer braucht schon ein Gehirn, wenn man genügend Schleim hat?

Schleimpilze mögen keine Kunstwerke erschaffen oder sich verlieben können (zumindest soweit wir wissen). Aber ihre Eigentümlichkeit lässt uns durchaus infrage stellen, was wir unter Intelligenz verstehen wollen. Wenn wir bestimmte Tiere als „klug" bezeichnen, heißt das im Umkehrschluss, dass es auch „dumme" Tiere gibt. Bei einer solchen Betrachtung lassen wir die evolutionäre Entwicklung der jeweiligen Spezies jedoch fast völlig außer Acht. Damit ein Tier heute auf der Erde leben kann, mussten seine Vorfahren Unvorstellbares durchleiden. Sie überlebten entgegen jeder Wahrscheinlichkeit und konnten so ihre DNA an die nächste Generation weitergeben. Quallen erscheinen uns – ähnlich wie Schleimpilze – wohl nicht besonders intelligent. Aber sie bewohnen die Weltmeere bereits seit über 500 Millionen Jahren. Sie waren schon hier, als sich Flossen noch nicht zu Füßen weiterentwickelt hatten und lange, bevor die Kontinente sich teilten. Sie haben alles überlebt – von extremen Eiszeiten bis hin zu massiven Vulkanausbrüchen, die 96 Prozent des Lebens im Meer auslöschten. Wenn Sie das nächste Mal eine Ameise in Ihrer Vorratskammer entdecken, ein Schwein in der Massentierhaltung sehen oder ein Bakterium unter dem Mikroskop beobachten, denken Sie immer daran: Vielleicht betrachten Sie gerade den klügsten Organismus, den es je auf Erden gab. Und das aus dem einfachen Grund, dass er so lange überlebt hat. Der britische Psychologe C. Lloyd Morgan sagte einmal: „Die Aktivität eines Tieres sollte niemals bezogen auf höhere psychologische Prozesse interpretiert werden, wenn man sie auch angemessen in Bezug auf Prozesse interpretieren kann, die auf der Skala der psychologischen Evolution und Entwicklung weiter unten stehen." Dieses Prinzip ist heute als „Morgans Kanon" bekannt. Es bedeutet, dass es zur Feststellung der relativen Intelligenz von Lebewesen kontraproduktiv ist, wenn man Tieren menschliche Emotionen und Intentionen zuschreibt. Der Geist eines Menschen ist anders als der eines Delfins. Und der eines Delfins anders als der einer Maus. Sie vergleichen zu wollen, bringt nichts, da sich ihre Lebensräume und Leben stark unterscheiden.

Es kann sogar schon schwierig sein, die Wahrnehmung von Tieren derselben Familie vergleichen zu wollen. Gibbons sind dafür ein gutes Beispiel: Die kleinen, schlanken Primaten mit ihren kräftigen Armen galten anderen Primaten gegenüber jahrelang als geistig unterlegen. Schimpansen hatten in Studien erlernt, verschiedene Werkzeuge zu unterscheiden. Einfache Aufgaben lernten sie schnell. Gibbons hingegen schienen damit nichts anfangen zu können. Erst in den 1960er-Jahren fand der amerikanische Primatologe Benjamin Beck heraus, warum das so war. Als Forscher war Beck an der Auswilderung von Tamarinen aus Zoos beteiligt. Ihm fiel der entscheidende Unterschied zwischen den Gibbons und ihren vermeintlich klügeren Verwandten auf. Im Gegensatz zu Schimpansen leben Gibbons ausschließlich auf Bäumen. Mit Affen, die am Boden leben, haben sie wenig gemein – das zeigen schon ihre langen, muskulösen Arme und ihre hakenartigen Hände, mit denen sie gut Äste greifen können. Bei den infrage stehenden Versuchen hatte man Gibbons in Käfige gesetzt und dabei zugesehen, was sie mit den bereitgestellten Gegenständen anfingen. Die Gegenstände lagen dabei allerdings auf einer flachen Oberfläche. Die Gibbons mit ihren Haken-Daumen waren rein körperlich nicht dazu in der Lage, sie zu greifen. Die Forscher hatten das als mangelnde Intelligenz interpretiert. Als Beck den Versuch wiederholte und die Werkzeuge auf Schulterhöhe anstatt auf dem Boden platzierte, schnitten die Gibbons genauso gut ab wie alle anderen Affen.

Der Physiker Werner Heisenberg schrieb 1958 in seinem Buch *Physik und Philosophie* Folgendes: „Und wir müssen uns daran erinnern, daß das, was wir beobachten, nicht die Natur selbst ist, sondern Natur, die unserer Art der Fragestellung ausgesetzt ist." Heisenberg bezog sich damit auf die Messung von Atomen im Bereich der Quantenmechanik, aber das Prinzip lässt sich auch auf die Erforschung von Tieren anwenden. Immer wieder vergleichen wir das Verhalten von Mäusen und Ratten, von Albatrossen und Möwen, von Katzen und Hunden – und schließlich von Tieren und Menschen. In diesem Buch werden wir das nicht tun. Unserer Ansicht nach sind die Navigierfähigkeiten von Blindmäusen (pelzige Tiere ohne Augen, die sich am Magnetfeld der Erde orientieren) genauso beeindruckend wie die Tatsache, dass die Küstenseeschwalbe jedes Jahr 70.000 Kilometer weit zieht. Ein Adéliepinguinvater, der in der eisigen Arktis sein noch nicht ausgebrütetes Kind warmhält, ist genauso liebevoll wie eine Braunbärenmutter, die ihre Babys um jeden Preis verteidigt.

In den folgenden Kapiteln werden wir die außergewöhnlichen, eindrucksvollen und teils mysteriösen Verhaltensweisen und Eigenschaften von Tieren offenlegen. Wir zeigen Ihnen, wie Tiere leben.

Zuerst soll es darum gehen, wie Tiere um die Welt reisen. Viele Tiere orientieren sich an der Sonne oder den Sternen, um den richtigen Weg zu finden, genau wie manche Menschen. Andere nutzen hingegen Methoden, die dem Menschen nicht zur Verfügung stehen – z. B. „Geruchslandkarten", einen inneren Kompass oder Echolot.

Danach werfen wir einen Blick auf das Thema Kommunikation. Die Sprachen des Tierreichs sind vielfältig, von zwitschernden Vögeln über singende Wale bis hin zu quakenden Fröschen. Aktuelle wissenschaftliche Erkenntnisse zeigen, dass das, was für uns wie eine Kakophonie willkürlicher Laute klingen kann, in Wahrheit ein ausgeklügeltes Kommunikationssystem ist.

Anschließend soll es um die wohl mächtigste und zugleich undurchschaubarste Emotion von allen gehen: Liebe. Wahrscheinlich werden wir nie vollständig verstehen, wie Tiere einander lieben und umsorgen. Aber wir wissen viel darüber, wie sie miteinander kuscheln, umeinander werben, sich paaren und sich gegenseitig beschützen.

Zum Schluss schauen wir uns noch etwas an, das uns Lebewesen der Welt universell verbindet: das Spielen. Genau wie Menschen spielen Tiere für ihr Leben gern. Einige raufen miteinander, andere springen vielleicht kurz ins kühle Nass. Klar ist aber: Spielen überschreitet die Speziesgrenzen in einer Weise, welche die Wissenschaft noch immer nicht ganz begreift.

Wenn wir erfahren, wie sich Tiere bewegen, wie sie miteinander sprechen oder auch wie sie einander lieben, lernen wir sie automatisch besser kennen. Uns wird deutlicher, wer sie wirklich sind – was ihre Talente sind, welche Sprachen sie sprechen und in welch faszinierenden Kulturen sie leben. Und dieses Wissen führt uns vor Augen, dass es auch uns Menschen zugute kommt, wenn wir Tiere besser verstehen.

» NAVIGATION

> ***Wie finden sich Tiere in weiten Landschaften, dichten Wäldern, einsamen Wüsten oder tiefen Meeren zurecht – und das ohne (sichtbaren) Kompass, Sextant, Chronometer oder Karte?***
>
> – Ronald Lockley, Naturforscher
> und Autor von *Animal Navigation*

Es war eine neblige Nacht im Mai 2016 im kanadischen Tobermory. Eine Frau rief die Polizei an, weil sie ihren Toyota versehentlich im Lake Huron versenkt hatte. Sie war pflichtbewusst den Anweisungen ihres Navigationsgerätes gefolgt und so zunächst auf einem Steg und anschließend in dem nächtlich trüben Gewässer gelandet. Zum Glück blieb die Frau unverletzt.

Eine kurze Google-Suche zeigt: Wie ihr ging es schon vielen Menschen, die auf GPS-Anweisung im Meer, auf Bahnsteigen, am Fuße von Klippen, auf Golfplätzen oder in Wohnzimmern landeten. Je ausgeklügelter die neuesten Technologien daherkommen, desto weniger verlassen wir uns auf unsere innere Orientierung. Warum Straßennamen lesen, wenn uns eine App sagt, wohin wir gehen wollen? Oder noch besser: Warum laufen, wenn man sich von einem selbstfahrenden Auto chauffieren lassen kann? Charles Lindbergh flog mit einem Kompass über den Atlantik. Die Pilotinnen und Piloten von heute können sich auf komplizierte Autopilotsysteme verlassen, die auf Knopfdruck jeden Flughafen der Erde ansteuern. Eine Studie aus dem Jahr 2015 kam zu dem Ergebnis, dass sich fast die Hälfte aller Assistenzärztinnen und -ärzte in Krankenhäusern immer wieder auf dem Weg zu schwer verletzten Patienten verlaufen.

Während Menschen in der schönen neuen Smartphone-Welt immer neue Tiefpunkte in Sachen Orientierung erreichen, lassen sich Tiere nichts vormachen. Da wäre zum Beispiel Holly, eine völlig normale, vierjährige Hauskatze. Ihre Menschen, Jacob und Bonnie Richter, fuhren im November 2012 mit dem Wohnmobil von West Palm Beach nach Daytona Beach in Florida – eine Strecke von gut 300 Kilometern. Als sie ankamen, sprang Holly aus dem Wohnmobil und verschwand in der Nähe einer Schnellstraße. Die Richters suchten verzweifelt nach ihr. Irgendwann gaben sie jede Hoffnung auf und fuhren nach West Palm Beach zurück. Zwei Monate später dann der Anruf: Holly war in einem Garten keine zwei Kilometer von ihrem Zuhause entfernt aufgetaucht. Sie hatte den ganzen Weg von der Küste bis nach Hause zurückgelegt und es geschafft, auf der Strecke weder dem Verkehr noch lauernden Alligatoren oder Tierfeinden zum Opfer zu fallen.

Manche behaupteten, Hollys außergewöhnliche Reise sei purem Zufall geschuldet gewesen: Vielleicht sei sie in ein anderes Auto gesprungen und zur richtigen Zeit wieder ausgestiegen. Doch alle Beweise sprachen dagegen. Hollys Pfoten waren aufgerissen und blutig, ganz so, als sei sie sehr, sehr weit gelaufen. Ihre Krallen waren völlig abgewetzt. Wog sie früher über sechs Kilogramm, waren nach ihrem Marsch nur noch gute drei Kilogramm übrig. Dem behandelnden Tierarzt zufolge konnte sich Holly bei ihrer Ankunft in West Palm Beach kaum mehr auf den Beinen halten.

Holly war nicht die erste Katze, die einen weiten Weg in Kauf nahm. Schon 1989 schleppte sich eine Katze namens Murka über 500 Kilometer weit vom russischen Woronesch nach Moskau, wo sie zuhause war. 1997 lief der achtjährige Ninja von einem Vorort von Seattle über 1.300 Kilometer weit zu seinem früheren Zuhause im ländlichen Utah. Und 1978 fand der Perserkater Howie, der zuvor ausschließlich im Haus gelebt hatte, seinen Weg nach Hause durch das australische Outback – über 1.600 Kilometer weit!

Woran orientieren sich Tiere, so ganz ohne Landkarten, Navigationsgeräte oder Nachfragen an der Tankstelle? Reisen wie die von Holly kommen im Tierreich nicht nur immer wieder vor, sie gehören sogar zur Normalität. Denn das Überleben vieler Spezies hängt von ihren Fähigkeiten ab, über tausende Kilometer hinweg zum gleichen Ort zurückzukehren. Und ob sie sich nun an den Gestirnen oder dem Erdmagnetfeld orientieren – Tiere stellen mit ihren faszinierenden Reisen selbst den erfahrensten menschlichen Entdecker in den Schatten.

ZU LUFT

Klepetan und Malena sind zwei wunderschöne, langbeinige Störche, die auf einem kleinen roten Hausdach im kroatischen Dorf Slavonski leben. Störche sind Zugvögel: In den Wintermonaten ziehen sie in den Süden. Außerdem sind Störche wahnsinnig genau und kehren Jahr um Jahr am immer gleichen Tag zu genau demselben Ort zurück. Jeden Winter lässt Klepetan sein rotes Dach hinter sich und fliegt über 8.000 Kilometer weit nach Südafrika. Leider kann Malena ihn nicht begleiten. 1993 wurde sie von einem Jäger angeschossen. Zwar kam ihr ein ortsansässiger Lehrer zu Hilfe, brachte sie wieder auf die Beine und half ihr sogar, ein Nest auf seinem Dach zu bauen – doch fliegen konnte sie nicht mehr. Den Winter verbringt sie deshalb mit dem Lehrer im Haus. Klepetan entdeckte Malena auf ihrem Dach und seitdem sind die beiden ein Paar. Jeden Sommer ziehen sie gemeinsam Küken groß und Klepetan bringt ihnen das Fliegen bei. Klepetan und Malena sind mittlerweile lokale Berühmtheiten: Eine Webcam überträgt ihr Leben in Echtzeit. In einem Jahr löste Klepetan bei seinen Fans leichte Panik aus, weil er nicht zur üblichen Zeit auftauchte. Schließlich kam er mit sechs Tagen Verspätung an und das Städtchen konnte aufatmen. Wer weiß, welche Hindernisse er hatte überwinden müssen. Im goldenen Zeitalter von Google Maps und GPS schaffen es Vögel wie Klepetan, ohne jegliche Hilfsmittel zehntausende Kilometer im Jahr zurückzulegen, um am richtigen Ort – oft sogar zur stets gleichen Zeit – anzukommen.

Als Zugvögel ziehen Störche in den Wintermonaten in den Süden. Sie kehren allerdings Jahr für Jahr am immer gleichen Tag zu genau demselben Ort zurück.

WIE VÖGEL FLIEGEN

Seit Jahrtausenden ist der Mensch von den Flugkünsten der Vögel fasziniert. Ob nun ein Albatros mit einer Flügelspannweite von drei Metern durch die Luft gleitet oder ein Kolibri 70 Mal pro Minute mit seinen winzigen Flügeln schlägt: So sehr sich Vögel auch in Form und Größe unterscheiden mögen, es sind die gleichen Prinzipien des Fliegens, die sie in luftige Höhen aufsteigen lassen.

Das Wunder des Fliegens beginnt dabei keineswegs bei den Flügeln oder Federn der Vögel, sondern bei ihren Knochen. Die Knochen von Säugetieren sind mit Mark gefüllt. Doch die Knochen von Vögeln sind innen hohl. Das macht die Tiere wesentlich leichter. Und die hohlen Knochen haben noch einen weiteren Trick auf Lager: Sie sind pneumatisch. Das bedeutet, sie sind voller winziger Luftsäcke, die unabhängig von der Lunge Sauerstoff aufnehmen können. So schaffen es Vögel, ein enormes Energielevel aufrechtzuerhalten, um mit den Flügeln schlagen und aufsteigen zu können. Der Rest des Vogelkörpers ist aerodynamisch geformt und besitzt keine unnötigen Körperteile wie Zähne. Zum Zerkleinern der Nahrung gibt es im Magen der Vögel eine muskulöse, dickwandige Komponente namens Kaumagen.

Das Prinzip des Fliegens ist zwar immer dasselbe, aber trotzdem steigen Vögel auf ganz unterschiedliche Art und Weise auf. Seetaucher – große Wasservögel mit spitzem Schnabel und schlankem, dunklem Kopf – rennen wie wild los und brauchen oft eine lange Anlaufstrecke. Wanderfalken stürzen sich von Klippen oder anderen hohen Vorsprüngen und erreichen so Geschwindigkeiten von über 300 km/h – sie sind die schnellsten Tiere der Welt. Andererseits können Kolibris senkrecht wie ein Helikopter starten. Gemein haben alle Vögel eine glatte, spitz zulaufende Federschicht, die ihnen als Tragflügel dient (fast wie bei einem Flugzeug).

Dank der Federn kann die Luft schneller über den Flügel als unten hindurch gleiten. Das erschafft eine Druckdifferenz und schiebt den Vogel höher in die Luft. Schlägt ein Vogel mit den Flügeln nach unten, ergibt das höheren Luftdruck unter dem Flügel und niedrigeren Luftdruck darüber, was den Auftrieb zusätzlich verstärkt. Sind die Tiere einmal in der Luft, können sie sich auf Naturphänomene wie warme, tragende Luftströme oder Aufwinde verlassen, die entstehen, wenn Winde blockiert und nach oben gedrückt werden. Je weniger ein Vogel mit den Flügeln schlagen muss, desto energiesparender fliegt er – und umso weiter kommt er.

Im Herbst wissen die Zugvögel, dass es an der Zeit ist, in wärmere Gefilde zu reisen, wo es genug zu essen gibt. Im Frühjahr kehren sie dann in den kühleren Norden zurück. Von den 10.000 Vogelarten, die auf der Welt leben, folgen rund 1.800 diesem Muster. Die anderen nennt man Standvögel – sie bleiben das ganze Jahr über am gleichen Ort. Einige der Zugvogelarten reisen besonders schnell, andere lassen sich etwas mehr Zeit. Die Doppelschnepfe kann bis zu 90 km/h schnell fliegen und legt über 6.000 Kilometer in nur zwei Tagen zurück. Die Pfuhlschnepfe kommt über 11.000 Kilometer weit – ohne sich auszuruhen oder auch nur etwas zu essen. Die etwas plump wirkende Kanadaschnepfe mit ihrem langen Schnabel hingegen mag es ruhiger: Sie fliegt nachts in geringer Höhe. Ein Schwarm dieser Vögel kann recht respektable Geschwindigkeiten von fast 50 km/h erreichen; aber oft fliegen sie gerade einmal um die 8 km/h „schnell". Damit gibt es keinen anderen Vogel, der langsamer fliegt.

Zugvögel legen insgesamt sehr unterschiedliche Strecken zurück. Felsengebirgshühner leben im Winter in den Pinienwäldern der pazifischen Küstengebirge Nordamerikas. Bricht der Frühling an, nehmen sie all ihre Kraft zusammen und legen knappe 300 Höhenmeter zurück, um weiter unten zu nisten und frische Blätter und Samen zu essen. Das andere Extrem ist die kleine Küstenseeschwalbe: Über 70.000 Kilometer weit fliegt sie jedes Jahr zwischen Grönland und der Antarktis. Die Reise des nur 100 Gramm leichten Vögelchens mag uns wenig effizient erscheinen. Doch tatsächlich folgen Küstenseeschwalben auf ihrer Reise von Kontinent zu Kontinent bestimmten Luftströmen, um nie gegen den Wind fliegen zu müssen. Da die Tiere über 30 Jahre alt werden können, legen sie in ihrem Leben potenziell eine Entfernung zurück, die so weit ist wie dreimal zum Mond und wieder zurück.

Doch wie schaffen es Vögel, den richtigen Weg zu finden? Darauf gibt es mehrere mögliche Antworten. Die Wissenschaft geht davon aus, dass schlüpfende Küken auf Sonne, Sterne und örtliche Orientierungspunkte geprägt werden. Vielleicht spielen auch die Eisenspuren in den Ohren der Tiere, die mit Neuronen in ihren Augen interagieren, eine Rolle und lassen sie so den magnetischen Nordpol ausmachen. Auch der Schnabel ist ein wichtiges Navigationsgerät. Die Forschung glaubt, dass sich Vögel mit einer Art Geruchslandkarte von Ort zu Ort schnuppern. Zusätzlich kann es sein, dass der Trigeminusnerv im Schnabel Magnetfeldstärken wahrnimmt und die Vögel dadurch wissen, wie weit sie von den Polen entfernt sind.

Das Magnetfeld der Erde ist relativ schwach – ungefähr 40 Millionstel eines Tesla. Zum Vergleich: Ein Kernspintomograph hat eine Magnetfeldstärke von bis zu drei Tesla. Es gibt Theorien, die besagen, dass Vögel einen inneren Kompass aus lichtempfindlichen Substanzen besitzen, die direkt auf die Netzhaut wirken. Kommen diese mit Licht in Kontakt, zeigen sie winzigste Veränderungen der Magnetfelder an. In der Theorie bedeutet das, dass Vögel anhand ihrer Lichtwahrnehmung navigieren. Das könnte erklären, warum sich viele Vögel in der Nähe von Hochspannung oder Kommunikationsmitteln seltsam verhalten bzw. sich nicht richtig orientieren können. Ein deutsches Forschungsteam fand kürzlich heraus, dass Vögel Magnetfelder tatsächlich sehen können, und zwar durch eine Reaktion im rechten Auge. Moleküle produzieren in Interaktion mit der linken Gehirnhälfte helle oder dunkle Schattierungen, je nachdem, wie stark das Magnetfeld der Erde ist. So ergibt sich im Grunde eine praktische Landkarte zum Zielort und wieder zurück.

Manche Vögel navigieren anhand des Himmels. Der Mensch erfand die Sonnenuhr erst vor rund 3.500 Jahren, den Sextant erst vor 300. Vögel beherrschten die Kunst der Gestirn-Navigation schon wesentlich früher. Seit den 1950er-Jahren geht man davon aus, dass sich viele Vogelarten an der Sonne orientieren. Man hatte Stare in Gefangenschaft beobachtet und festgestellt, dass die wunderschön schimmernden Vögel ihre Migrationsmuster entsprechend der Position der Sonne anpassten. Die weitere Forschung ergab, dass sich Vögel auch auf ihren Tag-Nacht-Rhythmus und den Sonnenstand verlassen. Wir Menschen brauchen schon unser Smartphone, um zu wissen, wie viel Uhr es ist und wo wir uns befinden. Stare und andere Zugvögel müssen nur einen Blick auf die Sonne werfen und erkennen, an welchem Ort der Erde sie gerade sind.

Auch Tauben haben einen erstaunlichen Orientierungssinn. Bei einer Fluggeschwindigkeit von über 100 km/h wissen sie stets ihren Weg zurück nach Hause – auch wenn dieses Zuhause tausende Kilometer entfernt ist. Dem Menschen ist diese herausragende Fähigkeit natürlich längst aufgefallen. Kaum bekannt ist jedoch, wie die Tauben das anstellen. Jüngste Forschungsergebnisse deuten darauf hin, dass sich Brieftauben die Ultraschallsignatur ihrer Umgebung merken und sich quasi nach Hause „lauschen". „Sie nutzen Töne, um das Gebiet [rund um] ihren Taubenschlag abzubilden", erklärt Jon Hagstrum, ein Geophysiker, der sich ausführlich mit Tauben beschäftigt hat. „Das ist wie bei uns, die wir unser Haus mit den Augen visuell wiedererkennen."[4]

Im September 1918 saß eine Gruppe aus 500 amerikanischen Soldaten am Fuße eines Hügels in der Falle. Sie waren umgeben von deutschem Gewehrfeuer. Nach nur einem Tag waren gerade noch 200 von ihnen übrig. Und als wäre das noch nicht schlimm genug, hatte die viele Kilometer entfernte amerikanische Artillerie die Position ihres Bataillons mit der der Deutschen verwechselt und ließ nun Granaten auf die eigenen Leute regnen. Eine Funkverbindung war nicht möglich. Deshalb schickten die eingeschlossenen Amerikaner zwei Brieftauben los, um ihre Artillerie zu informieren. Die beiden Tiere wurden jedoch im Nu von den Deutschen erschossen. Schließlich griff sich Major Charles Whittlesey seine letzte verbliebene Taube, die achtjährige Cher Ami („lieber Freund", tatsächlich handelte es sich um eine „Freundin"). Er fixierte eine verzweifelte Botschaft an ihrem Bein: „Hört auf, zum Teufel." Sobald Cher Ami abhob, ließen die deutschen Soldaten ihre Kugeln auf sie los. Ihre Brust und ihr Bein wurden getroffen und sie verlor zudem ihre Sehkraft auf einem Auge. Trotz alledem schaffte sie es, die 40 Kilometer in nur 25 Minuten zurückzulegen. An ihrem verstümmelten Bein hing in einer winzigen Metallkapsel die lebensrettende Botschaft. Die Amerikaner stellten den Angriff ein und das Bataillon konnte sich zurückziehen. Die Truppen waren Cher Ami so dankbar, dass sie ihre Wunden versorgten und ihr eine winzige Beinprothese bastelten. Sie wurde von General John J. Pershing – Kommandant der amerikanischen Expeditionsstreitkräfte – persönlich nach Hause geschickt.

Während Tauben die Wissenschaft noch immer vor Rätsel stellen, verlassen sich viele andere Vögel beim Navigieren hauptsächlich auf ihre Augen, genau wie wir. Bei den meisten Raubvögeln liegen die Augen seitlich am Kopf, bei Eulen hingegen zeigen sie wie beim Menschen nach vorn. Das lässt eine bessere Tiefenwahrnehmung zu, was der Jagd bei wenig Licht zugutekommt. Im Gegensatz zum menschlichen Auge sind die Augen bei Eulen jedoch starr in den Augenhöhlen festgewachsen. Deshalb müssen Eulen immer wieder den Kopf drehen – und zwar um bis zu 270 Grad. Damit sie das können, besitzen sie 14 Halswirbel (der Mensch hat im Vergleich dazu nur 7). Sie sehen außerdem wesentlich schärfer als wir.

Eulen kommen in sehr unterschiedlichen Größen vor. Es gibt den Elfenkauz, der nur 12 Zentimeter groß ist und 28 Gramm wiegt. Ein Uhu hingegen bringt ganze 4 Kilogramm auf die Waage und wird 70 Zentimeter groß. Wie der Mensch können Eulen eine dreidimensionale Darstellung mit zwei Augen erfassen. Man nennt das eine binokulare Wahrnehmung. Bis vor kurzem glaubten Wissenschaftler jedoch nicht, dass das Gehirn einer Eule dazu im Stande wäre, größere Mengen visueller Informationen zu verarbeiten – wie das Erkennen eines sich bewegenden Zielobjekts vor einem wechselnden Hintergrund. Denn dies erfordert ein hohes Maß an visueller Verarbeitung, wie man es bis dato nur an Primaten hatte feststellen können. Eine neue Studie deutet jedoch darauf hin, dass Eulen – und andere Raubvögel – das Geschehen um sie herum ganz ähnlich wie der Mensch erfassen. Eine israelische Forschungsgruppe brachte in einem grausamen Versuch Kameras am Kopf von Schleiereulen an und ließ die Tiere schwarze Punkte vor einem grauen Hintergrund betrachten. Dabei wurde gemessen, wie lange die Eulen brauchten, um den Richtungswechsel eines bestimmten Punkts zu verarbeiten. Wie sich herausstellte, können Eulen bestimmte Objekte von dem Hintergrund, vor dem sie auftauchen, unterscheiden und einzelne Objekte wahrnehmen – wie etwa eine Maus, die bei Wind durch ein Feld rennt, oder einen Vogel, der sich von seinem Schwarm entfernt. Diese Fähigkeit lässt auf eine hohe Gehirnentwicklung schließen.

Alles in allem ist das Gehirn von Vögeln also wesentlich komplexer als lange angenommen. Aktuelle Studien zeigen, dass Vögel über wesentlich mehr Hirnzellen verfügen als die meisten Säugetiere. Ihre Problemlösefähigkeiten sind vergleichbar mit denen von Primaten. Bei all dem Wissen über Vogelhirne lässt sich also festhalten: Ein Spatzenhirn zu haben, sollte eher ein Kompliment als eine Beleidigung sein.

BLINDE FLEDERMÄUSE?

Entgegen eines weit verbreiteten Mythos sind Fledermäuse nicht blind. Es gibt über 1.300 verschiedene Fledermausarten und sie alle haben unterschiedliche Lebensräume und Ernährungsformen. Einige essen Blumen, andere Insekten. Manche haben sehr schlechte Augen, andere verfügen über spezielle visuelle Rezeptoren, mit denen sie Tageslicht und sogar ultraviolettes Licht sehen können. Bei Letzteren handelt es sich um die Blütenfledermaus – ein winziges, in Zentral- und Südamerika beheimatetes Tier, das mit seiner Zunge Nektar aus Pflanzen holt. Während zahlreiche Fledermausarten genauso gut wie oder sogar besser als der Mensch sehen können, sind die meisten nachtaktiv und nutzen zur Jagd die Echoortung. Schiffe senden Schallimpulse aus, um eine Karte vom Meeresboden zu zeichnen. Auf ähnliche Weise geben Fledermäuse Hochfrequenzlaute von sich und nehmen das Echo, das von Gegenständen und anderen Tieren zurückprallt, wahr. So erkennen sie den zeitlichen Abstand zwischen ihrem Ruf und dem Echo und wissen anhand dessen die genaue Entfernung zwischen sich und dem Gegenstand bzw. dem Beutetier. Der Mensch kann Hochfrequenztöne über 20 kHz nicht hören. Fledermäuse hören sogar noch Laute von bis zu 110 kHz. Indem sie ein ganzes Spektrum an Lauten ausstoßen, können die Tiere winzige Hindernisse wahrnehmen und umfliegen, die einem Menschen wohl nicht einmal bei Tageslicht auffallen würden.

ZU WASSER

Die Erdoberfläche ist zu über zwei Dritteln mit Wasser bedeckt. In unseren Ozeanen leben 15 Prozent aller Tierarten – zumindest soweit wir wissen. Der Mensch mag zum Mond geflogen und Sonden in den interstellaren Raum geschickt haben. Aber über 80 Prozent der Weltmeere sind nach wie vor unentdeckt. Wasser ist 800 Mal dichter als Luft und schluckt Licht selbst in geringen Tiefen. Schon ab einer Tiefe von 4,5 Metern kann man die Farbe Rot nicht mehr erkennen, ab 7,5 Metern ist auch kein Orange mehr sichtbar. Gelb bleibt unserem Auge ab gut 10 Metern verborgen und Grün ab 20 Metern. Bei etwas über 200 Metern ist das Meer genauso dunkel wie der hinterste Winkel des Weltalls.

Die rund eine Million im Meer lebenden Spezies müssen besonders genau navigieren. Einige Meerestiere leben nahe der Wasseroberfläche und orientieren sich an der Sonne. Die grüne Meeresschildkröte, die sich gleitend durch tropische und subtropische Meere bewegt, ist berühmt für das Zurücklegen extremer Distanzen zwischen ihren Futtergründen und Eiablageplätzen. Alle zwei bis vier Jahre schwimmen weibliche Meeresschildkröten bis zu 4.000 Kilometer weit zu den Stränden Südostasiens, Indiens oder zu abgelegenen Inseln im Westpazifik, um sich dort zu paaren. Segelschiffe gingen vor der Erfindung des Chronometers und der damit verbundenen genauen Messung der Längengrade immer wieder auf See verloren. Die Schildkrötenweibchen hingegen kommen Jahre später über tausende Kilometer hinweg an genau den Strand zurück, an dem sie geschlüpft sind. Die majestätischen Tiere – die heute leider durch (legale und illegale) Jagd, Eierdiebstahl und Bootsunfälle bedroht sind – werden auf ihrer Reise vermutlich durch Kristalle in ihrem Gehirn geleitet. Denn diese nehmen die Magnetfelder der Erde wahr. Es könnte jedoch auch sein, dass sich die Meeresschildkröten von der Sonne in die richtige Richtung leiten lassen. Untersuchungen der Florida Atlantic University ergaben, dass Meeresschildkröten wohl die Höhe der Sonne am Himmel – auch als Azimut bekannt – beobachten und so ihre Position feststellen.

Die meisten Fischarten fühlen sich in ihrer Ecke des Ozeans oder eines Sees sehr wohl und bleiben, wo sie sind. Es gibt aber auch einige hundert Arten, die hunderte oder sogar tausende Kilometer im Jahr zurücklegen. Einige bewegen sich sogar zwischen Süß- und Salzwasser hin und her, um nach Nahrung zu suchen. Das wohl kurioseste Ritual findet man beim pazifischen Lachs. Es ist fast wie in einem Hollywoodstreifen: ein waghalsiger Wettlauf gegen die Zeit, hungrige Grizzlybären, eine kurze, aber heftige Romanze und der Heldentod am Ende.

Die Gattung der pazifischen Lachse umfasst in Nordamerika fünf Arten: Königslachse, Ketalachse, Silberlachse, Buckellachse und Rotlachse. Und sie alle begeben sich auf eine große Reise. Die ersten Monate ihres Lebens verbringen sie in Süßwasserflüssen, wo sie zu Junglachsen heranwachsen. Man erkennt sie eindeutig an ihren silbrig schimmernden Schuppen. Mit der Zeit verändert sich ihre Körperchemie und die Jungspunde sehnen sich nach salzigeren Gewässern. Sobald sie groß genug sind, verlassen sie die Flüsse ihrer Kindheit und ziehen zu den großen Futtergründen der Meere. Jahrelang essen die Tiere so viel sie nur können, um noch größer und noch stärker zu werden. Kein Wunder, denn für das, was sie vorhaben, brauchen sie jede Menge Energie.

Pazifische Lachse legen auf ihrem Weg durch den Ozean tausende Meilen zurück und kehren am Ende doch in genau denselben Fluss zurück, in dem sie geboren wurden. Die Wissenschaft weiß nicht, wie die Tiere derart genau navigieren können. Aber eine Theorie besagt, dass sich Lachse am Magnetfeld der Erde orientieren. Eine andere Möglichkeit besteht darin, dass jeder Fluss seinen ganz eigenen Geruch hat und Lachse den Weg nach Hause mit ihrem hervorragenden Geruchssinn meistern. Und dabei ist das Finden des richtigen Flusses noch die leichtere Aufgabe: Da Flüsse ins Meer fließen, müssen die pazifischen Lachse gegen den Strom migrieren. Dieses Schauspiel ist als Lachswanderung

Pazifische Lachse kehren am Ende doch in genau denselben Fluss zurück, in dem sie geboren wurden.

bekannt. Bis zum Beginn der Reise haben die Tiere enorme körperliche Veränderungen durchlebt. Ihre Farbe ist dunkler und ihre Schwanzflosse dicker geworden. Den männlichen Lachsen sind außerdem scharfe Zähne gewachsen. Während ihrer Zeit im Meer bauen sie Muskelmasse und Fettreserven auf, um dann jedes Fünkchen Energie in das anstrengende Schwimmen flussaufwärts stecken zu können. Sie müssen sich durch Stromschnellen und Wasserfälle kämpfen und springen dafür bis zu 3,5 Meter in die Luft. Dabei müssen sie aufpassen, nicht in die Klauen von Feinden wie Bären, Adlern oder Menschen zu geraten. Die Lachse schwimmen ununterbrochen und essen nichts, bis sie ihre teils hunderte Kilometer lange Reise beendet haben. Königslachse und Rotlachse aus Idaho legen fast 1.500 Kilometer und über 2.000 Höhenmeter zurück, um zu ihren Laichplätzen zu gelangen.

Diejenigen Fische, die es bis nach Hause schaffen, sind bei ihrer Ankunft völlig ausgezehrt und erschöpft. Ihre Energie reicht noch für genau eine einzige Aufgabe. Weibliche Lachse graben eine Laichgrube und legen bis zu 5.000 erbsengroße Eier (genannt Rogen). Die männlichen Lachse beißen und verfolgen sich währenddessen untereinander, da es nur die dominantesten unter ihnen zu den Weibchen schaffen und ihr Sperma zu den Rogen geben können. Körperlich sind die ausgewachsenen Lachse nicht mehr an das Frischwasser ihrer Jugend gewöhnt. Nach dem Laichen geht es blitzschnell mit ihnen bergab. Sie sind physisch am Ende und haben kaum Nahrungsquellen und so sterben die erschöpften Tiere am Ort ihrer Geburt – ihre Aufgabe ist erfüllt. Die große Mehrheit aller Lachsarten stirbt nach dem Laichen. Die Ausnahme bilden die weiblichen Tiere einiger weniger Arten des atlantischen Lachses, die in Flüssen, die in den Nordatlantik münden, vorkommen. Sie schaffen es zurück in den salzigen Ozean, finden zu alter Stärke zurück und pflanzen sich erneut fort.

WELCHES SÄUGETIER REIST AM WEITESTEN?

Küstenseeschwalben halten den Weltrekord für die weiteste Tierwanderung. Aber ihre Flugfähigkeit kommt ihnen dabei zugute. Wer wird wohl den Spitzenplatz unter den Säugetieren einnehmen? Die Forschung geht davon aus, dass dieser Platz dem Grauwal zusteht – er übertrifft gerade so seinen nahen Verwandten, den Buckelwal. Grauwale legen jedes Jahr bis zu 20.000 Kilometer zwischen ihren Fortpflanzungsgründen in der Nähe des Äquators und den reichen Nahrungsgründen des arktischen und des südlichen Ozeans zurück. Die anmutigen, 15 Meter langen Tiere wandern von Russland nach Mexiko und wieder zurück.

Der Walfang hatte die Grauwalpopulation stark dezimiert, bis die Tiere 1949 von der Internationalen Walfang-Kommission unter Schutz gestellt wurden. Seither hat sich die Population langsam erholt. Einige Subpopulationen gelten jedoch noch immer als stark bedroht, besonders die im Nordwestpazifik lebenden.

Für die meisten Wassertiere steht nicht ganz so viel auf dem Spiel wie für den pazifischen Lachs – ihre Reisen sind deshalb jedoch nicht minder beeindruckend. Der Weiße Hai beispielsweise kommt in allen Weltmeeren vor und legt jedes Jahr tausende Kilometer zurück. Niemand weiß genau, warum. Filme wie *Der weiße Hai* stellen die Tiere als bösartige Menschenfresser dar, dabei sind Angriffe auf den Menschen extrem selten. Weniger zögerlich verhalten sich Weiße Haie jedoch gegenüber anderen Wassertieren. Sie essen alles, von Meeresschildkröten über Delfine bis hin zu Wasservögeln. Ihr Lieblingsessen sind jedoch Robben – langsam und fettreich.

Bis vor kurzem dachte man noch, Weiße Haie seien territorial und würden stets in der Nähe von Küsten bleiben. Man ging davon aus, sie würden gerade einmal ein paar hundert Kilometer in diese und jene Richtung schwimmen, um den Robben zu folgen. Doch eine 2009 in der Fachzeitschrift *Proceedings of the Royal Society B* veröffentlichte Studie zeigte: Weiße Haie bewegen sich tatsächlich zwischen verschiedenen Ozeanen und einigen der abgelegensten Gewässer dieses Planeten hin und her. Ein Forschungsteam der Stanford University entdeckte, dass die Tiere nicht einfach an einem Ort bleiben, sondern teils 4.000 Kilometer durch das offene Meer schwimmen, wo es kaum Beutetiere gibt. Einige Weiße Haie tauchen über 1.000 Meter tief und ernähren sich dort von Fischen und Tintenfischen (der sog. Echostreuschicht).

Die Wissenschaft tut sich schwer damit, ein Muster in den Wanderungen Weißer Haie zu erkennen. Doch es gibt einige Orte, die sie immer wieder aufsuchen. Im Pazifik machen sich die Tiere beispielsweise mitten im Winter auf von Zentralkalifornien in eine kahle Meeresgegend zwischen Hawaii und Baja California in Mexico. Aus Gründen, die uns Menschen verborgen bleiben, verlassen sie die reichen Nahrungsgründe der kalifornischen Küste, um sich in diesen abgelegenen Gewässern zu versammeln. Die Gegend wird deshalb auch als das „White Shark Café" bezeichnet. Dort angekommen, fangen die Weißen Haie an, in die tiefsten Gefilde zu tauchen, was sehr viel Energie verbraucht. „Die Haie bewegen sich sehr schnell zwischen 50 und 250 Metern auf und ab, immer wieder auf und ab, Tag und Nacht – teils über 100 Mal pro Tag. Teilweise werden sie dabei schneller als ihre normale Maximalgeschwindigkeit"[5], so Sal Jorgensen, ein Forscher, der die Bewegungen von Weißen Haien seit langem verfolgt. Teils wird vermutet, dass die Tiere auf Partnersuche sind oder nach einem besonders köstlichen Fisch Ausschau halten. Aber so genau weiß es niemand – und vermutlich werden wir auch in Zukunft nur spekulieren können.

BESITZEN FISCHE EIN ICH-BEWUSSTSEIN?

Über Fische hält sich hartnäckig das Gerücht, sie könnten weder Schmerz noch Emotionen empfinden. Deshalb, so der Mythos, sei es nicht schlimm, sie an Haken aufzuspießen und an Land ersticken zu lassen.

Die Wahrheit ist jedoch: Fische empfinden durchaus Schmerz und sie sind sich ihrer selbst bewusst. Eine Möglichkeit zu testen, ob ein Tier ein sogenanntes Ich-Bewusstsein besitzt, ist, es farblich zu markieren, vor einen Spiegel zu platzieren und abzuwarten. Blickt das Tier in den Spiegel und berührt dann die eigene Markierung, ist es sehr wahrscheinlich, dass es sich selbst im Spiegel erkennt und somit über ein Ich-Bewusstsein verfügt. Der Spiegeltest ist einer von mehreren Versuchen, um Ich-Bewusstsein festzustellen. Gleichzeitig ist man sich jedoch mittlerweile darüber einig, dass Tiere auf eine Art und Weise ich-bewusst sein können, die menschengemachte Tests nicht feststellen können. Zudem empfinden auch Tiere, die nicht als ich-bewusst gelten, Schmerz, Traumata und andere Emotionen.

Ein Forschungsteam der japanischen Osaka City University probierte den Spiegeltest mit dem Putzerlippfisch aus. Es handelt sich dabei um einen kleinen Fisch, der in Korallenriffen lebt – von Ostafrika über das Rote Meer bis nach Französisch-Polynesien. Die Tiere gehen sogenannte mutualistische Beziehungen mit größeren Fischen ein, indem sie diese „putzen". Meist bedeutet das, dass sie an den Parasiten der größeren Fische knabbern. Putzerlippfische beweisen dabei echten Unternehmergeist: Sie schließen sich zu „Putzstationen" zusammen und umwerben ihre größere Kundschaft, indem sie in tanzartigen Choreografien das Hinterteil auf und ab bewegen.

Das japanische Forschungsteam gab den Putzerlippfischen einen Spiegel. Diese reagierten zunächst etwas launisch und territorial, da sie ihr Spiegelbild für einen fremden Fisch hielten. Doch über einen Zeitraum von mehreren Tagen beruhigten sie sich. Und am Ende des Studienzeitraums konnten sie ganz deutlich ihre eigenen Bewegungen erkennen. Sie nutzten ihr Spiegelbild sogar, um Markierungen zu entfernen, die man an ihrem Körper angebracht hatte.

WINZLINGE AUF REISEN

Das Gehirn einer Biene ist nur ungefähr einen halben Millimeter groß und hat gerade einmal eine Million Neuronen. Trotzdem schaffen es Bienen irgendwie, sich drei Kilometer von ihrem Stock zu entfernen und später wieder nach Hause zu kommen. Wenn sie unterwegs gefangen werden – zum Beispiel, weil sie in ein offenes Autofenster oder einem schonungslosen Wissenschaftler in die Arme fliegen – und man sie an einem nahegelegenen Ort wieder freilässt, finden sie trotz allem wieder nach Hause. Wie kann ein winziges Tier, dessen Lebenszeit sich in Tagen, nicht Jahren bemisst, und das weder einen Hippocampus noch einen entorhinalen Kortex oder andere höher entwickelte Hirnstrukturen besitzt, so etwas leisten? Die Wissenschaft ist ratlos. Eine Möglichkeit ist, dass sich Bienen eine Landkarte der Umgebung einprägen und sich auf dem Nachhauseweg an bestimmten Punkten in der Landschaft orientieren. Andere Forschungen deuten darauf hin, dass sich Bienen mit einer inneren Uhr am Sonnenstand orientieren – quasi die Bienen-Version einer Berechnung von Breiten- und Längengraden.

Ganz ähnlich geht der Sandhüpfer vor, ein winziges Krustentier, das man oft nach der Dämmerung an der Hochwasserlinie von Sandstränden herumspringen sieht. Die Tiere werden auch Strandflöhe genannt, was jedoch irreführend ist, da sie weder Flöhe sind, noch beißen. Von weitem sehen die kleinen Sandhüpfer ein wenig wie springende Böhnchen aus. Und doch wandern sie vom feuchten Sand, wo sie sich tagsüber verstecken, bis in die Nähe des Meeresrands, um dort nach Nahrung zu suchen. Sandhüpfer orientieren sich entlang einer Ost-West-Linie – so, wie sich die Sonne am Himmel entlang bewegt. Nachts dient den Tieren der Mondschein als Anhaltspunkt.

Manche Insekten navigieren mit den Sternen. Der Mistkäfer geht seinem schmutzigen Geschäft am liebsten im Schatten der Dunkelheit nach. Er orientiert sich am Nachthimmel, um mit seiner Beute zurück nach Hause zu finden. Seine Abende verbringt der Mistkäfer damit, die Ausscheidungen anderer Tiere zu Bällen zu formen und diese an weichen Stellen im Boden zu vergraben. Es mag überraschend klingen, aber männliche Mistkäfer können mehr als das 1.100-fache ihres Körpergewichts stemmen, wie man an der Londoner Queen Mary University herausfand. Das ist, als würde ein Mensch sechs voll besetzte Doppeldeckerbusse hinter sich herziehen.

Wer noch nie ausprobiert hat, einen Kotball zu rollen, weiß gar nicht, wie schwierig das ist. Oft müssen Mistkäfer kleinere Organismen abschütteln, die in den Mistkugeln eine willkommene Mitfahrgelegenheit wittern. Bei diesem Unterfangen können sich die Käfer leicht verlaufen und müssen sich dann neu orientieren. Beobachtungen haben gezeigt, dass sie meist auf eine frisch gerollte Mistkugel steigen und einmal im Kreis tanzen, bevor sie nach Hause zurückkehren. Das Ganze scheint ein ausgeklügelter Orientierungsprozess zu sein. „Der dorsale (obere) Teil der Augen eines Mistkäfers ist speziell darauf ausgerichtet, die Richtung der Lichtpolarisation zu analysieren – die Richtung der Lichtschwingung“[6], erklärte die Forscherin Marie Dacke gegenüber *Live Science* im Jahr 2013. Mistkäfer bedienen sich der Polarisationsmuster des Nachthimmels, um nicht im Kreis zu laufen. Die Forschung geht davon aus, dass einige Subspezies des Mistkäfers in klaren, sternenreichen Nächten, in denen die Milchstraße gut zu sehen ist, wesentlich effizienter navigieren können.

Kommen wir nun nach dem krabbelnden Mistkäfer zu einem anderen Insekt, dessen Wanderung als eine der spektakulärsten im Tierreich gilt: Der Monarchfalter. Die Reise dieses wunderschönen Schmetterlings kann nur mit vier Generationen vervollständigt werden. Ab März bzw. April schlüpft die erste Generation als Raupen, auch Larven genannt. Zwei Wochen lang kriechen die Babyraupen umher und essen Seidenpflanzen. Dann sind sie bereit für die Metamorphose. Sie setzen sich an einen Stamm oder ein Blatt und produzieren eine harte Seidenhülle, den Kokon. Von außen mag es scheinen, als würde in diesem Kokon nichts passieren. Doch im Inneren vollzieht sich ein spektakulärer Prozess. Die alten Körperteile der Raupe verwandeln sich in Flügel. Nach rund zehn Tagen kommt ein Monarchfalter aus dem Kokon, breitet seine Flügel aus und fliegt davon. Sein Leben ist jedoch von kurzer Dauer: Nach nur zwei bis sechs Wochen, in denen der Schmetterling so viele Eier wie möglich legt, stirbt er.

Dieser Kreislauf wiederholt sich mehrfach – mit einer zweiten Generation Schmetterlinge, die im Mai und Juni geboren werden, und mit einer dritten im Juli und August. Jede Generation folgt den warmen Temperaturen nordwärts, bis hinauf nach Kanada. Doch in der vierten, im September und Oktober geborenen Generation ist alles anders. Ihre Reise ist beschwerlicher. Da das Wetter kälter wird, müssen diese Schmetterlinge gen Süden nach Mexiko wandern. Anstatt der üblichen zwei bis sechs Wochen leben sie sechs bis acht Monate lang und legen währenddessen bis zu 4.000 Kilometer auf dem Weg in ihre Überwinterungsgebiete zurück. Besonders viele führt die Reise in ein Biosphärenreservat etwa 100 Kilometer nordwestlich von Mexiko-Stadt. Fast alle Monarchfalter der östlichen Population verbringen den Winter hier (Populationen, die westlich der Rocky Mountains leben, kommen in den kälteren Monaten meist nach Südkalifornien). Ihren mehrmonatigen Winterschlaf überstehen sie in Oyameltannen. Danach treten sie den Rückweg nach Norden an, damit der Kreislauf der vier Generationen von Neuem beginnen kann.

Die vierte Generation der Monarchfalter legt 4.000 Kilometer auf dem Weg in ihre Überwinterungsgebiete zurück.

Früher glaubte die Wissenschaft, die Reise der Monarchfalter sei die längste unter allen Insekten. Aktuelle Forschungen deuten jedoch darauf hin, dass dieser Titel jemand anderem gebührt: einer Libelle mit dem passenden Namen Wanderlibelle. Mit ihren Facettenaugen, den muskulösen Flügeln und dem schlanken, langen Körper stechen Libellen unter allen Insekten hervor. Sie sind allerdings nicht nur besonders auffällig, sondern auch besonders missverstanden. Naturforscher wissen schon seit langem, dass einige Libellenarten wandern. Allerdings ist es aufgrund ihrer Größe und Geschwindigkeit schwierig, sie über längere Distanzen hinweg zu verfolgen. Libellen können in sechs verschiedene Richtungen fliegen und teils bis zu 50 km/h schnell werden. Viele Arten vollziehen keine Wanderbewegungen und bleiben ihr ein- bis zweimonatiges Leben über in einem Radius von wenigen Kilometern. Nicht so die Wanderlibelle.

Erst im Jahr 2009 präsentierte der Biologe Charles Anderson seine Forschungsergebnisse im *Journal of Tropical Ecology* und enthüllte damit die Geheimnisse der mysteriösen Insekten. Seine ersten Erkenntnisse über Wanderlibellen gewann Anderson auf die altmodische Art: indem er sie beobachtete. Als er seine Beobachtungen aus Indien, Ostafrika und anderen Gegenden mit saisonalen Wettermustern abglich, fiel ihm auf, dass viele Wanderlibellen enorme Strecken zurücklegen. Wie beim Monarchfalter sind auch bei diesen Tieren mehrere Generationen nötig, um die gesamte Wanderung abzuschließen. Ursprünglich hatte sich Anderson nur dafür interessiert, warum die unaufdringlichen gelben Insekten immer wieder an seinem Heimatort auf den

Malediven aufschlugen, nur um dann auf mysteriöse Weise wieder zu verschwinden. Er beobachtete sie 15 Jahre lang, bis ihm klar wurde, dass die Wanderlibellen bei ihrer Überquerung des indischen Ozeans den saisonalen Monsunregenfällen folgen. Wie sich herausstellte, paaren sich die Tiere am liebsten bei heftigem Regen. Aus diesem Grund fliegen sie den Monsunregen über mehr als 15.000 Kilometer hinweg hinterher.

Einige Tiere brauchen noch nicht einmal Flügel oder Füße, um nach Hause zu gelangen. Im Jahr 2009 traute Ruth Brooks, eine ältere Dame aus England, ihren Augen kaum: Eine ganze Horde Schnecken war in ihren Garten eingefallen und plünderte, was das Zeug hielt. Die BBC berichtete darüber: „Sie hatten ihren Salat gefressen, ihre Petunien verwüstet und ihre Bohnen zerstört."[7] Doch Ruth Brooks bewies Mitgefühl und wollte die kleinen Weichtiere nicht umbringen. Deshalb brachte sie sie auf ein Landstück in der Nähe. Doch die Schnecken kamen zurück – nicht gleich am nächsten Tag, aber kurze Zeit später. Dabei erreicht die gefleckte Weinbergschnecke gerade einmal 0,047 km/h! Ganz egal, wohin die Gartenbesitzerin die kleinen Tiere brachte, sie kamen stets zurück. Deshalb wandte sie sich an Dr. Dave Hodgson, einen Biologen der University of Exeter. Dieser schlug ein Experiment mit 65 Schnecken vor, die in verschiedene Ecken des Gartens gesetzt werden sollten. Das Ergebnis: Fast alle Schnecken fanden ihren Weg zurück zu ihrem Ursprungsort, teils über eine Strecke von 25 Metern. Dr. Hodgson war begeistert: „Das muss natürlich weiter analysiert werden, aber was mich betrifft, sind das relativ spektakuläre Beweise für das Heimfindeverhalten von gefleckten Weinbergschnecken. Und es hat so viel besser funktioniert, als ich es mir je hätte erträumen können."[8]

ZU LAND

Dass Vögel, Fische oder fliegende Insekten über weite Strecken reisen, kann man sich noch gut vorstellen. Sie bewegen sich in Gefilden fort, die weit über oder unter uns liegen. Doch selbst die größten und langsamsten Landsäugetiere können über hunderte oder sogar tausende Kilometer im Jahr eine bestimmte Strecke finden.

Der Handel mit Elfenbein hat die Anzahl der lebenden afrikanischen Elefanten stark dezimiert. Aktuelle Schätzungen gehen davon aus, dass ihre Population seit Anfang des 20. Jahrhunderts um 97 Prozent geschrumpft ist – von 12 Millionen auf gerade einmal 350.000. Vor diesem schändlichen Prozess traten die majestätischen Tiere unglaubliche Reisen an. Ihre Anführerinnen waren die ältesten und weisesten Elefantinnen der Herde. Geführt von den Matriarchinnen legten die afrikanischen Elefanten so hunderte von Kilometern entlang altbekannter Pfade zurück. Sie folgten dem Regen in fruchtbare Nahrungsgründe. Viele ihrer Routen waren derart ausgetreten, dass daraus Straßen des

Menschen entstanden. Heute ist die Mobilität der Tiere durch den Menschen und die Jagd enorm eingeschränkt. Meist können sie sich nur noch in begrenzten Schutzgebieten aufhalten. Doch einige Populationen nutzen noch immer die Wege ihrer Vorfahren.

So zum Beispiel die Elefanten aus den afrikanischen Wüsten Namib und Sahara. Sie sind als Wüstenelefanten bekannt und verbringen ihre Tage teils damit, über 50 Kilometer weit zu laufen, um Wasser zu finden. Der Gründer der gemeinnützigen Organisation Save the Elephants, der Biologe Iain Douglas-Hamilton, sagt über Wüstenelefanten, sie würden „unter den extremsten Bedingungen" leben.[9] Wie für alle Elefanten ist auch für diese Tiere die größte Gefahr die Wilderei. Zwar haben Artenschutzbemühungen den Elefantenpopulationen geholfen, doch von den namibischen und malischen Wüstenelefanten gibt es nur noch rund 600 bzw. 400. Trotz aller Risiken legen die Tiere hunderte Kilometer im Jahr zurück. Von Kräutern über Gras, Sträucher, Rinde, Blätter und Samen bis hin zu Obst essen sie dabei alles, was sie „unter den Rüssel" kriegen können. Wüstenelefanten können es sich nicht leisten, wählerisch zu sein: Sie brauchen jeden Tag bis zu 250 Kilogramm Nahrung und 160 Liter Wasser. Im Gegensatz zu anderen Tieren, z. B. Vögeln, denen die Navigierfähigkeit angeboren ist, müssen Elefanten aus ihrer Erfahrung lernen. Das Leben der Herde hängt von der Matriarchin ab. Sie kennt die sicheren Routen und verlässlichen Wasserquellen in Gegenden, in denen es tendenziell unsicher und wasserarm ist. Dieses Wissen wird seit tausenden von Jahren von Generation zu Generation weitergegeben. Mit der Zeit weiß die Matriarchin, welche Wege sicher sind. Sie weiß, welche Rufe anderer Elefanten ihr freundlich gesonnen und welche ihr fremd sind. Die weisesten Matriarchinnen können sogar zwischen dem Brüllen männlicher und weiblicher Löwen unterscheiden. Eine nützliche Fähigkeit – schließlich sind männliche Löwen größer und deshalb eher in der Lage, Elefantenkälber zu jagen. Matriarchinnen müssen sich in Gebieten wie der namibischen Region Kunene orientieren, wo pro Jahr im Schnitt nur 100 Liter Regen pro Quadratmeter fallen. Wird die Nahrung knapp, muss sich die Matriarchin etwas einfallen lassen. Viele Herden ziehen dann beispielsweise an den Fluss Hoanib im Westen Namibias, um sich an den Samenschoten des Anabaums zu bedienen.

Für eine eindrucksvolle Studie aus dem Jahr 2008 folgte ein Forschungsteam während einer anhaltenden Dürreperiode 21 Elefantenfamilien. Die Gruppen mit den ältesten Matriarchinnen – die bereits eine andere große Dürre 30 Jahre zuvor erlebt hatten – fanden eher Nahrung und Wasser. Denn sie suchten auch Gebiete auf, die weiter weg lagen und normalerweise kaum von den Tieren angesteuert werden. Obwohl die Matriarchinnen diese Orte seit Jahrzehnten nicht mehr besucht hatten, ließ sie ihr Gedächtnis nicht im Stich und sie brachten ihre Familien in Sicherheit.

WANDERUNG AUF REKORDNIVEAU

Landtieren wird nicht der Luxus zuteil, hoch in die Luft aufsteigen zu können. Sie müssen ihre saisonale Wanderung auf Pfoten oder Hufen zurücklegen. Die mühsamste Reise von allen bringen die Karibus hinter sich. Sie leben in den nördlichen Regionen Nordamerikas, Europas, Asiens und Grönlands und jedes Jahr durchqueren drei Millionen der Geweihtiere die arktische Tundra. Sie suchen nach grünen Weidegründen. Im Sommer haben sie in der Tundra genug zu essen und nehmen jeden Tag über fünf Kilogramm Pflanzen zu sich. Sobald der erste Schnee fällt, gehen sie los gen Osten, wo sie sich von Flechten (algenähnlichen Pflanzen) ernähren. Einige Karibuarten, z. B. die Rentiere der kanadischen Nordwestterritorien, haben die längste Wanderung aller Landsäugetiere vorzuweisen: fast 5.000 Kilometer pro Jahr.

Nahe der afrikanischen Ostküste ereignet sich jedes Jahr ebenfalls eine navigatorische Meisterleistung. Man spricht von der „großen Wanderung“, wenn sich über 1,5 Millionen Gnus, 200.000 Zebras und mehr als 400.000 Gazellen in Bewegung setzen und vom Ngorongoro-Schutzgebiet in Tansania zum Naturschutzgebiet Maasai Mara in Kenia laufen. Es ist die größte Landsäugerwanderung der Welt. Ein Großteil des Zuges findet in der Serengeti statt, einem fast 20.000 Quadratkilometer großen Ökosystem, das sich vom Norden Tansanias bis in den Südwesten Kenias erstreckt. Gnus sind Paarhufer mit Hörnern, einer breiten Mundpartie und struppiger Mähne. Sie können fast 250 Kilogramm auf die Waage bringen und 80 km/h schnell laufen. Viele von Ihnen kennen die Tiere wahrscheinlich aus dem Film *Der König der Löwen*: Simbas Vater Mufasa wird von einer Gnuherde totgetrampelt. Die große Wanderung beginnt normalerweise im Januar und Februar in Tansania. Die weiblichen Gnus gebären dann ungefähr 350.000 Kälber innerhalb weniger Wochen. Diese fast zeitgleichen Geburten verschaffen den Gnus einen evolutionären Vorteil: Ihre Fressfeinde, hauptsächlich Hyänen und Löwen, schlagen sich zwangsweise alle auf einmal die Bäuche voll. Die große Mehrheit der Kälber bleibt deshalb verschont.

Gnubabys stehen nur wenige Minuten nach ihrer Geburt auf eigenen Füßen und können selbstständig laufen. Kein anderes Hufsäugetier meistert diese Fertigkeit so schnell. Doch die Gnus müssen schnell sein: Im März fängt das Land an auszutrocknen und die Gnureise nach Norden beginnt. Die Tiere folgen dem Regen und dem neu wachsenden Gras. Dann stoßen sie ins Herz der Serengeti vor, wo es kleine Süßwasserseen und Gräser im Überfluss gibt. Im Juni sind die Gnus bereits im Grumeti-Schutzgebiet, einem malerischen Park, der bereits 1994 von der tansanischen Regierung geschaffen wurde, um die

Wege der Gnuwanderung zu schützen. Doch einige Gefahren blieben dennoch bestehen. Denn während der gesamten Reise müssen sich die Tiere vor Löwen, Hyänen, Leoparden, Geparden und anderen Beutegreifern in Acht nehmen. Außerdem müssen sie reißende Flüsse durchqueren, in denen teils dutzende Tiere auf einmal ertrinken. Im August kommen die völlig ausgezehrten Tiere endlich im Maasai-Mara-Schutzgebiet im Süden Kenias an. Hier verbringen sie die darauffolgenden Monate und kommen wieder zu Kräften. Ende Oktober, wenn die Regenzeit begonnen hat, setzen sich die Gnus in Richtung Serengeti in Bewegung. Diesmal durchqueren sie dafür die östlichen Wälder des Gebiets. Endlich zuhause angekommen, sind die weiblichen Tiere bereits hochschwanger mit der nächsten Generation Gnus, die im folgenden Jahr die Wanderung antreten wird.

MAGNETOREZEPTION

Ehrenberg-Blindmäuse sind winzige, pelzige Nagetiere, die für ihre ausgefallenen unterirdischen Tunnel bekannt sind. Sie können ihren unterirdischen Standort ausmachen, indem sie das Magnetfeld der Erde analysieren. Aufgrund einer Hautschicht über ihren winzigen Augen sind die Blindmäuse – wie ihr Name schon andeutet – völlig blind. Das hält sie allerdings nicht davon ab, auf der Suche nach Zwiebeln und Knollen weite Wege zurückzulegen. Ihre Funde lagern sie dann systematisch in einem komplexen Tunnelnetzwerk, um sie später wiederzuholen. Bei kurzen Strecken verlassen sich die Blindmäuse zur Orientierung auf ihren Gleichgewichts- und ihren Geruchssinn. Aber bei größeren Entfernungen können sie auf ein ausgefeiltes Navigationssystem zurückgreifen: Sie lassen sich vom Magnetfeld der Erde leiten. Wie genau die Tiere ihren Magnetkompass einsetzen, ist nicht abschließend geklärt. Eine Möglichkeit scheinen Magnetkristalle in den Geruchsorganen der Blindmäuse zu sein, die ihnen den Weg nach Hause weisen.

Wahrscheinlich sind Blindmäuse nicht die einzigen Säugetiere, die das Magnetfeld der Erde wahrnehmen. Rotfüchse etwa springen meist in nordöstlicher Richtung auf ihre Beute. Und sollten Sie einen Hund zu Ihrer Familie zählen, achten Sie doch einmal auf seine Toilettengewohnheiten: Eine zweijährige Studie mit 37 Hunderassen und über 5.000 Beobachtungen hat ergeben, dass Hunde ihr Geschäft mehrheitlich mit Ausrichtung an der Nord-Süd-Achse verrichten."[10]

Menschen sind von den Reisen der Tiere – ob zu Wasser, Land oder in der Luft – fasziniert. Denn je mehr wir über all die komplexen Prozesse erfahren, umso mehr wird uns klar, wie wenig wir über Tiere wissen. Wie ist es möglich, dass Vögel mit einem Gehirn, das so viel kleiner ist als unser eigenes, jedes Jahr über tausende Kilometer hinweg ein und denselben Ort wiederfinden? Wie kann es sein, dass Meeresschildkröten ganze Ozeane durchkreuzen, um zu der winzigen Insel zurückzukehren, auf der sie Jahrzehnte zuvor geboren wurden? Um es kurz zu machen: Warum sind Tiere dem Menschen in ihrer Navigationsfähigkeit derart überlegen? Die Wissenschaft liefert ständig neue Erklärungen, aber einige Mysterien werden wir wohl nie lösen können.

Der Mensch wird auch in Zukunft neue Smartphones entwickeln, die uns zu jedem Starbucks auf Erden führen können. Selbstfahrende Autos werden Straßenschilder eines Tages überflüssig werden lassen. Doch Tiere finden ihre Wege jetzt und auch in Zukunft genauso zuverlässig, wie sie es immer getan haben – leere Akkus halten sie dabei nicht auf. Und was die geschätzten sieben Millionen Tierarten angeht, die noch nicht einmal entdeckt wurden, so können wir nur mutmaßen, auf welch beeindruckende Weise sie sich von A nach B bewegen. Wahrscheinlich könnten wir auch von ihnen noch viel lernen.

» KOMMUNIKATION

> *Die Augen eines Tieres haben die Macht einer großen Sprache.*
>
> – Martin Buber

Zum Anfang des 20. Jahrhunderts befand sich ganz Deutschland im Bann eines Pferdes. Es handelte sich um einen Orlow-Traber namens Hans. Sein Halter, Wilhelm von Osten, behauptete, Hans könne menschliche Sätze verstehen und mathematische Aufgaben lösen. Indem der „kluge Hans", wie die Medien ihn schon bald nannten, mit den Hufen klopfte, konnte er angeblich unter anderem addieren, subtrahieren, multiplizieren, dividieren, bruchrechnen, die Zeit nachvollziehen, buchstabieren und die deutsche Sprache verstehen. Von Osten führte Hans vor Publikum im ganzen Land vor. Er wurde eine derartige Sensation, dass das Kultusministerium eine Expertengruppe unter dem passenden Titel „Hans-Kommission" zusammenstellte. Diese sollte den scheinbar so beeindruckenden Sprachfähigkeiten des Pferdes auf den Grund gehen. Nach eingehenden Untersuchungen gaben die Experten ihr Urteil ab: Zwar war Hans durchaus besonders intelligent, doch entgegen den vorherigen Annahmen über sein Können reagierte er tatsächlich auf Zeichen in von Ostens Körpersprache. Dieser sendete die Zeichen nicht etwa bewusst aus. Doch Hans studierte die Mimik seines Trainers sehr genau und wusste deshalb schnell, wann von ihm ein weiteres Hufklopfen erwartet wurde und wann nicht. In der vergleichenden Psychologie wurde das Phänomen demnach als „Kluger-Hans-Effekt" berühmt. Es bezeichnet eine Situation, in der Wissenschaftler ihren tierischen Probanden bei Versuchen zu deren kognitiven Fähigkeiten versehentlich Hinweise geben.

Der „Kluger-Hans-Effekt" wirft Fragen auf, die schon seit langem an Wissenschaftlerinnen und Wissenschaftlern nagen: Können Tiere auf die gleiche Art und Weise kommunizieren wie wir? Oder *scheint* es nur so, als würden sie kommunizieren? Oder kommunizieren sie zwar, aber auf eine Weise, die wir schlichtweg nicht verstehen können?

Die Kommunikation zwischen Mensch und Tier beschäftigt die Menschheit schon lange. Das *Panchatantra* ist eine der ältesten Sammlungen indischer Fabeln und besteht ausschließlich aus Geschichten über Tiere, die sowohl miteinander als auch mit Menschen sprechen. Auch in russischen Volksgeschichten kommen anthropomorphisierte Tiere vor, z. B. in der Geschichte der Baba Yaga, einer mystischen Frau, die sich nach Belieben in Tiere verwandeln kann. Anfang des 18. Jahrhunderts erblickte ein französischer Bischof in einem Zoo einen Orang-Utan, der aufrecht ging und deshalb besonders menschenähnlich erschien. Aus lauter Verwunderung rief der Bischof laut aus: „Sprich und ich werde dich taufen!"

Tiere sprechen überall: ob in unseren Gärten, auf den Straßen der Stadt oder in den weiten Landschaften der Serengeti. Ganz langsam beginnen wir zu begreifen, was sie sagen.

DIE KOMMUNIKATION DER HUNDE

Können Tiere verstehen, was wir sagen? Jeder Hundehalter wird auf diese Frage wohl mit einem „Ja, natürlich!" antworten. Studien zeigen, dass der Durchschnittshund fast 200 menschliche Worte verstehen und darauf reagieren kann. Wird ein Hund gezielt darauf trainiert, schafft er sogar noch mehr. Jahrelang war unklar, ob Hunde auf bestimmte Worte oder unseren Tonfall reagieren. Doch dann brachte eine Studie Licht ins Dunkel. Ein ungarisches Forschungsteam der Eötvös-Loránd-Universität brachte 13 Hunden bei, in einem MRT-Gerät stillzusitzen. (Zum Glück handelte es sich um Tiere, die in Familien und nicht im Labor lebten; die Tiere sollen in dem Gerät auch nie festgebunden gewesen sein und konnten sich stets frei bewegen.) Vom Band wurde die Stimme eines Trainers abgespielt und die Gehirnwellen der Hunde wurden gemessen. Es stellte sich heraus, dass die Tiere Tonfall und Worte tatsächlich separat verarbeiteten. Hörten die Hunde lobende Worte wie „guter Junge" oder „fein gemacht", aktivierte das die linke Gehirnhälfte – den gleichen Bereich, in dem Menschen Sprache verarbeiten. Zudem verarbeiteten die Hunde einen positiven bzw. negativen Tonfall in der jeweils richtigen Gehirnhälfte, wie der Mensch. Das Forschungsteam fand heraus, dass die Hunde nur dann auf lobende Worte reagierten, wenn diese in hohem Tonfall gesprochen wurden. „Hunde können nicht nur unterscheiden, was wir sagen und wie wir es sagen; sie können diese beiden Teile auch so kombinieren, dass sie korrekt interpretieren, was die Worte wirklich bedeuteten", fasste Forschungsleiter Attila Andics die Ergebnisse zusammen. „Auch hier passiert etwas ganz Ähnliches wie im menschlichen Gehirn."[11]

Weitere Studien ergaben, dass Hunde viel mehr tun, als einfach nur zuzuhören. Für das menschliche Ohr mag ein kommunizierendes Hunderudel wie eine wilde Mischung aus Knurren und Bellen klingen. Doch in Wahrheit passen Hunde ihren Tonfall entsprechend der gewünschten Bedeutung an und verfügen über ein ganzes Repertoire an Lauten. So ändern sie sowohl die Tonhöhe als auch die zeitliche Abfolge und die Fülle ihres Bellens. Die Wissenschaft geht davon aus, dass sie ihren Artgenossen so ihre Absichten mitteilen. Beispielsweise haben Hunde ein bestimmtes „Futterknurren", wenn sie sich mit anderen um Nahrung streiten, und ein ganz anderes „Fremdenknurren", wenn sie einen ihnen unbekannten Menschen entdecken. Als Wissenschaftler einem Hund, der gerade um einen Knochen herumlief, das Futterknurren vorspielten, verhielt er sich wesentlich zögerlicher, als wenn er das Fremdenknurren hörte. Umgekehrt ergab ein anderer Versuch, dass dösende Hunde bei Aufnahmen des Fremdenknurrens schneller aufsprangen als beim Futterknurren.

Ein naher Verwandter des Hundes, der Wolf, hat ebenfalls ein ausgeklügeltes Kommunikationsverhalten. Der *Canis lupus* kommt in vielen abgelegenen Regionen Europas, Asiens und Nordamerikas vor. Früher dachte die Wissenschaft, unsere Haushunde seien vor rund 10.000 Jahren aus dem Wolf hervorgegangen. Doch jüngste Genforschungen deuten darauf hin, dass Hund und Wolf einen gemeinsamen Wolfsvorfahren haben, der vor 9.000 bis 34.000 Jahren in Europa vorkam. Wölfe haben im Gegensatz zu Hunden schlankere Beine und Körper und kräftige Pfoten. Damit können sie in rauem Gelände weite Strecken zurücklegen. Wenn ein domestizierter Hund rennt, hüpft er mit über-

Entgegen dem Bild des „einsamen Wolfes“ sind Wölfe in Wahrheit extrem soziale Tiere.

schwänglichen – wenn nicht einigermaßen plumpen – Bewegungen auf und ab. Wölfe hingegen bewegen sich kontrollierter und glatter vorwärts. Die wilden Verwandten des Hundes haben außerdem einen viel größeren Kiefer, mit dem sie Knochen zertrümmern können. Fell und Augen eines Hundes können fast jede erdenkliche Farbe haben, während Wölfe normalerweise gut tarnendes weißes, schwarzes, graues oder braunes Fell – entsprechend ihres Lebensraumes – haben und gelbe oder orange Augen.

Entgegen dem Bild des „einsamen Wolfes“ sind Wölfe in Wahrheit extrem soziale Tiere. Ihr Überleben hängt von ihren komplexen Beziehungen und Hierarchien im Rudel ab. In einem Rudel leben meist fünf bis elf Tiere zusammen: zwei monogame ausgewachsene Tiere, drei bis sechs Jugendliche und zwischen einem und drei Welpen. Erreichen die jugendlichen Tiere die Geschlechtsreife, verlassen sie das Rudel, um eine eigene Familie zu gründen.

Die Mitglieder eines Wolfsrudels müssen eng zusammenarbeiten, um in einer rauen Umgebung mit begrenztem Nahrungsangebot zu überleben: gemeinsam verfolgen sie ihre Beutetiere, teils über viele Kilometer hinweg.

Die Zusammenarbeit der Tiere wird durch ein ausgeklügeltes Kommunikationssystem unter Einsatz drei verschiedener Sinne möglich. Zunächst ihr Sehsinn: Wölfe vermitteln die Grundregeln des Rudels über Körpersprache. Eine dieser Grundregeln ist, dass es Anführer gibt: Die Eltern sind älter, stärker und weiser als der Rest des Rudels. Das vermitteln sie ihren Kindern, indem sie sich groß machen und gerade stehen, den Schwanz hoch in der Luft. Andere Wölfe zeigen ihre Unterwürfigkeit, indem sie ihren Schwanz unten halten und den Körper etwas absenken. Weniger dominante Wölfe legen sich außerdem auf die Seite und zeigen ihren Bauch. Das macht sie verletzlich und beweist ihre Unterwürfigkeit. Ist ein Wolf wütend, zeigt er das seinen Artgenossen, indem er (oder sie) die Ohren steif aufstellt und die Zähne fletscht. Hat ein Tier hingegen Angst, legt es die Ohren an. Will es spielen, springt es herum und beugt den Körper, ähnlich wie ein Hund. Wie Hunde haben auch Wölfe einen hervorragenden Geruchssinn – sie riechen fast 100 Mal besser als der Mensch. Diese Fähigkeit nutzen die Tiere zu ihrem Vorteil. Sie markieren mit ihrem Urin strategisch Bäume und Erde – teils alle paar Minuten – und stecken so ihr Territorium ab. Gleichzeitig können die Tiere anhand der Markierungen von anderen Rudeln bewohnte Gebiete meiden. Und heult ein Wolf, dann hat das ebenfalls einen guten Grund. Es könnte ein Schlachtruf an den Rest des Rudels sein, wenn Welpen gegen Angreifer verteidigt werden müssen. Oder ein sozialer Ruf, um den Rest der Familie zu orten. Mit Winsellauten regt eine Wolfsmutter ihre Welpen dazu an, Milch zu trinken. Ältere Wölfe drücken damit ihre Unterwürfigkeit aus. Und ein Knurren verrät den Artgenossen, dass aggressive Stimmung herrscht.

WAS STECKT HINTER DEM FREUNDLICHEN GEMÜT VON HUNDEN?

Was die Mensch-Hund-Beziehung betrifft, könnte man eher vom „Überleben des Freundlichsten" als vom „Überleben des Stärksten" sprechen.

Während Wölfe noch immer die Wildnis Nordamerikas und Eurasiens durchstreifen, machen es sich die meisten Hunde am liebsten im Haus gemütlich und schließen Freundschaften mit Menschen. Das Band zwischen Hund und Mensch ist schon so alt wie es unerschütterlich ist. Und neue Studien beweisen, dass es sogar noch fester scheint als bisher angenommen.

Ein Forschungsteam der University of Chicago veröffentlichte im Jahr 2014 neue Erkenntnisse in der Fachzeitschrift *PLOS Genetics*. Man hatte herausgefunden, dass sich mehrere Gengruppen bei Hunden und Menschen – besonders die mit Verdauung und Krankheit in Zusammenhang stehenden – über tausende Jahre hinweg Seite an Seite entwickelt haben. Dies ist vermutlich dem Umstand geschuldet, dass sich Mensch und Hund das gleiche Umfeld teilen. Die beiden haben sich in einer gegenseitigen Abhängigkeit voneinander entwickelt und lebten im Verlauf der Geschichte immer häufiger auf engem Raum zusammen. So kam es, dass sich mit der Zeit die zutraulicheren Hunde durchsetzten – zunächst naturbedingt, später gezielt vom Menschen ausgesucht. Im Zuge dieses Zusammenlebens entwickelten Mensch und Hund häufig auch ähnlich ungesunde Essgewohnheiten. Deshalb zeigen sich bei beiden auch oft ähnliche Krankheiten, z. B. Fettleibigkeit, Epilepsie, Krebs oder auch Zwangserkrankungen.

Hunde waren für die Entwicklung des Menschen so bedeutsam, dass die Forscher Brian Hare und Vanessa Woods in ihrem Buch *The Genius of Dogs* behaupten: „Nicht wir haben die Hunde domestiziert. Sie haben uns domestiziert."[12]

LESENDE TIERE

Bei einigen Tieren lässt sich allem Anschein nach sogar ein rudimentäres Leseverständnis feststellen. Wir wissen seit hunderten von Jahren, dass Pferde sehr intelligent sind und diverse Befehle und Aufgaben erlernen können. Die Geschichte vom klugen Hans ließ die Menschen viele Jahre in Folge nicht mehr daran glauben, dass Pferde tatsächlich kommunikative Fähigkeiten besäßen. Doch ein Forschungsteam der norwegischen University of Life Sciences griff das Thema erneut auf und veröffentlichte im Jahr 2016 in der Fachzeitschrift *Applied Animal Behaviour Science* eine Studie. Diese machte deutlich, dass Pferde durchaus Symbole lesen und sie nutzen können, um ihre Wünsche auszudrücken – in diesem Fall den Wunsch nach einer Decke. Den Pferden wurden dafür zunächst drei verschiedene Symbole gezeigt: ein weißes Feld, ein waagerechter schwarzer Balken und ein senkrechter Balken. Nach elf Tagen hatten die Pferde gelernt, mit den Symbolen eine Präferenz auszudrücken. Sie konnten nun durch Anstupsen des jeweiligen Symbols anzeigen, ob sie wollten, dass man ihnen eine Decke auf den Rücken legt, die Decke abnimmt oder alles so bleibt wie zuvor. Zudem stellte das Forschungsteam fest, dass die Pferde angesichts ihrer neuentdeckten Kommunikationsfähigkeiten sichtlich aufgeregt waren. Scheinbar verstanden sie Ursache und Wirkung.

Die Fähigkeit, ein Symbol zu sehen und seine Bedeutung zu verstehen, findet sich bei viel mehr Tierarten als zunächst angenommen. Im kalifornischen Oakland Zoo wurde jüngst eine Studie mit einer 34-jährigen Elefantendame namens Donna durchgeführt. Es zeigte sich, dass Donna ein Bild einer Banane mit einer echten Banane in Verbindung brachte. Wenn Donna verschiedene Bilder durchsah und das Bild ihres Lieblingsessens antippte, durfte sie sich über einen Bananenregen freuen. Die Fähigkeit, etwas vorherzusehen und zu planen, gilt als wichtiges Anzeichen für Intelligenz. Caitlin O'Connell-Rodwell, Elefantenexpertin der Stanford University, erklärt das so: „Wenn man sich einen Gegenstand vorstellen kann, bedeutet das, dass man über den Gegenstand nachdenken und mit ihm planen kann. Versteht Donna, dass das Bananenbild für eine echte Banane steht? Denn das bedeutet, dass sie es sich im Geiste vorstellen kann."[13]

BAUERNHOFGESPRÄCHE

Nicht weniger kommunikationsbegabt sind auch Tiere, die in der landwirtschaftlichen Tierhaltung leben. Was Kühe anbelangt, genügt oft schon Augenkontakt.

Kite's Nest Farm ist ein 150 Hektar großer Biohof ganz in der Nähe der englischen Cotswolds – eine Gegend voller sanfter, grüner Hügel und hübscher Steinhäuser. Die Eigentümerin des Hofes, Rosamund Young, hat über viele Jahre hinweg dokumentiert, wie die Kühe ihres Hofes interagieren. In ihrem Bestseller *Das geheime Leben der Kühe* beschreibt sie auch die Geschichte einer Kuh namens Christmas Bonnet. An einem Wintertag brachte Young einige junge Bullen und ihre Mütter ans andere Ende des Hofes für eine Zählung. Das hatte zur Folge, dass Christmas Bonnet alleine zurückblieb, ohne ihre Familie und damit eben auch ohne Freunde.[14] Als Young und ihre Mutter die Kuh am nächsten Tag füttern wollten, starrte diese sie nur an. Wohin die beiden Frauen auch liefen – Christmas Bonnet fixierte sie mit den Augen. Es war offensichtlich, dass die Kuh mit der Gesamtsituation unzufrieden war. Sie entschuldigten sich und versprachen ihr, ihre Familie schon bald zurückzubringen. Doch offenbar genügte das nicht, denn sobald die Frauen weg waren, brach Christmas Bonnet aus und überwand Hecken, Gatter und Zäune, um sich zu ihrer Familie durchzuschlagen.

Auch Schweine kommunizieren auf komplexe Weise miteinander. Über 20 verschiedene Grunzer und Quieker konnten bereits unterschiedlichen Situationen zugewiesen werden, z. B. dem Werben um einen Partner oder das Ausdrücken von Hunger. Neugeborene Ferkel lernen, den Rufen ihrer Mutter zu folgen, und Schweinemütter singen ihren Kindern beim Stillen vor. Eine in der Fachzeitschrift *Royal Society Open Science* veröffentlichte Studie bestätigt, dass es sich bei den Schweinelauten nicht um willkürliches Gebrabbel handelt. „Ziel dieser Forschung war es, herauszufinden, welche Faktoren die Vokalisierung von Schweinen beeinflussen, um so besser zu verstehen, welche Informationen damit übermittelt werden"[15], so die Forschungsleiterin. 72 männliche und

Schweine kommunizieren auf komplexe Weise miteinander. Über 20 verschiedene Grunzer und Quieker konnten bereits unterschiedlichen Situationen zugewiesen werden.

weibliche Schweine wurden dafür in verschiedenen sozialen Situationen studiert. Heraus kam, dass die Laute von Schweinen einzigartig und wiederholbar sind. Schweine nutzen „akustische Signale auf verschiedenste Weise; sie halten damit während der Futtersuche Kontakt zu anderen Schweinen der Gruppe, Eltern kommunizieren so mit ihrem Nachwuchs, oder die Schweine signalisieren damit, dass sie in Not sind“, so eine Forscherin. „Ihre Laute vermitteln eine Bandbreite an Informationen wie den emotionalen, motivationalen und physiologischen Zustand des Tieres. So quieken Schweine etwa, wenn sie Angst empfinden; das kann ihre Artgenossen auf ihre Situation aufmerksam machen oder Sicherheit bieten.“[16]

Kühe und Schweine sind jedoch nicht die einzigen sogenannten Nutztiere mit hochentwickelten Kommunikationsfähigkeiten. Führende Wissenschaftlerinnen und Wissenschaftler aus der ganzen Welt sind sich darüber einig, dass Hühner beispielsweise neugierige und interessante Tiere sind. Ihre kognitiven Fähigkeiten übersteigen teils die von Katzen, Hunden und sogar einigen Primaten. Wie alle Tiere lieben Hühner ihre Familie und hängen an ihrem Leben. Sie sind extrem sozial und halten stets Ausschau nach ihrer Familie und anderen Tieren ihrer Gruppe. Wer das Glück hatte, Hühner wirklich kennenlernen zu dürfen, weiß, welch komplexe Sozialstrukturen, versierte Kommunikationsfähigkeiten und besondere Persönlichkeiten sie besitzen.

In einer natürlichen Umgebung gibt es bei Hühnern ausgefeilte soziale Hierarchien, auch als Hackordnung bekannt. Jedes Huhn kennt seinen Platz auf der sozialen Leiter und kennt außerdem die Gesichter und Ränge von über 100 Artgenossen. Hühner verfügen über mehr als 30 Arten der Vokalisierung und unterscheiden damit zwischen Gefahren, die sich am Boden nähern und solchen aus der Luft. Hennen bringen ihren Küken einige davon sogar schon vor dem Schlüpfen bei. Während die Mütter auf den Eiern sitzen, gackern sie ihren Babys sanft etwas vor – und diese gackern aus der Schale heraus zurück und zwitschern sich auch gegenseitig etwas vor.

KOMMUNIKATION UNTER WASSER

Es ist ein Unterschied, ob man Befehle versteht oder sich tatsächlich mit anderen unterhält. Wenn die Forschung tierische Intelligenz studiert, unterscheidet sie im Allgemeinen zwischen tierischer Sprache und tierischer Kommunikation. Hunde können einzelne Worte des Lobes erfassen und sogar ihre Laute anpassen. Doch das gilt noch nicht als Sprache im traditionellen Sinne. Zu den entscheidenden Kennzeichen menschlicher Sprache gehört die Fähigkeit, Worte aus Lauten zu formen, die zunächst einmal völlig willkürlich sind. Wir wissen zwar, dass ein Schnabel „Schnabel" heißt, aber das wissen wir nicht deshalb, weil das Wort „Schnabel" besonders „schnabelhaft" ist. Außerdem umfasst menschliche Sprache die Fertigkeit, über Gedanken oder Dinge zu kommunizieren, die in der Vergangenheit oder Zukunft liegen. Allerdings hat die Wissenschaft ihre Meinung darüber, dass Tiere nicht wie wir sprechen können, in den letzten Jahren ein Stück weit geändert.

Denise Herzing ist Säugetierforscherin und spezialisiert auf Meerestiere. Seit vielen Jahren erforscht sie die kognitiven und sprachlichen Fähigkeiten wildlebender Fleckendelfine vor den Bahamas. Dass Delfine sehr klug sind, ist seit langem bekannt. Sie erfüllen einige der gängigsten Maßgaben zur Messung von Intelligenz, ähnlich wie der Mensch. Sie haben von allen Meeressäugern das größte Gehirn im Verhältnis zu ihrem Körper. Sie erkennen sich im Spiegel. Und in einigen Gegenden der Welt nutzen Delfine Jagdwerkzeuge. Die hoch sozialen Tiere leben in sogenannten Schulen zusammen, die bis zu einem Dutzend Individuen umfassen können. Außerdem zeigen sie Mitgefühl: Wird ein Delfin krank oder ist verletzt, kümmern sich die anderen um ihn. Doch Herzings Team wollte herausfinden, wie Delfine mit Klicklauten, Pfeiftönen und nonverbalen Zeichen kommunizieren.

Dafür begab sich Herzing auf die Bahamas, die bekannt sind für ihr kristallklares Wasser, das quasi grenzenlose Einblicke in das Leben unter der Wasseroberfläche bietet. Über 20 Jahre lang verbrachten die Forscherin und ihr Team jeden Sommer auf einem knapp 20 Meter langen Katamaran und überwachten Jahr für Jahr ein und dieselbe Delfinschule. In einem TED-Talk aus dem Jahr 2013 beschreibt Herzing Delfine als „geborene Akustiker. Sie machen und hören Töne, die zehnmal so hoch sind wie unsere. Aber sie nutzen auch andere Kommunikationssignale. Da sie gut sehen, kommunizieren sie über die Körperhaltung. Sie können nicht riechen, aber sie können schmecken. Und sie können fühlen"[17]. Die Haut eines Delfins ist so empfindsam, dass er Schallwellen im Wasser spürt. Wie Herzing erklärt, können sich Delfine sogar auf Entfernung gegenseitig kitzeln.

Wir Menschen geben uns Namen. Auf ähnliche Weise hat jeder Delfin einen ganz eigenen Ruf. Pfeift ein Tier, weiß der Rest seiner Schule, wer gerade spricht. Doch der faszinierendste Teil der Delfinkommunikation ist wohl dennoch das, was sich außerhalb der menschlichen Hörwahrnehmung abspielt. Delfine geben Pfiffe, Klick- und Pieplaute im Ultraschallbereich ab. Ein Mensch kann diese Laute nur mit einer speziellen Ausrüstung hören, sonst nicht. Herzing hat sich auf stoßartige Pulsgeräusche von Delfinen spezialisiert. Analysiert man diese mit einem Spektrograf, ähneln sie stark menschlichen Sprachmustern. Um ihre Theorie zu verifizieren, nutzte das Team einen hochmodernen Keyboard-Computer, mit dem es die Delfinfrequenzen sowohl empfangen als auch übertragen konnte. Ziel war es, herauszufinden, ob man Delfinen beibringen könnte, künstliche Pfeiflaute mit Gegenständen zu verknüpfen.

Delfine sind sehr verspielte Tiere. Herzing brachte also das Keyboard an ihrem Boot an und tauchte zu den Delfinen ab – im Schlepptau die Lieblingsspielzeuge der Tiere, z. B. Schnüre und Algen. Über das Keyboard wies das Team jedem Gegenstand einen Pfeifton zu. Schon bald hatten die Delfine gelernt, bestimmte Spielzeuge einzufordern, indem sie den jeweils passenden Ton nachahmten. Auch andersherum funktionierte das Spiel: Hatten die Delfine gerade ein bestimmtes Spielzeug und Herzing aktivierte den richtigen Ton auf ihrem Keyboard, gaben ihr die Tiere den Gegenstand pflichtbewusst zurück. Aktuell arbeitet die Wissenschaftlerin mit dem Georgia Institute of Technology zusammen, um ein mobiles, noch ausgeklügelteres Keyboard zu bauen. Damit möchte sie die Mysterien der Delfinkommunikation weiter erforschen.

DELFINE VERGESSEN NICHT

Wir wussten zwar, dass Delfine ein gutes Gedächtnis haben – aber wie gut, ist uns erst seit kurzem klar. Eine in der Fachzeitschrift *Proceedings of the Royal Society B* veröffentlichte Studie hat gezeigt, dass Delfine die Laute von Artgenossen wiedererkennen, die sie schon seit 20 Jahren nicht mehr gesehen hatten. Das Forschungsteam der University of Chicago fand heraus, dass es den Delfinen genauso leichtfiel, das Pfeifen eines Freundes, den sie vor sechs Monaten zuletzt gesehen hatten, zu erkennen wie das eines Artgenossen, von dem sie 20 Jahre lang getrennt waren. „Wir sehen hier, dass ein Tier kognitiv auf einem Level agiert, das dem des sozialen Gedächtnisses des Menschen gleicht"[18], so Forschungsleiter Jason Bruck.

In der Luft können Schallwellen 1.200 km/h erreichen. Im Wasser sind sie bis zu fünfmal schneller, je nach Temperatur und Druck des Wassers. Wenn sie sich fortbewegen, werden sie immer langsamer, je tiefer sie gehen – bis sie schließlich die Temperaturgrenze erreichen. Das ist die Stelle, ab der die Temperatur des Meeres nicht mehr sinkt. Von dort aus prallen die Wellen zurück in Richtung Oberfläche, werden schneller und können tausende von Kilometern weit reisen. Deshalb können besonders laute Meerestiere auch über extreme Distanzen hinweg kommunizieren, teils sogar über ganze Ozeane.

Blauwale werden fast 30 Meter lang und bis zu 170 Tonnen schwer. Sie sind damit die größten Tiere, die je auf der Erde gelebt haben. Alleine ihr Herz wiegt 180 Kilogramm. Die Tiere sind groß und wendig und haben keine natürlichen Fressfeinde. So driften sie anmutig durch die Tiefen aller Weltmeere. Trotz ihrer enormen Größe ernähren sie sich von winzigen Lebewesen: Sie atmen über einen Filter, genannt Barte, winzige Krustentiere ein, hauptsächlich Krillkrebse. Ein einziger Blauwal kann an nur einem Tag bis zu 40 Millionen Krillkrebse essen, was ungefähr 3.500 Kilogramm entspricht. Einst waren die Meere voll von Blauwalen, doch der Walfang hat sie beinahe ausgerottet. Seit 1996 sind sie durch die Internationale Walfangkommission geschützt und ihre Population konnte sich erholen. Trotzdem gelten sie nach wie vor als gefährdet.

Während des Kalten Krieges nutzte die US Navy Hydrophone, um im Nordpazifik nach sowjetischen Atom-U-Booten zu suchen. Einer der größten Störfaktoren dabei waren Blauwale, die einander scheinbar über enorme Entfernungen riefen. Studien zeigen, dass alle Walarten aus diversen Gründen Töne nutzen, unter anderem zum Navigieren und zur Nahrungssuche. Trotz ihrer Größe können sich selbst 30 Meter lange Wale in den Weiten der Weltmeere verlieren. Die Töne eines Blauwals können bis zu 14 Hertz tief sein – weit unter dem, was wir Menschen hören können. Sie können aber auch 180 Dezibel erreichen, was die Wale zu den lautesten Lebewesen der Erde macht, auch wenn man das nicht wahrnimmt. Unter den richtigen Bedingungen können die Brumm- und Klicklaute eines Blauwals hunderte Kilometer zurücklegen. So sind eine Mutter und ihr Kind nie wirklich getrennt – selbst dann nicht, wenn ein ganzer Ozean zwischen ihnen liegt.

Ein naher Verwandter des Blauwals ist der kleinere Buckelwal. Sein gedrungener Körper mit dem namensgebenden Buckel ist um die 14 Meter lang und wiegt rund 33 Tonnen. Da Buckelwale immer wieder an die Oberfläche kommen und aus dem Wasser springen, sind sie besonders für Walbeobachtungen beliebt. Sowohl männliche als auch weibliche Buckelwale geben Töne ab, aber die männlichen Tiere sind berühmt für ihre wunderschönen und äußerst komplexen Lieder. Wale haben keine Stimmbänder. Doch in ihrem Hals befindet sich eine kehlkopfähnliche Struktur, mit der sie Rufe erzeugen. Da sie nicht ausatmen müssen, können sie Stunden am Stück singen. Die Wissenschaft ist sich nicht ganz einig darüber, warum männliche Wale singen. Gewiss ist jedoch, dass die „wohl komplexesten Lieder des Tierreichs“[19] laut dem Meeresbiologen Phillip Clapham meist während der Paarungszeit gesungen werden. Sie sollen also wohl potenzielle Partnerinnen anlocken.

Bioakustikforscherin Katy Payne vom Cornell Lab of Ornithology sagt über ihre erste Begegnung mit den Walgesängen: „So etwas wie das hatte ich nie zuvor gehört.“ Sie und ihr Ehemann Roger gehörten zu den ersten Personen, die sich ganz diesem Thema widmeten. „Meine Güte, uns rannen Tränen von den Wangen. Wir waren wie gelähmt und beeindruckt von diesen wunderschönen, kraftvollen und so unterschiedlichen Lauten. Wie wir später erfuhren, kamen all diese Töne von nur *einem* Tier – nur *einem einzigen* Tier.“[20]

Die Lieder der Buckelwale sind derart komplex, dass man schon eine Expertin sein muss, um sie wirklich schätzen zu wissen. Katy Payne erstellte von den Liedern visuelle Darstellungen, sogenannte Spektrogramme, und konnte sich anhand derer problemlos bestimmte Muster herausziehen, die aus bestimmten Melodien und Harmonien zusammengesetzt sind. Die Lieder unterscheiden sich von Region zu Region: Buckelwale im Nordatlantik singen ein anderes Lied als ihre Artgenossen im Nordpazifik. Auch ändern die Tiere ihre Lieder über die Jahre ein wenig – eine neue Tonhöhe hier, ein veränderter Schlusssatz dort – bis sie tatsächlich einzigartig sind. Ein von der Forscherin beobachteter Wal erweiterte seinen Gesang in nur zwei Jahren von sechs auf vierzehn Elemente. Auf die Frage, warum männliche Buckelwale singen, sagte sie nur: „Wir wissen es nicht – fragen Sie doch die Wale.“

SPRECHENDE FRÖSCHE

Viele von uns müssen bei „sprechenden Fröschen“ wohl zuerst an den Froschkönig denken, der seiner Prinzessin – in menschlicher Sprache – allerhand abverlangt. Doch auch in der Realität können Frösche und Kröten verschiedenste Rufe und Lieder erklingen lassen, vor allem während der Balzzeit. Meist drückt das männliche Tier seine Bereitschaft zur Paarung mit einer Kombination aus Pfeif-, Zirp-, Quak-, Glucks-, Grunz- und Pieplauten aus – je nachdem, um welche Spezies es sich handelt. Der nordamerikanische Ochsenfrosch beispielsweise stößt ein tiefes, lautes Brummen aus. Der pazifische Chorfrosch hingegen bevorzugt ein klassisches Quiek-Quak. Diese „Werberufe“ erfüllen für den Frosch gleich mehrere Zwecke: Er macht damit sein Revier deutlich, hält fremde Männchen fern und lockt zudem noch weibliche Frösche an.

Eine Spezies des südamerikanischen Bachfrosches – eine winzige Amphibie, die in den brasilianischen Bundesstaaten Rio de Janeiro und São Paulo vorkommt – ist besonders kommunikationsfreudig. Die Tiere kommunizieren per Berührung, Stimme und visueller Signale. Sie piepsen, wackeln mit dem Kopf oder winken mit dem Arm – Hauptsache, sie werden gesehen, gehört oder gefühlt. Eine Studie kam zu dem Schluss, dass die männlichen Bachfrösche das ganze Jahr hindurch kommunizieren (seltsamerweise nur im Oktober nicht) und sogar eine Art Breakdance aufführen. Dabei tanzen sie schlangenartige Achter, wippen mit dem Kopf und schlackern mit den Füßen. Sie können piepen und quieken und haben mit ihrer Partnerin oft ein spezielles Berührungssignal – eine Art geheimer Handschlag für Frösche. Natürlich gelten ihre Bewegungen nicht nur weiblichen Tieren; teils wenden sie sich damit auch an bedrohliche Fressfeinde. Man geht davon aus, dass sie diese damit entweder verschrecken oder Artgenossen warnen wollen.

PRIMATEN MIT WERKZEUGKOFFER

Als in dem Film *Planet der Affen* von 1968 eine Astronautencrew auf einem fremden Planeten landet, sieht sie sich einer hochentwickelten Affengesellschaft gegenüber. Diese beherrscht die menschliche Sprache in Perfektion. Echten Affen, auch Menschenaffen, fehlen hingegen die anatomischen Voraussetzungen für die verbale Sprache. Ihre Kehlkopfmuskeln sind nicht stark, die Stimmbänder nicht flexibel genug. Aber nur weil Affen nicht wie Menschen sprechen, heißt das nicht, dass sie nicht kommunizieren.

Der erste Hinweis darauf, dass Affen dem Menschen ähnlicher waren als zuvor angenommen, erreichte uns in den 1960er-Jahren aus Tansania. Die berühmte Primatologin Jane Goodall hatte einen Schimpansen beobachtet, der neben einem Termitenhügel hockte. Sie konnte nicht gleich erkennen, was er dort tat, also pirschte sie sich näher heran. Auf einmal wurde ihr klar, dass der Schimpanse einen Grashalm in den Hügel steckte, um Termiten herauszuangeln. Später beobachtete Goodall Schimpansen auch dabei, wie sie die Blätter von Zweigen entfernten, um Ameisen aufzuspießen. Diese Beobachtungen waren ein echter Durchbruch. Denn zuvor war die Wissenschaft davon ausgegangen, dass nur der Mensch dazu in der Lage sei, Werkzeuge herzustellen und zu nutzen. So erklärte der Anthropologe Kenneth Oakley beispielsweise im Jahr 1949, der Mensch sei insbesondere aufgrund seiner Fähigkeit, Werkzeuge herzustellen, einzigartig.[21] Als Goodall ihre Ergebnisse Jahre später an den berühmten kenianischen Paläoanthropologen Louis Leakey telegrafierte, antwortete dieser: „Nun müssen wir entweder Werkzeuge neu definieren, den Menschen neu definieren oder Schimpansen als Menschen annehmen." Alternativ könnten wir, wie es der amerikanische Biologe Jared Diamond vorschlug, Menschen als die dritte Art in der Gattung der Schimpansen betrachten.

Schimpansen nutzen verschiedene Werkzeuge; unter anderem, um Termiten aus einem Hügel zu angeln.

Die Wissenschaft wird Schimpansen wohl nicht genügend Respekt entgegenbringen, um sie als Menschen einzustufen. Doch Tatsache ist, dass uns die Tiere auf vielerlei Weise ähneln. Im Jahr 2012 bestätigte ein internationales Forschungsteam Bonobos – dunkelhaarige Schimpansen aus den Regenwäldern des Kongo – als die engsten lebenden Verwandten des Menschen. Unsere DNA gleicht sich zu rund 99 Prozent. Menschen und Schimpansen stammen von den gleichen Vorfahren ab, die vor sechs bis sieben Millionen Jahren auf der Erde lebten. In seinem Buch „Der dritte Schimpanse" erläutert Jared Diamond, dass Schimpansen näher mit dem Menschen als mit jedem anderen Affen verwandt sind. Schimpansen sind sogar näher mit dem Menschen verwandt, als einige Tiere der gleichen Spezies miteinander verwandt sind, z. B. der Weißaugenvireo mit dem Rotaugenvireo (amerikanische Singvögel).

Seit Jane Goodalls eindrucksvollen Beobachtungen konnte bei Schimpansen immer wieder menschenähnliches Verhalten festgestellt werden. Es gibt zum Beispiel Affengruppen im Kongo, die mit zwei bestimmten Stöcken von Ort zu Ort reisen – einer, um in Ameisennester zu stechen, und der andere, um die Tiere zu greifen. In Gabun konnten Schimpansen dabei beobachtet werden, wie sie mit einem „Werkzeugkoffer" bestehend aus fünf verschiedenen Werkzeugen zum Honigklau unterwegs sind: eines zum Öffnen des Bienennests, eines zum Aufbrechen der Kammern, eines um weiter in die Kammern vorzudringen, eines zum Herausnehmen des Honigs und eines zum Löffeln. Primatologe Frans de Waal spricht davon, dass Schimpansen

„zwischen 15 und 20 verschiedene Werkzeuge pro Gemeinschaft nutzen; die Werkzeuge unterscheiden sich entsprechend der jeweiligen kulturellen und ökologischen Umstände“[22].

DEN FALLENSTELLERN EIN SCHNIPPCHEN SCHLAGEN

Schimpansen sind sehr intelligent und verfügen über hochentwickelte kognitive Fähigkeiten. Diese Voraussetzungen reichen so weit, dass wildlebende Schimpansen in Guinea Schlingfallen, mit denen sie (und andere Tiere) gefangen und getötet werden sollten, gezielt unschädlich machten, ohne sich dabei zu verletzen. Vor allem in Ost- und Westafrika geraten Schimpansen immer wieder in Fallen. Doch mit der Zeit lernen die Tiere, den Fallen aus dem Weg zu gehen oder sie eben unschädlich zu machen. Forscher gehen davon aus, dass diese lebensrettenden Fähigkeiten von Generation zu Generation weitergegeben werden.

In den 1970er-Jahren wollte ein Psychologe der Columbia University namens Herbert Terrace herausfinden, ob Schimpansen lernen könnten, wie Kleinkinder zu kommunizieren. Schimpansen sind zwar nicht in der Lage Wörter zu sprechen, aber sie haben sehr geschickte Hände und Finger. Gerade erst ergab eine Studie, dass Menschenhände wesentlich einfacher gestrickt sind als die flexiblen Hände von Schimpansen, mit denen die Tiere problemlos auf Bäume klettern können. Doch zurück zu Herbert Terrace. Er fragte sich, ob der Mensch nicht über eine Art Zeichensprache mit Schimpansen sprechen könnte. Für sein ethisch stark bedenkliches Experiment ließ der Forscher einen jungen Schimpansen namens Nim bei einer Menschenfamilie in New York City einziehen. Er nahm an, wenn der Affe wie ein menschliches Kind bei einer Menschenfamilie aufwüchse, könne er die englische Sprache vielleicht mit der Zeit verstehen und dann in Zeichensprache kommunizieren. Wenig überraschend war der Versuch ein Debakel. Schimpansen sind für ein Leben in üppigen, feuchten Wäldern, nicht in Stadtwohnungen gemacht. Nim lernte dennoch rund 125 Zeichen, aber viele Experten argumentierten, das Tier würde lediglich auf die Körpersprache seiner Trainer reagieren (ähnlich wie der kluge Hans). „Es gab keine Spontaneität und keine echte Grammatiknutzung“[23], fasste Dr. Terrace zusammen.

Weitere Studien folgten, viele davon ethisch völlig inakzeptabel. Für ein Experiment musste ab Ende der 1960er-Jahre eine Schimpansin namens Washoe herhalten. Die US Air Force hatte sie als Jungtier ihrem Zuhause in Westafrika entrissen, um sie für ihr Astronautentraining zu nutzen. Irgendwann landete sie an der University of Nevada, um Zeichensprache zu lernen. Genau wie Nim wurde auch Washoe wie ein menschliches Kind aufgezogen. Sie durfte am Esstisch sitzen, hatte ein eigenes Zimmer, Kleidung und eine Zahnbürste. Washoe erlernte 350 Wörter in Zeichensprache und konnte sogar ihrem Adoptivsohn Loulis Zeichen beibringen. Später, in den 1970er- und 1980er-Jahren brachte man einem westlichen Flachlandgorilla, Koko, über 1.000 Zeichen bei. Koko verstand mehr als 2.000 gesprochene Wörter. Sie wurde berühmt, lernte Prominente kennen (von Robin Williams bis Betty White) und starb schließlich in einer Gorillaschutzstation in Kalifornien.

Vor nicht allzu langer Zeit erlernte ein Bonobo namens Kanzi im amerikanischen Iowa, mit einer speziellen Tastatur mit etwa 400 Symbolen – sogenannten Lexigrammen – zu kommunizieren. Die Wissenschaft hatte also ihre Antwort: Affen können rudimentäre Kommunikationsfähigkeiten antrainiert werden. Doch zu welchem Preis? Primaten sollten nicht ihren liebenden Müttern weggenommen und in Menschenhäusern, Laboren oder Zoos gefangen gehalten werden. Sie sollten nicht in einem Bett mit Laken schlafen oder lernen, Geschirr zu spülen. Wenn wir wirklich wissen wollen, wie unsere nächsten Tierverwandten miteinander kommunizieren, warum entreißen wir sie dann ihrem Lebensraum?

Heute verlässt sich die Wissenschaft immer mehr auf passive Studien, bei denen Primaten in ihrem natürlichen Lebensraum beobachtet werden – so wie es schon Jane Goodall tat. 2011 veröffentlichte die Zeitschrift *Animal Cognition* die Ergebnisse einer umfangreichen Studie der University of St Andrews. 266 Tage lang hatte man Schimpansen in dem Wildtierreservat in Uganda beobachtet und gefilmt. Und als die unzähligen Stunden an Material endlich katalogisiert waren, wurde dem Forschungsteam klar: Schimpansen nutzen zur Kommunikation mindestens 30 unterschiedliche Gesten. „Wir glauben, dass man vorher nur Bruchteile davon gesehen hatte. Denn wenn man diese Tiere in Gefangenschaft studiert, bekommt man nicht ihr gesamtes Verhaltensspektrum zu sehen“[24], so Forschungsleiterin Dr. Catherine Hobaiter gegenüber *BBC News*. Ihr Team fand beispielsweise heraus, dass Schimpansenmütter ihren linken Arm ausstrecken, um ihr Kind aufzufordern, auf ihren Rücken zu klettern. „Sie hätte auch einfach nach ihrer Tochter greifen können, doch das tat sie nicht“, erklärte Dr. Hobaiter. „Sie streckt den Arm aus und hält diese Geste, während sie auf eine Reaktion wartet.“ Das Team konnte über 5.000 Austauschsituationen zwischen Schimpansen beobachten.

HIMMELSGESÄNGE

Einige Formen tierischer Kommunikation hören wir jeden Tag. Ob wir nun in den Bergen wandern, am Strand entlang spazieren oder auf der Fifth Avenue in New York stehen: Vermutlich hören wir überall um uns herum Vogelgezwitscher. Meist ist es nicht einfach ein Zwitschern, sondern vielmehr eine Mischung aus Zwitschern, Piepen, Zirpen, Krähen und Gurren. Fest steht: Vögel kommunizieren auf eine Art und Weise miteinander, die wir nicht verstehen. Und nicht alle nutzen dafür ihre Stimme. Kragenhühner zum Beispiel schlagen kraftvoll mit den Flügeln, um ein Vakuum zu erzeugen. Das Geräusch der weggedrückten Luft wird zu einem Summen im Niedrigfrequenzbereich, das noch 400 Meter entfernt wahrzunehmen ist. Männliche Wilsonbekassinen haben ganz besondere Schwanzfedern, die beim Sturzflug Töne erzeugen und die Aufmerksamkeit der Weibchen erregen. Teilweise sind für die Kommunikation zwischen Vögeln jedoch noch nicht einmal Töne nötig. Der Pfau etwa verlässt sich auf seine extravaganten Federn, um Weibchen anzulocken, Rivalen fernzuhalten und Beutegreifer abzuschrecken. Und wackelt ein männlicher Pfau beim Werben um ein Weibchen mit seinem Hinterteil, geben seine Federn einen Hochfrequenzton ab, der den Kamm des Weibchens vibrieren lässt.

Die Lieder der Vögel klingen in unseren Ohren einfach wunderschön. Doch sie erfüllen auch einen ganz praktischen Zweck. Vögel können mit ihrem Gesang Partner oder Partnerinnen rufen, ihren Schwarm finden, ein Gebiet für sich beanspruchen, Eindringlinge verjagen, Artgenossen vor Beutegreifern warnen und vieles mehr. So haben Forscher aus Japan und der Schweiz kürzlich entdeckt, dass der Gesang einer bestimmten Kohlmeisenart eine Art Satzbau enthält. Satzbau ist in Sprachen etwas Unerlässliches. Sagt man zum Beispiel: „Ich liebe dieses Restaurant", dann ist klar, was damit gemeint ist. Aber noch nicht einmal Meister Yoda aus *Star Wars* könnte sich erlauben zu sagen: „Restaurant liebe dieses ich." Noch bis vor kurzem nahm die Wissenschaft an, nur Menschen könnten Töne derart zusammensetzen. Doch nun gilt eben diese Kohlmeise als erstes bekanntes Tier neben dem Menschen, das Laute, die einzeln keine Bedeutung haben, so zusammenfügen kann, dass eine Bedeutung entsteht. Will die Meise ihre Artgenossen bitten, nach Beutegreifern Ausschau zu halten, oder möchte sie einen Partner anlocken, muss sie verschiedene Töne in der richtigen Reihenfolge singen. Gab sie die Töne in anderer Reihenfolge wieder, reagierten die anderen Vögel nicht, wie die Studie zeigte.

Manche Vögel haben gelernt, durch ihren Gesang mit dem Menschen zu kommunizieren. Im Niassa-Reservat in Mosambik wird ein Vogel mit dem passenden Namen Großer Honiganzeiger aktiv, wenn ein Mensch „Brrrrrrhmmm" macht. Der gerade einmal 50 Gramm leichte braune Vogel fliegt dann so schnell er nur kann zum Ort des Geschehens und lotst den Menschen zum nächstgelegenen Bienenstock. Dort angekommen teilen sich Mensch und Vogel die Beute: Der Mensch nimmt den Honig, der Vogel das Wachs. Diese besondere Mensch-Vogel-Beziehung gibt es schon seit tausenden von Jahren. Man muss die Vögel nicht darauf trainieren. Sie wissen von Anfang an instinktiv, wie sie mit dem Menschen kooperieren müssen. Einer Studie der University of Cambridge aus dem Jahr 2016 zufolge „rekrutieren" die Vögel sogar ganz aktiv passende menschliche Partner, indem sie diese mit einem bestimmten Ruf auf sich aufmerksam machen.[25]

SINGING IN THE CITY

Unsere Städte werden immer lauter – das ist uns nicht nur individuell bewusst, sondern wird auch immer wieder durch Studien bestätigt. San Francisco beispielsweise wurde seit den 1970ern im Schnitt pro Jahr sechs Dezibel lauter. Menschengemachter Lärm ist auf den Verkehr, Autoalarmtöne, Bauarbeiten, Sirenen und andere Laute zurückzuführen, die wir meist gekonnt ausblenden. Doch Vögel können diesen Lärm nicht einfach ausblenden. Sie sind darauf angewiesen, dass potenzielle Partnertiere ihre Rufe hören oder dass sie mit ihrem Lied ein Gebiet verteidigen können. Hört man ihre Stimmen nicht mehr, können sie nicht überleben. Deshalb passen sich die Tiere an. So singen Vögel in städtischen Gebieten zum Beispiel in höheren Stimmlagen und übertönen damit die Kakophonie aus LKW, Presslufthämmern und Sirenen.

Das hat jedoch auch eine Kehrseite. „Wie ein Vogel singt, verrät viel über ihn – ob er nun um einen Partner wirbt oder sein Revier verteidigt", erklärt David Luther, Biologe an der George Mason University. „Wenn Vögel Geräusche produzieren, ist das häufig körperlich schwierig für sie. Deshalb kann man aus den Rufen eines Vogels Informationen über seinen Gesundheitszustand gewinnen."[36] Kürzlich fand der Forscher heraus, dass Vögel in städtischen Gegenden tatsächlich lauter und schriller singen, ihre Stimme jedoch darunter leidet. Auch rivalisierende Vögel und Beutegreifer bemerken die schwächelnden Stimmen und ziehen ihre Vorteile daraus.

Irene Pepperberg ist Psychologin an der Harvard University. Anfang September 2007 wünschte sie ihrem geliebten Papagei – einem Graupapagei namens Alex – eine gute Nacht. Alex antwortete wie üblich mit den Worten: „Sei brav. Ich liebe dich. Wir sehen uns morgen." Das war nichts Neues für die Wissenschaftlerin. Graupapageien sind dafür bekannt, die menschliche Sprache nachzuahmen. Doch leider waren dies die letzten Worte des Tieres: Am nächsten Morgen fand ihn seine Halterin tot auf. Er war 31 Jahre alt geworden. Irene Pepperberg war am Boden zerstört – nicht nur, weil sie einen lieben Freund verloren hatte, sondern auch, weil Alex unser grundlegendes

Verständnis der kognitiven Fähigkeiten von Tieren auf den Kopf gestellt hatte. Und zwar bis zu seinem Todestag.

1977 war Pepperberg Doktorandin an der Harvard University und stieß in einer Zoohandlung auf Alex. Aus einer Laune heraus kaufte sie ihn und brachte dem einjährigen Papagei einfache Worte bei, die er spielerisch wiederholte. Doch schon bald fragte sie sich, ob Alex auch die Bedeutung der Worte, die er wiedergab, verstehen könne. Sie entwickelte eine Reihe von Tests, um mehr über seine Kommunikations- und Problemlösefähigkeiten zu erfahren. Schon bald umfasste das Vokabular des Tieres 150 Wörter. Viele

Graupapageien sind dafür bekannt, die menschliche Sprache nachzuahmen.

davon konnte er auch bereits in Kategorien wie Farbe oder Größe einordnen. Es dauerte nicht lange, da konnte Alex mit Kräckern und Geleebohnen einfache Plusaufgaben lösen und die Zahlen Eins bis Acht mit Kühlschrankmagneten richtig anordnen. Dass sich Alex Wörter merken konnte, war noch nichts Außergewöhnliches. Doch er konnte Gegenstände auch verbal identifizieren, zwischen Farben und Formen unterscheiden und verstand Konzepte wie „größer", „kleiner", „unterschiedlich" und viele andere Vergleiche. Er konnte sagen, welche Farbe und Form ein Blatt Papier hatte, und sogar, aus welchem Material es bestand. Wenn Alex in den Spiegel blickte, fragte er „Welche Farbe?" und lernte schnell das Wort „grau", um sich selbst zu beschreiben. Sein Talent für grundlegende sprachliche Äußerungen faszinierte die Wissenschaft und ließ die Menschen darüber nachdenken, ob Tiere wohl auch in ihrem natürlichen Lebensraum solche Fähigkeiten an den Tag legten.

GEFIEDERTE PRIMATEN

Papageien sind so kreativ, dass sie in der Wissenschaft häufig als „gefiederte Primaten" bezeichnet werden. Der Goffinkakadu, ein Papagei aus den üppigen Wäldern Indonesiens, gehört zu den geschicktesten Werkzeugherstellern der Welt. In einer Studie wurde dem Vogel Nahrung vorgesetzt, an die er nur schwer herankam. Also riss er Pappe in lange Streifen und angelte so nach den Leckerbissen. Kakadus und andere Papageien sind auch berüchtigt dafür, Fußringe, Sender und andere Dinge zu entfernen, mit denen man ihre Wege nachvollziehen könnte.

Natürlich sind Papageien berühmt dafür, die menschliche Stimme nachzuahmen. Doch hier enden ihre Kommunikationsfähigkeiten nicht etwa. Die Gelbnackenamazone ist ein verspielter, grüner Papagei, der vom Süden Mexikos bis nach Costa Rica die Pazifikküste besiedelt. Eine Studie ergab, dass die Tiere in ganz bestimmten Dialekten miteinander kommunizieren, die über Jahrzehnte gleich bleiben. Genau wie beim Menschen ist auch ein junger Papagei, der an einen anderen Ort kommt, gewillter, den Dialekt seiner neuen Heimat zu erlernen – ältere Tiere bleiben in einer solchen Situation eher unter sich und vermeiden es, den neuen Dialekt anzunehmen.

DIE SPRACHEN DES TIERREICHS VERSTEHEN

Von Ultraschallpiepsern über lautes Bellen bis hin zu eindrucksvollen Walgesängen aus der Tiefe. Tiere sind unentwegt in Kontakt mit ihren Artgenossen. Und ob nun ein Terrier jault, ein Koala laut brüllt, eine Eule kreischt oder ein Elch röhrt – alle Formen der Kommunikation erfüllen einen bestimmten Zweck. Jüngste Forschungsergebnisse zeigen, dass scheinbar willkürliche Tierlaute häufig viel mehr ausdrücken als „Ich bin ein Männchen, paare dich mit mir!" oder „Ich bin ein Raubtier, gleich wirst du verschlungen!". Basierend auf komplexen mathematischen Grundlagen fand ein Forschungsteam des National Institute for Mathematical and Biological Synthesis heraus, dass selbst ein einfaches Krächzen wesentlich mehr Nuancen aufweist und Zwecke erfüllt, als wir bisher dachten.

Wie sich zeigte, verfügen viele Tiere über die Fähigkeit, komplexe Gedanken zu kommunizieren. Und zwar unabhängig davon, wie schlicht ihre Laute klingen. Eine Spottdrossel etwa kann über 100 verschiedene Geräusche nachahmen und sie zu komplexen Sequenzen zusammenfügen. Der Klippschliefer zum Beispiel – ein plump wirkendes, pelziges Tier aus Subsahara-Afrika – gibt zwar bloß fünf recht diskret wirkende Laute ab, doch er kann diese zu langen Sequenzen zusammenfügen, um komplizierte Ideen auszudrücken. Nachdem das Forschungsteam die Töne von freilebenden Fledermäusen, Carolinameisen, Japanischen Mövchen, Schwert- und Grindwalen, Klippschliefern und Orang-Utans aufgenommen hatte, wurden alle Geräusche auf ganz bestimmte Musiknoten heruntergebrochen, z. B. As, B, Cis und so weiter. Eigentlich ging man davon aus, die Tierrufe seien einfach gestrickt und willkürlich. Doch wie sich herausstellte, ähneln sie stärker als bisher vermutet unseren eigenen Sprachmustern. Als besonders komplex erwiesen sich die Rufe von Meisen, Mövchen und Walen. Was also in unseren Ohren vielleicht wie willkürliche Geräusche klingen mag, könnte eine überaus komplexe Sprache sein, die wir nur noch nicht entschlüsseln konnten.

Viele Tiergeräusche, die wir zu hören bekommen, könnten Gespräche zwischen zwei Tieren sein. Die Fähigkeit dazu hatte man früher fälschlicherweise nur dem Menschen zugeschrieben. Die Wanderdrossel zum Beispiel stößt ein scharfes „Tiktak“ aus, wenn sie eine umherstreifende Katze erspäht, oder ein hohes „Siiii“, wenn sie einen Falken entdeckt. Aber damit warnt sie den Schwarm vor einer potenziellen Gefahr und fängt nicht ein Gespräch mit einer anderen Drossel an. Bis vor kurzem glaubte die Wissenschaft, dass Tiere sich zwar *an* Artgenossen richten, aber nicht *mit* ihnen sprechen könnten. Doch dann erschien in der Fachzeitschrift *Philosophical Transactions of the Royal Society B: Biological Sciences* eine Studie aus dem Jahr 2018. Diese legte nahe, dass Tiere durchaus *miteinander* sprechen können. Wenn sich zwei Menschen unterhalten, liegen zwischen ihren Äußerungen ungefähr 200 Millisekunden. So lange braucht unser Gehirn, um festzustellen, dass unser Gegenüber aufgehört hat zu sprechen, einen Gedanken zu fassen und dann zu antworten. Das Forschungsteam fand nun heraus, dass auch Tiere abwechselnd sprechen. Singvögel warten vor ihrer Antwort meist ungefähr 50 Millisekunden. Pottwale sprechen wohlüberlegt und sammeln ihre Gedanken ganze zwei Sekunden lang, bevor sie antworten. Und nicht nur wir Menschen finden es unhöflich, unterbrochen zu werden. Auch Tiere reagieren auf ganz bestimmte Weise auf solche Unhöflichkeiten. Einige Arten, z. B. die Schwarzkopfmeise und der Star, praktizieren während ihrer Gespräche etwas, das die Forscher „Überlappungsvermeidung“ nannten. Das bedeutet im Grunde nichts anderes, als dass die Tiere höflich so lange warten, bis sie an der Reihe sind. „Kommt es zu einer Überschneidung“, so das Forschungsteam, „wurden die Tiere still oder flogen davon, was darauf schließen lässt, dass Überlappungen bei dieser Spezies als Verstoß gegen die sozial akzeptierten Regeln des Sich-Abwechselns behandelt werden.“[27]

FIEPENDE GEPARDEN

Vom Menschen einmal abgesehen, gehören Geparden zu den erbittertsten Raubtieren der Welt. In nur 2,5 Sekunden können sie von 0 auf 70 km/h beschleunigen und schließlich eine Höchstgeschwindigkeit von über 110 km/h erreichen. Mit ihren langen, muskulösen Beinen katapultieren sie sich mit einem einzigen Satz bis zu 7 Meter nach vorn. Die nur bedingt einziehbaren Krallen sorgen für gute Bodenhaftung. Alles an einem Gepard ist auf Geschwindigkeit ausgerichtet: von ihrem schlanken, aerodynamischen Körper über ihr großes Herz bis zu ihren überdimensionalen Nasenlöchern und Lungen, die eine besonders große Sauerstoffaufnahme gewährleisten. Von all dem ausgehend könnte man meinen, ein Gepard würde ein besonders beängstigendes Brüllen ausstoßen.

Tatsache ist jedoch, dass Geparden gar nicht brüllen können. Großkatzen wie Löwen, Tiger, Leoparden und Jaguare haben ein zweiteiliges Zungenbein in der Kehle, das es ihnen ermöglicht, den Mund weit zu öffnen und dabei ein lautes Brüllen auszustoßen. Aber Geparden, Pumas, Schneeleoparden und Nebelparder verfügen bloß über ein einteiliges Zungenbein. Anstatt zu brüllen, bringen sie nur ein hohes Fiepen hervor. Meist äußern sie dieses, um Aufregung auszudrücken, zum Beispiel wenn sie sich um ihre Beute scharen. Doch auch Mütter rufen damit nach ihren Kindern. Und wenngleich das Fiepen wohl nicht so furchteinflößend ist wie ein lautes Brüllen, erfüllt es seinen Zweck voll und ganz: Eine Studie ergab, dass es noch aus fast zwei Kilometern Entfernung hörbar ist.

Tiere mögen nicht auf eine Art und Weise kommunizieren können, wie wir sie kennen und verstehen. Sie können auch nicht in unserer Sprache Gedichte verfassen oder Romane schreiben. Aber wenn man sich einen Moment Zeit nimmt und in die Natur geht – ob nun weit oben im Himalaja, im eigenen Garten, an einem ruhigen Teich oder im Stadtpark – dann wird man unzählige wunderschöne Sprachen hören, die so wirksam wie mysteriös sind. Von Vogelgesang über Delfinpfiffe bis hin zu den gespenstischen Chören der Zikaden: Die Sprache des Tierreichs spiegelt das Leben auf der Erde wider.

» LIEBE

Die Beweise für Tieremotionen sind in meinen Augen unmöglich von der Hand zu weisen und werden weithin gestützt durch aktuelle Erkenntnisse aus den Bereichen Tierverhalten, Neurobiologie und Evolutionsbiologie.

– Marc Bekoff, emeritierter Professor für Ökologie und Evolutionsbiologie, University of Colorado

Das Wort „Wounda" bedeutet im Kongo „dem Tod nahe". Wounda war auch der Name einer völlig ausgezehrten Schimpansin, die zu Jane Goodalls Schimpansenstation in der Republik Kongo gebracht wurde. Wilderer hatten Woundas Eltern getötet und so war sie auf sich allein gestellt. Sie wurde krank und ein Rettungsteam entdeckte sie gerade noch rechtzeitig. „Als ich Bilder von Wounda sah, ... konnte ich nicht begreifen, wie sie überhaupt noch am Leben sein konnte"[28], so Jane Goodall. Nachdem Wounda eine Bluttransfusion erhalten hatte – übrigens die erste Transfusion zwischen Schimpansen überhaupt – gab man ihr jeden Morgen einen Liter Milch zu trinken. Langsam nahm sie an Gewicht zu. Zwei Jahre lang kümmerte sich das Team aufopfernd um Wounda – und um dutzende weitere Schimpansen, die aus ähnlichen Umständen heraus gerettet worden waren.

Am 20. Juni 2013 war der Moment endlich gekommen: Wounda konnte in die Natur entlassen werden. Sie sollte in einer weitläufigen Auffangstation auf der Insel Tchindzoulou im Fluss Kouilou leben. Nach einer zwanzigminütigen Bootsfahrt erreichten Wounda und ihre Pflegerinnen und Pfleger die wunderschöne Insel, auf der eine stets wachsende Population geretteter Schimpansen zuhause ist. Die Tiere können dort in Frieden leben und müssen keine Gefahren fürchten. Als die Gruppe eine üppige grüne Lichtung erreichte, öffneten Freiwillige Woundas Box und sie stürmte hinaus in die Schönheit ihrer neuen Heimat. Doch dann kehrte sie zurück, um den Menschen, die sie gesundgepflegt hatten, Lebewohl zu sagen. Elegant sprang sie auf die Box, schaute Jane Goodall an und umarmte sie. Millionen Menschen schauten sich im Internet ein Video dieser Szene an. Minutenlang umarmt Wounda die Frau, die ihr das Leben gerettet hat. Dann huscht sie in den Wald.

Es ist eine ganz einfache Frage, welche die Wissenschaft schon seit vielen Jahren begleitet: Können Tiere lieben? Als eifrige YouTube-Schauer möchten wir natürlich sofort antworten: „Auf jeden Fall!" Wir kennen all die Videos von euphorischen Hunden, die mit heimkehrenden Soldaten wiedervereint werden. Oder von herzzerreißenden Freundschaften zwischen einem Hund und einer Ente. Bei alldem *scheint* es doch zumindest ganz so, als könnten Tiere lieben. Die Frage nach der Liebe beschäftigte sogar Charles Darwin, der 1872 sein Werk *Der Ausdruck der Gemütsbewegungen bei dem Menschen und den Tieren* veröffentlichte. Wie wir bereits wissen, ging Darwin davon aus, man könne tierische Intelligenz auf einem durchgängigen Spektrum verorten, mit „primitiven" Tieren wie Würmern ganz am Anfang und „komplexeren" Tieren wie Menschen und Affen am anderen Ende. Später in seinem Leben faszinierte Darwin vor allem das emotionale Leben von Tieren. Er schrieb, Tiere würden „Sorgen, Trauer, Trübsinn, Verzweiflung, Freude, Liebe, ‚zärtliche Gefühle', Hingabe, Übellaunigkeit, Entschlossenheit, Hass, Wut, Verachtung, Geringschätzung, Ekel, Schuld, Stolz, Hilflosigkeit, Geduld, Verwunderung, Erstaunen, Angst, Schrecken, Scham, Befangenheit und Genügsamkeit" empfinden.[29]

Mit der Zeit kürzte Darwin seine Liste an Emotionen, die er allen Tieren gleichermaßen zugestand, auf Wut, Glück, Traurigkeit, Ekel, Angst und Verwunderung. Seine Erkenntnisse basierten auf zufälligen Beobachtungen. „Ich besaß früher einen großen Hund, der, wie alle Hunde, sehr gern spazieren ging", so Darwin in *Der Ausdruck der Gemütsbewegungen bei dem Menschen und den Tieren*. „Er zeigte seine Freude, indem er hohen Schrittes vorauslief, den Kopf weit oben, mäßig gespitzte Ohren, den Schwanz erhoben, aber nicht steif." Darwin beschreibt hier die gleiche Freude, die alle Hundehalter kennen. Kürzte Darwin einen Spaziergang ab, sei sein Hund darüber betrübt gewesen – ein Ausdruck, den „alle Mitglieder der Familie kannten ... Er ließ den Kopf hängen und sein ganzer Körper sank etwas in sich zusammen und verharrte reglos". Schwerer fiel es Darwin hingegen, Liebe bei Tieren zu identifizieren. Das fing schon damit an, dass er – wie so viele Dichter, Musiker und Philosophen vor und nach ihm – Schwierigkeiten hatte, Liebe überhaupt zu definieren. „Bei den niederen Tieren erkennen wir das gleiche Prinzip der Freude, das sich aus der Verbindung von Kontakt und Liebe ergibt", erklärte Darwin. „Hunden und Katzen bereitet es offenkundig Freude, sich an ihrem Herren oder ihrer Herrin zu reiben und von ihnen gerieben oder gestreichelt zu werden."

Niemand stellt die Freude infrage, die ein Hund empfindet, wenn man ihm den Bauch streichelt, oder eine Katze, wenn man ihr den Kopf krault. Doch genau wie der Mensch empfinden Tiere Liebe auf sehr komplexe Art und Weise. Manche Tiere haben ein Leben lang denselben Partner, andere hunderte oder gar tausende. Über 90 Prozent aller Vogelarten leben monogam (z. B. Tauben und Gänse). Schimpansen hingegen wechseln häufig Partner bzw. Partnerin, wie viele andere Säugetiere auch.

Tiere sind ganz genau wie wir in der Lage, tiefe Bindungen zu anderen aufzubauen. Diese Liebe mag der menschlichen Liebe ähnlich sein oder eben auch nicht. Von William Shakespeare bis Taylor Swift haben sich unzählige Menschen daran versucht, die mächtigste aller Emotionen zu beschreiben. Manche Menschen drücken ihre Liebe aus, indem sie vor aller Augen ein Lied darüber singen; andere überhäufen ihr geliebtes Gegenüber mit Küssen; und wieder andere halten ihre wahren Gefühle verborgen und vertrauen sie bloß ihrem Tagebuch an. Genauso unterschiedlich bringen Tiere ihre Liebe zum Ausdruck – teils auf für uns seltsame oder auch wundervolle Art und Weise. Trotz allem werden wir wohl nie abschließend nachweisen können, warum und wie Tiere lieben. Ebenso wenig können wir die Liebe, die Tiere empfinden, eins zu eins mit der Liebe zwischen Menschen vergleichen. Doch zweifellos können wir über all die so realen, vertrauten und auch völlig anderen Formen der Liebe zwischen Tieren staunen.

SIE GLAUBEN, SIE HATTEN MAL EIN ÜBLES DATE?

Jeder von uns hatte wohl schon einmal eine Verabredung, die so richtig in die Hose ging. Vielleicht hat unsere Auserwählte ein furchtbares Restaurant für das Treffen gewählt oder unser Schwarm trug plötzlich ein übelriechendes Parfüm. Aber wenigstens mussten wir uns in der Situation keine Sorgen machen, ob wir das Date unbeschadet überstehen und *mit Kopf* nach Hause kommen würden.

Gottesanbeterinnen locken ihre Männchen mit Pheromonen an und animieren sie zu einem Balztanz. Gefällt der Tanz, stimmt das wesentlich größere Weibchen der Paarung zu. Aber verfehlt das Männchen die Tanzschritte oder enttäuscht seine Zukünftige anderweitig, beißt sie ihm den Kopf ab und verschlingt ihn. Studien belegen, dass Gottesanbeterinnen diesen sexuellen Kannibalismus in 13 bis 28 Prozent aller Begegnungen während der Paarungszeit zeigen. Manche Weibchen warten sogar bis nach dem Akt und essen das Männchen erst dann.

Wenn also bei Ihnen das nächste Mal ein Tinder-Date schiefgeht, denken Sie immer daran: Ihnen kann zwar das Herz gebrochen, aber zumindest nicht der Kopf abgebissen werden.

PARTNERWAHL

Es ist wie bei uns Menschen: Sex allein entscheidet auch bei Tieren nicht die Wahl des Partners bzw. der Partnerin. Es gibt sehr viele Tierarten, deren Vertreter vor der finalen Wahl ihres Partners gründlich in sich gehen. Sehen wir uns nur einmal die Südkaperwale an. Diese majestätischen Riesen, die sich in den Sommermonaten in den nahrungsreichen antarktischen Gewässern von Plankton ernähren, kommen im Winter zur Paarung in den seichten Küstengewässern vor Australien, Brasilien und Südafrika zusammen. Ihr Balzverhalten ist liebevoll und ruhig, nur selten kommt es zwischen konkurrierenden Walen zu Feindseligkeiten. Weibliche und männliche Wale berühren während der Balz sanft ihre Flossen und gehen dann langsam in liebkosende Bewegungen über. Sie reiben sich aneinander, verhaken sich gegenseitig mit den Flossen, rollen sich nach oben oder schweben nebeneinander. Dann tauchen sie gemeinsam auf und ab. Gefallen der Walkuh die Bewegungen ihres Partners nicht, bricht sie das Tänzchen ab und schaut sich nach einem besseren Tänzer um.

Andere Meeresbewohner sind da weniger wählerisch. Obwohl Meeresschildkröten schon hunderte Millionen Jahre Zeit hatten, einen erlesenen Partnergeschmack zu entwickeln, nehmen die Tiere die Paarung meist eher locker. Es gibt sieben Arten von Meeresschildkröten: die Grüne Meeresschildkröte, die Echte Karettschildkröte, die Unechte Karettschildkröte, die Atlantik-Bastardschildkröte, die Oliv-Bastardschildkröte, die Wallriffschildkröte und die Lederschildkröte. Genau wie bei den Sumpfschildkröten, die man manchmal in Teichen entdeckt, ist der Körper von Meeresschildkröten durch einen Panzer geschützt. Dieser Panzer besteht aus einzelnen Schildern. Die einzige Ausnahme bildet die Lederschildkröte, deren Rücken – wie der Name schon sagt – mit Haut und öligem Fleisch anstatt eines harten Panzers bedeckt ist. Meeresschildkröten können sich im Wasser und an Land aufhalten. Sie legen jedes Jahr tausende Kilometer im Meer zurück, meist allein, kehren zur Paarungszeit aber häufig an genau den Strand zurück, an dem sie selbst geboren wurden.

Die männlichen Tiere kommen normalerweise zuerst am Strand an und warten dann sehnsüchtig auf die Weibchen. Wer zuerst kommt, mahlt zuerst. Deshalb können sich die weiblichen Schildkröten normalerweise problemlos das in ihren Augen beste Männchen aussuchen. Das heißt jedoch nicht, dass sich die Tiere nicht erst ein wenig kennenlernen. Ihre Balz beginnt im seichten Wasser mit sanften, kreisförmigen Bewegungen. Dann kommen sie noch einmal an die Oberfläche, um Luft zu holen, bevor das Männchen auf den Rücken des Weibchens schwimmt und sich dort bis zu 24 Stunden lang festhält, wie Meeresbiologe Dave Owens vom College of Charleston bestätigt.[30] Die Tiere klammern sich regelrecht fest, um zu verhindern, dass sie von einem Konkurrenten von ihrem Weibchen gestoßen werden. Bei solchem Gerangel kommt es sogar vor, dass die erfolgreicheren Männchen in Schwanz und Flossen gebissen werden. Nach der Paarung ist die Schildkrötenromanze so schnell wieder vorbei, wie sie begonnen hat: Beide Tiere schwimmen ihrer Wege, auf zu neuen Ufern.

GESCHLECHT PER TEMPERATUR

Bei den meisten Spezies ergibt sich das Geschlecht des Nachwuchses zufällig bei der Befruchtung des Eis. Doch bei den meisten Schildkröten – und auch bei Alligatoren, Krokodilen und anderen Reptilien – hängt das Geschlecht mit der Eitemperatur zusammen.

Meeresschildkröten kriechen nach der Paarung an einen Sandstrand und graben ein rund 50 Zentimeter tiefes, kreisförmiges Loch. Darin legen sie 50 bis 350 Eier ab und bedecken ihr Nest mit Sand. Nachdem sie es zusätzlich mit Pflanzen getarnt haben, sagen sie ihren ungeborenen Babys Lebewohl und kehren ins Meer zurück. Aus Eiern, die in kühlerem Sand abgelegt wurden, schlüpfen meist männliche Tiere, aus Eiern in wärmerem Sand Weibchen.

Es dauert 50 bis 60 Tage, bis die Schildkrötenbabys die Eierschale durchbrechen und ins Meer kriechen. Bis sie sich selbst paaren, vergeht allerdings etwas mehr Zeit: die meisten Arten sind erst nach 30 Jahren geschlechtsreif!

Mitte der 1990er entdeckten Taucher vor der japanischen Küste kreisförmige Muster auf dem Meeresgrund. Es waren keine Kreise im Maisfeld, hinter denen Aliens vermutet wurden, sondern die Nester einer neuentdeckten Fischart. Der Japanische Kugelfisch schlägt auf dem Meeresboden mit den Flossen und schwimmt dabei im Kreis, um den Sand zu kleinen Hügeln anzuhäufen. Mit seinen Kunstwerken möchte er potenzielle Partnerinnen anlocken. Der Fisch mag nur circa zwölf Zentimeter groß sein, doch über einen Zeitraum von zehn Tagen erschafft er Kreisbilder mit einem Durchmesser von bis zu zwei Metern. Als Kugelfisch-Äquivalent zu Pralinen und Blumen dekoriert er die Hügel mit Muscheln und Korallenfragmenten. Schwimmt ein weibliches Tier vorbei, wirbelt der Kugelfisch emsig Sand in der Mitte des Kreises auf, damit sein Nest so gemütlich wie möglich wirkt. Gefällt der Angeworbenen der Anblick, kommt sie in die Mitte und winkt das Männchen zu sich heran. Die Romanze ist allerdings von kurzer Dauer. Sobald die Paarung vorüber und die Eier im Nest abgelegt sind, schwimmt der weibliche Kugelfisch davon und lässt sich nicht mehr blicken. Das männliche Tier muss bei den Eiern bleiben, bis die kleinen Fische sechs Tage später schlüpfen. Sein Kunstwerk dient jedoch nicht nur der Prahlerei, sondern erfüllt einen wichtigen Zweck: die kunstvollen Hügel können die Strömung scheinbar um 25 Prozent verlangsamen und schützen damit die Eier.

Fast 4 Millionen Adéliepinguin-Paare leben in rund 250 Kolonien entlang der antarktischen Küste.

Weibliche Kugelfische sind nicht die einzigen Tiere, die gewisse Erwartungen an ihre Verehrer hegen. Die bis zu 70 Zentimeter großen und fast 5 Kilogramm schweren Adéliepinguine haben einen klassischen Anzuglook wie im Bilderbuch. Die agilen Vögel mit ihrem schwarz-weißen Fell und den rosa Füßen verbringen ihr gesamtes Leben auf dem kältesten Kontinent der Erde, während viele andere Pinguinarten im Winter auf wärmere Inseln umziehen. Fast 4 Millionen Adéliepinguin-Paare leben in rund 250 Kolonien entlang der antarktischen Küste. Während unter Menschen ein Diamant als ultimativer Liebesbeweis gilt, ist für Adéliepinguine ein schlichter Kiesel der schönste aller Steine. In der kahlen antarktischen Landschaft sind kleine Steine nur schwer aufzutreiben. Die männlichen Tiere verbringen Tage damit, diese Schätze zu sammeln. Teils stibitzen sie die Steine sogar von Artgenossen. Hat ein männlicher Adéliepinguin genug Kieselsteine zusammen, gräbt er eine kleine Mulde ins Eis und reiht die Kiesel am Rand auf. Erblickt er ein weibliches Tier, macht er sich groß und schnattert, um es auf sein Gebilde aufmerksam zu machen. Gefällt es ihr, verbeugen sich die beiden und das Männchen legt die Kiesel zu einem gemütlichen Brutnest aus. Viele Adéliepinguine bleiben ein Leben lang zusammen.

Wie Tiere um ihre Artgenossen werben, mag uns teils fremdartig und seltsam erscheinen. Aber oft sind unsere eigenen Rituale gar nicht so weit davon entfernt. Menschenpaare halten gern Händchen, um ihre Zuneigung zu bezeugen – Afrikanische Elefanten verschränken Rüssel mit ihrem Seelenverwandten. In einem Elefantenrüssel befinden sich etwa 40.000 Muskeln und zahlreiche empfindsame Nervenenden, weshalb Rüssel eine wichtige Rolle in der Kommunikation zwischen Elefanten spielen. Mit dem Rüssel streicheln

Elefanten beispielsweise ihre Lieben, wenn diese krank sind oder trauern. Sie balgen mit dem Rüssel spielerisch mit Freunden. Und bei der Paarung umschlingen die Partner ihre Rüssel.

Auch bei Tieren, die etwas mehr auf den Putz hauen, finden sich deutliche Parallelen zum Menschen. Inwiefern unterscheidet sich ein Mann, der seine Angebetete mit einem teuren Auto abholen will, von einem Pfau, der vor den Augen der Auserwählten mit seinem schillernden Gefieder auf und ab stolziert? Zwei Evolutionspsychologen haben in einer Studie herausgefunden, dass sich teures Beiwerk sogar auf das Testosteronlevel von Männern auswirkt: Junge Männer, die in der Innenstadt von Montreal mit einem schicken Porsche vorfuhren, zeigten wesentlich höhere Testosteronwerte, als wenn sie mit einer alten Rostlaube auftauchten. Natürlich kann man es mit den Ambitionen auch übertreiben, wie ein Bericht der Johns Hopkins University zeigt: Männliche Kanarienvögel, die besonders viel Testosteron im Blut hatten, sangen am lautesten, wurden von den weiblichen Vögeln aber als weniger attraktiv wahrgenommen. Denn diese bevorzugen ein elegantes, leises Zirpen anstelle des übertriebenen Geschreis.

Wenn Luxusgeschenke nicht funktionieren, wird so mancher erfinderisch – vielleicht etwas zu erfinderisch, und das gilt für Mensch und Tier. 1888 trennte sich der berühmte niederländische Maler Vincent van Gogh sein linkes Ohr ab, um damit ein junges Mädchen für sich zu gewinnen, das in einem von ihm oft besuchten Café arbeitete. Wenig überraschend war er damit nicht erfolgreich. Der Maskentölpel – ein großer Vogel, der auf den tropischen Meeren vorkommt – macht seiner potenziellen Partnerin auch gern Geschenke. Das können kleine Steine sein oder eben die eigenen Federn. Ja, Liebe kann wehtun, auch im Tierreich.

TREUE

Viele Menschen leben monogam, während andere es gerade einmal ein paar Jahre (oder Tage) mit demselben Menschen aushalten. Genauso gibt es Tiere, die ihr Leben mit einem festen Partner bzw. einer Partnerin teilen, und andere, die sich bloß paaren und dann weiterziehen. Die Präriewühlmaus ist kein auf den ersten Blick besonders auffälliges Tier. Doch ihr Leben ist alles andere als langweilig. Präriewühlmäuse sind nur ein paar Zentimeter groß und finden sich in der Nahrungskette relativ weit unten. Für Wiesel, Falken, Schlangen und unzählige andere Beutegreifer sind sie ein willkommener Snack. Die stetige Gefahr im Nacken, finden die Wühlmäuse etwas Ruhe, wenn sie sich auf trockenen Wiesen unter Gras verstecken – und, indem sie tiefe und lange Beziehungen mit einem Partner ihrer Wahl führen.

Nach der Paarung bleiben eine männliche und eine weibliche Präriewühlmaus für den Rest ihres Lebens zusammen. Sie verteidigen gemeinsam ihren Nachwuchs und spenden sich in schwierigen Momenten Trost. „Ist eine Präriewühlmaus angespannt, umarmt und küsst ihr Partner sie", so Jennifer Verdolin, die ein Buch über Tierbeziehungen geschrieben hat. „Sie verbringen mindestens 50 bis 60 Prozent ihrer Zeit zusammen, wenn nicht sogar mehr."[31]

Ein solches Level an Monogamie ist bei Nagern eher ungewöhnlich. Tatsächlich leben nur 3 Prozent aller Säugetiere monogam. Selbst die Wiesenwühlmaus – ein fast identischer Verwandter der Präriewühlmaus – geht keine derart tiefen Bindungen ein. Die Forschung vermutet, dass ein Grund für die engen Beziehungen der Präriewühlmaus in ihren Hormonen zu finden ist. Bei der Paarung der Tiere wird eine außergewöhnlich große Menge Oxytocin freigesetzt, das sogenannte Liebeshormon. So entsteht wohl eine besonders emotionale Verbindung. Präriewühlmäuse sind ihren Partnern gegenüber derart loyal, dass ihr Verhalten der Wissenschaft sogar dabei geholfen hat, die biochemischen Grundlagen menschlicher Liebe zu verstehen.

Unter allen Tieren rangieren Vögel in Sachen Liebe ganz weit oben. Und die größte Portion Liebe findet sich wohl beim größten aller Vögel, dem Albatros. Die Flügelspannweite des Riesenvogels kann 3,5 Meter betragen. Die Familie der Albatrosse erstreckt sich vom Nordpazifik bis in die Antarktis. Die Tiere sind fast ständig unterwegs: Studien haben gezeigt, dass Albatrosse 95 Prozent ihres Lebens in der Luft verbringen. Doch trotz dieser Umtriebigkeit entfernen sie sich nie allzu weit von ihrem oder ihrer Liebsten. Der begeisterte Vogelbeobachter Noah Strycker erklärt in seinem Buch: „[Albatrosse] sind wahre Globetrotter, die ihr ganzes Leben mit dem gleichen Partner verbringen und diesem auch treu sind. Wahrscheinlich gibt es auf der ganzen Welt kein anderes Tier mit einer derart intensiven Liebe."[32] Albatrosse legen stets nur ein Ei und die Jungtiere sind am Anfang ihres Lebens oft alleine, da ihre Eltern hunderte oder gar tausende Kilometer weit nach Nahrung suchen. Mit fünf Jahren haben sie die Geschlechtsreife erreicht und fliegen zur Insel ihrer Geburt, um ein kurios anmutendes Paarungsritual zu vollziehen: Sie tanzen. Strycker beschreibt die Szene so:

> [Die] zwei Vögel stehen sich gegenüber, klopfen mit den Füßen und bleiben stets nah beieinander, während sie sich vor und zurück bewegen. Sie testen die Reflexe des anderen und richten ihren Schnabel gen Himmel ... Dann stoßen sie gleichzeitig einen Schrei aus, der einem das Blut in den Adern gefrieren lässt, und breiten ihre Flügel aus, um ihre vollen 3,5 Meter Spannweite zu zeigen. Sie befinden sich in direkter Konfrontation und rangeln um die Position. Sie berühren den Schnabel des anderen, werfen nochmals ihren Kopf zurück und schreien.[33]

Die Albatrosse tanzen mit einem Partner nach dem nächsten, bis sie schließlich das passende Gegenstück gefunden haben. Das kann Jahre dauern. Aber das Warten lohnt sich, denn Albatrosse bleiben fast immer ein Leben lang zusammen – was für die eleganten Meeresvögel schon einmal über 50 Jahre be-

Albatrosse tanzen mit einem Partner nach dem nächsten, bis sie schließlich das passende Gegenstück gefunden haben.

deuten kann. Der Umweltforscher Jeffrey Black hat sich für sein Buch zu Vogelpartnerschaften fast 100 Vogelarten angesehen. Für ihn sind Albatrosse die treusten Vögel von allen: Nicht ein einziges Paar, das er beobachtete, trennte sich oder „ging fremd". In den Fällen, in denen sich Albatrosse doch einen neuen Partner oder eine neue Partnerin suchen, geschieht dies meist nach dem Tod des geliebten Gegenübers, wie andere Studien aufzeigen.

Was fand Jeffrey Black sonst noch über Vögel heraus? Viele von ihnen sind wesentlich treuere Liebende als der Mensch. Schließlich liegt die Scheidungsrate in Deutschland bei 35 Prozent, in den USA bei 40 bis 45 Prozent. Schwäne hingegen – die offenbar nicht umsonst als ewige Liebespaare berühmt sind – bleiben in 95 Prozent der Fälle zusammen. Wer hat nicht schon einmal ein Bild zweier Schwäne gesehen, deren Hälse sich zu einer perfekten Herzform umschlingen? Die Wasservögel vollführen einen Paarungstanz, der von einer – weniger romantischen – Symphonie aus Zisch- und Grunzlauten begleitet wird. Dass Schwäne nur singen, wenn sie sterben, ist, nebenbei bemerkt, ein Mythos. So unterschiedlich wie die einzelnen Schwanarten ist auch ihr Paarungsverhalten. Der Trauerschwan beispielsweise beeindruckt Artgenossen mit seinem schwarzen Gefieder. Pfeifschwäne rufen mit sanfter Stimme nach potenziellen Partnern. Trompeterschwäne sind in Liebesdingen nicht gerade schüchtern – sie schreien so laut, als sollte die ganze Welt von ihrer Liebe erfahren.

Maskentölpel sind in Sachen Treue näher am Menschen und trennen sich sogar noch häufiger als wir von ihren Lieben. Der Gelbfuß-Regenpfeifer, ein mutiger, sandfarbener Küstenvogel, der oft an den Stränden Nordamerikas vorkommt, trennt sich in 67 Prozent der Fälle. Dahingegen bleibt die ewige

Liebe neun von zehn Stockenten erhalten. Eine gemeinsame Studie der University of Sheffield und der University of Bath kam jüngst zu dem Ergebnis, dass die Wahrscheinlichkeit des Fremdgehens bei fast allen Vogelarten höher lag, sofern es in einer Kolonie wesentlich mehr weibliche oder männliche Tiere gab. Die Erklärung von Professor András Liker der University of Sheffield überrascht nicht: „Wenn ein Geschlecht stärker vertreten ist als das andere, haben die Mitglieder des selteneren Geschlechts bessere Chancen auf einen neuen Fortpflanzungspartner als die des häufiger vertretenen ... Im Grunde hat das seltenere Geschlecht also einfach mehr Möglichkeiten sich ‚auszutoben' und den eigenen Partner entweder zu betrügen oder ihn für einen neuen Partner zu verlassen."[34]

Und welcher Vogel tendiert am stärksten in die andere Richtung und hat besonders viele Partnerwechsel zu verzeichnen? Dem Umweltforscher Jeffrey Black zufolge ist es der Flamingo. Der langbeinige, rosa Stelzvogel lebt meist in sehr großen Kolonien mit teils tausenden Artgenossen in warmen Küstenregionen. Man geht davon aus, dass die enorme Größe der Kolonien Beutegreifer abschrecken soll. Doch viele Vögel bedeuten auch eine große Auswahl an Partnern. Zwar gehen die Tiere zunächst nach einem ausgeklügelten Paarungsritual mit synchronisierten Tänzen und dem Strecken der Hälse eine enge Partnerschaft ein; doch man geht davon aus, dass diese Flamingoromanzen eher unter der Rubrik „Jugendliebe" zu verbuchen sind: 99 Prozent suchen sich später eine neue Liebe.

Nicht nur Menschen, auch Vögel finden die große Liebe oft in der großen Stadt. Verwilderte Tauben, auch als Stadttauben bekannt, sind die Nachkommen wildlebender Felsentauben – graue Vögel, die auf der ganzen Welt an Felsspalten und -vorsprüngen leben. Für verwilderte Tauben scheinen Wolkenkratzer eine annehmbare Alternative zu Felsen darzustellen. Sie haben sich so zahlreich in Städten angesiedelt, dass die dort lebenden Menschen alle möglichen dubiosen (und grausamen) Methoden zur Populationskontrolle eingeführt haben, einschließlich des Vergiftens der Tiere.

Auf der anderen Seite gibt es auch wahre Taubenfans, wie zum Beispiel die Künstlerin Tina Piña Trachtenburg aus Brooklyn. Sie ist bekannt unter ihrem Spitznamen „Mother Pigeon" („Taubenmutter") und sagte einmal: „Eine Stadt ohne Tauben wäre bloß ein steriles Einkaufszentrum. [Tauben] verleihen unserer Umgebung so viel Schönheit und Anmut." Die „Taubenmutter" befindet sich auf einem wahren Feldzug für Tauben – sie möchte der New Yorker Bevölkerung vermitteln, wie wunderbar die Tiere in Wahrheit sind. Es fing alles an mit einem Taubenschwarm, den die Künstlerin auf ihrem Dach fütterte. Schon bald freundete sie sich mit den Tieren an. Seither hat sie unzählige Tauben gerettet, beispielsweise ein Taubenbaby namens Lovely Rita, das aus dem siebten Stock fiel und sich die Beine brach: „Sie hatte die süßesten Gipse aller Zeiten an ihren kleinen Beinen." Trachtenburg überzeugte sogar ihren Mann davon, im Taubenkostüm durch die Stadt zu laufen – ausgestattet mit einem Schild, auf dem stand: „Taubenpaare bleiben ein Leben lang zusammen."

Und es stimmt: einmal verliebt, bleiben Tauben für immer zusammen. Der Wissenschaftsjournalist Brandon Keim berichtete von zwei verliebten Tauben namens Harold und Maude. Harold war die typische Alphataube: groß und breit, mit wunderschönem Gefieder. So stolzierte er über das Dach des Journalisten in Brooklyn. Seine Partnerin Maude war nicht vom gleichen Schlag: „Ihre Kopf- und Halsfedern zerzaust, die Augen tränend, alles in allem von einem Gefühl der Krankheit umgeben, dem hunderte Millionen von Jahren divergierender Evolution vorausgegangen waren"[36], so Brandon Keim. Eines Tages konnte Maude nicht mehr richtig fliegen. Sie schlug sachte mit den Flügeln und ging einige zaghafte Schritte, doch es fehlte ihr einfach die Energie zum Abheben. Harold lief unruhig auf und ab und wartete, dass sie endlich mitfliegen würde. Trotzdem blieb er stets an ihrer Seite – obwohl er sich vermutlich einfach ein gesünderes, robusteres Weibchen hätte suchen können.

Dieses Verhalten ist bei Tauben immer wieder zu beobachten. Im Gehirn einer Taube zirkulieren die Hormone Mesotocin und Vasotocin, die in etwa den menschlichen Hormonen Oxytocin und Vasopressin entsprechen, welche bei uns und anderen Säugetieren für Liebe und Beziehungen zuständig sind. Außerdem verfügen Tauben ebenfalls über Neurotransmitter wie Serotonin und Dopamin im Belohnungssystem des Gehirns. Damit werden Gefühle wie Anziehung und Freude reguliert. In der Elternschaft teilen sich Tauben die Aufgaben, ähnlich wie menschliche Paare. Taubenmutter und Taubenvater brüten abwechselnd die Eier aus und geben sich so gegenseitig die Möglichkeit, sich auszuruhen und zu essen. Sind die Küken einmal geschlüpft, beschützen die hingebungsvollen Eltern ihren Nachwuchs um jeden Preis. Das Nest dürfen die Kinder normalerweise erst verlassen, wenn sie voll ausgewachsen sind.

MACHOGEHABE

Menschliche Männer mögen zuweilen laut und aggressiv sein und stinken – aber zumindest kennen sie keine Musth. Als Musth bezeichnet man bei geschlechtsreifen männlichen Elefanten eine ein- bis zweimonatige Phase im Jahr, in der ihr Testosteronlevel auf das bis zu sechzigfache des normalen Wertes steigen kann. Selbst der friedliebendste Elefant kann dann zu einem wildgewordenen, gewaltbereiten Tier werden. Die Wissenschaft ist sich nicht ganz einig, was es mit der Musth auf sich hat. Der Begriff leitet sich ab aus dem persischen Wort für „betrunken".

Wann sich Elefanten in der Musth befinden, ist kaum zu übersehen. Die Tiere geben über die Temporaldrüsen in ihren Wangen ein Sekret ab. Die Drüsen schwellen dabei auf die Größe eines Basketballs an. Außerdem lassen die Tiere pro Tag bis zu 300 Liter Urin. Während der Musth sind die Elefanten geradezu sexbesessen – und zu Kämpfen jederzeit bereit, sei es mit einem anderen Männchen, einer Giraffe oder einem Menschen. Wenn man die Tiere stört, können sie regelrecht ausrasten und auch auf Lärm oder plötzliche Bewegungen reagieren sie besonders ungehalten oder gewalttätig. Sie können in einer solchen Situation sogar ihre eigenen Freunde angreifen. Sollten Sie also jemals auf einen männlichen Elefanten treffen, der schwitzt, uriniert und aufbrausend wirkt, dann nichts wie weg – außer natürlich, Sie sind eine Elefantenkuh.

MUTTERLIEBE

Das Band zwischen Mutter und Kind ist etwas ganz Besonderes – das werden wohl alle menschlichen Eltern bestätigen. Der Instinkt einer Mutter, sich um ihren Nachwuchs zu kümmern, ist seit Millionen von Jahren in den Untiefen des Gehirns verankert – und zwar speziesübergreifend. Mutterinstinkte findet man auch bei Tieren, bei denen man sie wohl nicht erwarten würde. Der schleimige, bluttrinkende Australische Landblutegel ist den meisten Menschen wohl nicht gerade als Inbegriff aufopfernder Elternschaft bekannt. Doch dem Evolutionsbiologen Fred Govedich der australischen Monash University zufolge handelt es sich bei den Würmern um das früheste bekannte Beispiel eines Wirbellosen, der sich so lange um seine Kinder kümmert, bis diese erwachsen sind. „Wenngleich das Wort Blutegel häufig als Synonym für Selbstsucht und Ausbeutung steht, sind viele Egel tatsächlich hingebungsvolle Eltern“[37], wie der Forscher zu berichten weiß. Nachdem ihre Jungen geschlüpft sind, kümmern sich Australische Landblutegel noch mehrere Wochen lang um sie. Sie achten beispielsweise besonders darauf, den Nachwuchs an einen sicheren Ort zu bringen, an dem es nicht viele Beutegreifer gibt.

Sie brauchen noch einen weiteren Beweis dafür, dass kleine Tiere die große Liebe kennen? Wie wäre es mit der Wolfsspinne? Die starken Jäger verfügen über einen ausgeprägten Sehsinn. Sie jagen allein und greifen sich ihre Beute mit vernichtender Präzision. Gleichzeitig tragen Wolfsspinnen oft einen besonders wertvollen Schatz bei sich, den sie über alle Maßen beschützen: Einen Sack voller ungeborener Kinder. Nachdem die kleinen Spinnen aus ihrem seidenen Schutzkokon geschlüpft sind, krabbeln sie an den Beinen der Mutter empor und suchen Schutz auf ihrem Rücken, bis sie groß genug sind, um selbst zurechtzukommen.

Auch in den Weltmeeren gibt es hingebungsvolle Mütter. Viele Fischarten beschützen ihren Nachwuchs beispielsweise durch eine gewiefte Tarnung. Ganz anders die sogenannten Maulbrüter – eine Fischfamilie, zu der zum Beispiel Buntbarsche, Kreuzwelse, Hechtköpfe oder auch Kieferfische gehören. Sie beschützen ihre ungeborenen Babys in ihrem riesigen Mund. Sobald die Eier befruchtet sind, hören die Mütter auf zu essen und lassen ihre Lippen fest versiegelt, damit kein Ei herausfallen kann. Bei einigen Arten, etwa beim afrikanischen Buntbarsch, kann diese mütterliche Fastenzeit bis zu 36 Tage lang dauern. Und auch, wenn die Babys schon auf der Welt sind und eigenständig schwimmen, bleibt die Mutter stets in ihrer Nähe und stellt sicher, dass sich auch ja kein Beutegreifer nähert. Droht Gefahr, wissen die Neugeborenen instinktiv, dass sie zu ihrer Mutter schwimmen müssen. Dort finden sie selbst dann noch Schutz in ihrem Mund. Aber auch die Väter sind nicht untätig: Bei den Arowana und einigen Welsarten beschützen auch männliche Tiere ihre Kinder im Mund.

Wohl kein Meerestier ist jedoch so fürsorglich wie der Orca. Gemeinhin als Killerwale bekannt, sind Orcas tatsächlich Delfine. Sie kommen in allen Weltmeeren vor und sind an ihrer berühmten Schwarz-Weiß-Musterung leicht zu erkennen. Orcas kommunizieren mit Pfiffen und Klicklauten und erzeugen damit eine wahre Unterwasser-Symphonie. Ungeschlagen sind außerdem ihre Jagdfähigkeiten: Sie können fast 50 km/h schnell schwimmen. Die Gruppen, in denen sie durch die Meere ziehen und jagen, werden Schulen genannt. Von frühester Kindheit an gehen Orcas enge Beziehungen zu Artgenossen ein. Ältere Tiere geben ihre Fähigkeiten an die jüngere Generation weiter. Mütter führen ihre Babys direkt nach der Geburt an die Wasseroberfläche, wo diese ihre ersten Atemzüge machen. Und auch danach bleiben Mutter und Kind meist noch jahrelang Seite an Seite.

DIE LIEBE EINES ORANG-UTANS

Tief in den Regenwäldern von Borneo und Sumatra leben Menschenaffen mit orangem Fell: die Orang-Utans. Die intelligenten Tiere halten sich meist hoch oben in den Bäumen auf. Sie sind Einzelgänger und doch besteht zwischen Mutter und Kind ein besonders tiefes Band.

Orang-Utan-Mütter gebären stets nur ein Kind. Von diesem Moment an sind Mutter und Kind auf Jahre hinweg unzertrennlich. In den ersten Monaten hegen die Mütter dauerhaft physischen Kontakt zu ihrem Nachwuchs. Die beiden schlafen und jagen zusammen und spielen miteinander. Manche Mütter stillen ihre Kinder, bis diese neun Jahre alt sind. Wie tief das Band der Liebe im wahrsten Sinne des Wortes geht, fand man bei der Erforschung einiger Museumssammlungen heraus. Es zeigte sich, dass die Zähne von Orang-Utans unterschiedliche Konzentrationen an Barium aufweisen – ein chemisches Element, das in Milch vorkommt. Die Regenwälder Südostasiens sind üppig und man findet viele Früchte – das Lieblingsessen der Orang-Utans. Doch wie viele Früchte tatsächlich verfügbar sind, ist kaum vorhersehbar. In harten Zeiten müssen Orang-Utan-Mütter auch auf Nüsse und andere Samen zurückgreifen – doch ihre Kinder brauchen Milch. Die schwankende Nahrungsverfügbarkeit kann also ein entscheidender Faktor für die Stilldauer der Mütter sein.

Vielleicht ist das auch der Grund, warum die Orang-Utan-Kinder dermaßen lang bei ihrer Mutter bleiben – und warum die beiden einander so eng verbunden sind. Selbst wenn die Kinder schon eine eigene Familie gegründet haben, besuchen sie ihre Mütter noch über Jahre hinweg.

Zwischen Müttern und Töchtern besteht häufig eine ganz besondere Verbindung – auch bei Kühen. Manche üben nahezu einen Kontrollzwang auf ihren Nachwuchs aus, andere lassen diesem viele Freiheiten. Und genau wie bei uns Menschen kann die Beziehung zwischen Mutter und Tochter bei Kühen zuweilen kompliziert sein.

Die Biobäuerin Rosamund Young erzählt in ihrem bereits erwähnten Buch *Das geheime Leben der Kühe* die Geschichte von Dolly und Dolly II. Dolly war eine ältere, kluge Kuh, die bereits erfolgreich mehrere Kälber großgezogen hatte. Sie wusste genau, wie viel Milch ihre Babys brauchten und wann es an der Zeit war, sie von Milch auf Gras und Heu umzustellen. Und sie wusste, wann ihre Kälber lernen mussten, für sich selbst zu sorgen. Im Fall ihres Kalbes Dolly II war dieser Zeitpunkt mit ungefähr 15 Monaten gekommen. Denn dann gebar Dolly ihr nächstes Kalb. „Sie wies Dolly II nicht ab, aber sie ignorierte sie immer mehr. So lange, bis Dolly II begriff, dass sie sich als erwachsene Kuh ihre eigenen Freunde suchen und ihre Mutter der Aufgabe nachkommen lassen musste, die sie so gut beherrschte“[38], so Young.

Einige Zeit später stand auch für Dolly II die Geburt eines Kalbes bevor. Zu ihrer Mutter hatte sie kaum noch Kontakt gehabt. Als es soweit war und die Geburt einsetzte, waren Rosamund Young und ihre Familie gerade nicht bei den Kühen. Als sie wenig später verzweifelt nach Dolly II suchten, fanden sie sie schließlich am Fuße eines abgelegenen Hügels. Leider hatte die Kuh ein totes Kalb geboren und noch dazu einen Gebärmuttervorfall erlitten. Die Bäuerin kümmerte sich sofort um Dolly II und ein Tierarzt sorgte schon bald dafür, dass ihre Gebärmutter wieder an der richtigen Stelle saß. Der Körper der Kuh heilte in den darauffolgenden Wochen, doch es war offensichtlich, dass Dolly II deprimiert und noch immer sehr schwach war.

Eines Tages wollte Rosamund Young nach Dolly II sehen, aber die Kuh war verschwunden. Wieder wurde verzweifelt nach ihr gesucht. Man fand sie drei Felder weiter – bei ihrer Mutter. Dolly leckte ihrer Tochter liebevoll den Körper ab. Obwohl die beiden Dollys lange zuvor den Kontakt eingestellt hatten, war die Mutter in Krisenzeiten für ihre Tochter da. Sechs Tage später verließ Dolly II ihre Mutter wieder und erholte sich vollständig.

QUEERE TIERE

Männliche Japanmakaken, auch Schneeaffen genannt, haben es nicht leicht. Sie konkurrieren um die Gunst von Weibchen nicht nur mit anderen Männchen, sondern auch mit anderen Weibchen. Homosexualität ist unter Japanmakaken weit verbreitet, teils sogar die Norm. Die Forschung konnte immer wieder dokumentieren, dass weibliche Makaken andere Weibchen besteigen, ihre Genitalien stimulieren und anderes Sexualverhalten zeigen. Die weiblichen Tiere übernehmen untereinander auch gern die Fellpflege, schlafen gemeinsam und verteidigen ihre Geschlechtsgenossinnen bei Gefahr.

Homo- und Bisexualität findet sich selbst bei den kleinsten aller Arten. Männliche Fruchtfliegen beispielsweise sind in den ersten 30 Minuten ihres Lebens bisexuell und versuchen sich mit allen Fruchtfliegen in ihrer Nähe zu paaren – unabhängig von deren Geschlecht. Männliche Mehlkäfer sind größtenteils bisexuell und kokettieren mit Frauen und Männern gleichermaßen. Blicken wir unter die Wasseroberfläche, zeigen etwa sowohl männliche als auch weibliche Delfine oftmals homosexuelles Verhalten, durch das enge soziale Bande geschmiedet werden.

Albatrosse bleiben zwar ein Leben lang bei ihrem oder ihrer Auserwählten. Doch die gleichgeschlechtliche Liebe ist ihnen nicht fremd. Auf Hawaii finden sich zur Nistzeit oft rein weibliche Laysanalbatrospaare, um ihre Kinder gemeinsam großzuziehen. Bei einer in der Zeitschrift *Biology Letters* veröffentlichten Studie stellte sich heraus, wie diese Konstellation zustande kommt. Wenn ein Vater stirbt oder, was sehr selten vorkommt, ein männliches Tier seine Partnerin verlässt, schließt sich die Mutter häufig mit einem anderen Weibchen zusammen, um gemeinsam für die Kinder zu sorgen.

An Land sind Schimpansen, ganz besonders Bonobos, in alle Richtungen sexuell aktiv. Sie haben so viel Sex mit so vielen verschiedenen Partnern, dass man in der Wissenschaft ihre Liebeleien scherzhaft als „Bonobo-Handschlag" bezeichnet – weil Sex scheinbar beiläufig ständig vorkommt. Zwischen männlichen Tieren funktioniert Sex manchmal auch wie eine Art Tauschgeschäft: Jüngere Bonobos stärken durch Fellatio oder andere sexuelle Gefälligkeiten ihre Bindung zu den größeren, dominanteren Mitgliedern der Gruppe. Einige Tiere bauen ihre Spannung auch mit Sexspielen wie dem sogenannten Penisfechten ab. Gleichgeschlechtlicher Sex wird außerdem eingesetzt, um ein Tier aus dem Freundeskreis zu trösten, das deprimiert ist oder trauert.

TRAUER

Am 25. Mai 2016 wurde der Polizist Jason Ellis bei einem Einsatz in Kentucky, USA, erschossen. Er war Teil der K-9-Einheit und arbeitete eng mit einem vierjährigen Schäferhund namens Figo zusammen. Auf der Beerdigung ereignete sich eine Szene, die sich online schnell verbreitete und wohl Millionen Menschen zu Tränen rührte: Figo verneigte sich vor dem Sarg seines Partners und legte seine Pfote darauf. Diese kleine Geste war nur ein winziges Zeichen von Trauer, aber Geschichten über trauernde Tiere, insbesondere Hunde, sind äußerst häufig.

Als ein Hundehalter in Österreich starb, sollte sein Hund Sultan eigentlich bei seiner Familie bleiben. Doch diese konnte den Hund nach der Beerdigung tagelang nicht finden. Schließlich tauchte er wieder auf – fast fünf Kilometer entfernt lag er auf dem Friedhof auf dem Grab seines alten Freundes. Und dann wäre da noch die berühmte Geschichte aus Japan über einen Akita namens Hachikō. Jeden Nachmittag ging Hachikō zur gleichen Zeit aus dem Haus, um seinen liebsten Menschen, den Universitätsprofessor Hidesaburō Ueno, am Bahnhof abzuholen. Doch eines Tages kam dieser nicht an – er war während einer Vorlesung an einer starken Hirnblutung verstorben. Hachikō lief in den darauffolgenden neun Jahren, neun Monaten und 15 Tagen trotzdem jeden Tag zum Bahnhof und hoffte auf die Rückkehr seines Freundes. Damit wurde er schließlich zum japanischen Idealbild für Loyalität und Treue. Statuen wurden ihm nachempfunden, er tauchte in Büchern auf und seit 2009 gibt es sogar einen Film über seine Geschichte (*Hachiko – Eine wunderbare Freundschaft*).

Jüngste wissenschaftliche Erkenntnisse zeigen, dass Hunde der Verlust ihrer Lieben tatsächlich stark belastet. Die amerikanische Tierschutzorganisation ASPCA fand mittels einer Studie heraus, dass zwei Drittel aller Hunde nach einem Todesfall an Appetitlosigkeit litten, besonders anhänglich oder lethargisch waren – deutliche Zeichen von Trauer. Ein Forschungsteam des New Zealand Companion Animal Counsel ging noch einen Schritt weiter und untersuchte die Daten von 159 Hunden und 152 Katzen. Es zeigte sich, dass 60 Prozent der Hunde und 63 Prozent der Katzen immer wieder an der Stelle, an der ihre verstorbenen Freunde früher schliefen, nach diesen suchten. Fast genauso viele forderten mehr Aufmerksamkeit ein. Und fast ein Drittel der Katzen und Hunde aß weniger und schlief mehr. Wie auch das Forschungsteam betont, werden solche Verhaltensweisen bei Menschen für gewöhnlich mit Trauer in Verbindung gebracht.

Eine Studie, die 2012 in der Fachzeitschrift *Animal Cognition* veröffentlicht wurde, zeigte auf, dass sich Hunde eher einer weinenden Person näherten als einer, die summte oder sprach. Dies könnte ein Hinweis darauf sein, dass Hunde über ein inhärentes Verständnis von Leid verfügen.

TIKA UND KOBUK

Die Hunde Tika und Kobuk aus Colorado mochten auf den ersten Blick wie das perfekte Paar erscheinen. Doch ihre Liebe war zuweilen kompliziert. Marc Bekoff erzählt in seinem Buch *Minding Animals*, wie das Pärchen zwar acht Welpen gemeinsam großgezogen hatte, Kobuk sich aber häufig nicht gerade wie ein echter Gentleman verhielt. Manchmal nahm er Tika das Essen weg oder winselte, wenn die Hündin gerade mehr Aufmerksamkeit als er bekam. Eines Tages bemerkte die Hundehalterin Anne Bekoff eine Schwellung an Tikas Bein – sie hatte Knochenkrebs.

Als die Hündin immer schwächer wurde, änderte sich auch Kobuks Verhalten. Er stahl nicht mehr ihr Essen, ließ sie auf dem Bett schlafen und übernahm sogar ihre Fellpflege. Irgendwann musste Tikas Bein amputiert werden und das Laufen auf drei Beinen fiel ihr zunächst schwer. Jedes Mal, wenn sie stürzte, tröstete Kobuk sie. Einmal rettete er ihr sogar das Leben: Tika hatte kurz nach ihrer Operation einen Schock erlitten und Kobuk bellte laut, bis Hilfe zur Stelle war.

Zum Glück erholte sich Tika vollständig von ihrer Erkrankung. Sobald sie wieder bei alter Stärke war, fiel auch Kobuk in alte Muster zurück: er griff sich ihr Essen, erkämpfte sich die größere Aufmerksamkeit und warf Tika im groben Spiel um. Doch wie sagt man so schön: Wahre Freunde erkennt man in Zeiten der Not.

Der australische Anthropologe Dr. Thom van Dooren schreibt in seinem Buch *Flight Ways: Life and Loss at the Edge of Extinction*, der Überlegenheitsanspruch des Menschen habe unser Verständnis für andere Tiere nachhaltig geschädigt. Das trifft vielleicht ganz besonders auf die Trauer zu. Der Wissenschaftler weist etwa darauf hin, dass schlüssige Hinweise auf Trauerverhalten bei Krähen sowie einigen Säugetierarten vorlägen.[39] Die Familie der Rabenvögel – in Mythen und Sagen eher als Vorboten großen Unheils bekannt – unterteilt sich in mehrere Arten. Besonders bekannt sind etwa Krähen, Raben und Dohlen. Rabenvögel sind hochintelligent – und sie veranstalten „Beerdigungen" für ihre toten Kameraden. Stirbt eine Amerikanerkrähe (*Corvus brachyrhynchos*), versammeln sich ihre Freundinnen und Freunde über Stunden hinweg an der Leiche. Eine in der Zeitschrift *Animal Behavior* veröffentlichte Studie geht davon aus, dass es sich nicht nur um Trauerverhalten handelt, sondern den Krähen auch als Lerneffekt dienen soll – sie möchten wissen, warum ihre Artgenossen sterben, um sich in Zukunft besser schützen zu können. Ob das stimmt – wer weiß? Das Forschungsteam fand jedenfalls heraus, dass sich Krähen merken, an welchen Orten ihre Lieben zu Tode kamen und sogar, welche Menschen scheinbar in den Tod verwickelt waren.[40]

2016 ging ein Foto um die Welt: Eine Gans, verschnürt auf einem Motorrad in China, die zum Schlachthof gefahren werden soll. Ihr Partner, mit dem sie aufgewachsen ist, gibt ihr auf dem Bild einen „Kuss". Dann wurde die Gans die staubige Straße entlang geradewegs in ihr tödliches Schicksal gefahren.

Gänse sind treue Tiere. Oft bleiben sie ein Leben lang zusammen und beschützen nicht nur ihren Nachwuchs, sondern auch ihren Partner bzw. ihre Partnerin. Ist einer von ihnen oder eines ihrer Kinder krank, bleiben sie an seiner Seite – selbst wenn der Winter vor der Tür steht und alle anderen Gänse gen Süden fliegen. Stirbt ein Gänsepartner, trauert sein Gegenstück allein. Einige Gänse bleiben dann den Rest ihres Lebens verwitwet und suchen sich keinen neuen Partner. Die Mitglieder einer Gänseschar – eine Gruppe aus mehreren Gänsefamilien – kümmern sich umeinander. Meist gibt es einen „Wachdienst" bestehend aus ein oder zwei Tieren, die nach Beutegreifern Ausschau halten, während der Rest in Ruhe essen kann. Diese Aufgabe übernehmen die Gänse im Wechsel, ganz so wie Matrosen, die abwechselnd im Ausguck eines Schiffes Dienst schieben. Gesunde Gänse behalten oft ihre verletzten Artgenossen im Auge und die Verletzten selbst bleiben zusammen, um sich gemeinsam vor Beutegreifern zu schützen und nach Nahrung zu suchen.

GÄNSELIEBE

Gänse verfügen über besonders komplexe – und nicht minder dramatische – Sozialstrukturen. In seinem Buch *Das Jahr der Graugans* beschreibt der berühmte Ornithologe und Nobelpreisträger Konrad Lorenz die innige Liebe zwischen den drei Gänsen Ado, Selma und Gurnemanz.

1976 ging es Ado nicht gut – die Liebe seines Lebens, Susanne-Elisabeth, war einem Fuchs zum Opfer gefallen. Er war todtraurig, in sich gekehrt und sank in der Rangordnung des Schwarms kontinuierlich weiter ab. Doch plötzlich, im Frühjahr 1977, blühte er wieder auf und warb um eine Gans namens Selma. Die beiden stürzten sich in eine heiße Affäre. Doch es gab ein Problem: Selma war bereits mit Gurnemanz liiert und hatte drei Kinder mit ihm großgezogen.[41]

Gurnemanz war von seinem neuen Nebenbuhler ganz und gar nicht begeistert. Er versuchte, ihn zu verjagen, aber Selma folgte ihm. Manchmal jagten sich die drei so wild durch die Lüfte, dass sie danach völlig erschöpft waren. Schon bald wurden die Auseinandersetzungen wilder und die beiden Männer gingen im Kampf aufeinander los. Selma war verzweifelt – für wen sollte sie sich nur entscheiden?

Schlussendlich nahm Ado ihr die Entscheidung ab: Er besiegte Gurnemanz im Kampf und zwang ihn so, seine Geliebte für immer zu verlassen. Lorenz schreibt, Ado habe sich als stolzer Sieger präsentiert – während Gurnemanz, genau wie Ado zwei Jahre zuvor – in eine tiefe Depression verfallen sei. Er stellte die Körperpflege ein, schlurfte nur noch lustlos umher und hatte scheinbar jeden Lebensmut verloren.

Tiere, die in engen Sozialverbänden zusammenleben, zeigen auch besonders häufig ritualisiertes Verhalten beim Tod eines Familienmitglieds. Gorillas sind ein gutes Beispiel dafür. Die afrikanischen Waldbewohner sind die größten noch lebenden Primaten und nach Schimpansen und Bonobos unsere nächsten Verwandten. Die Anthropologin Barbara King schreibt, Gorillas würden nach dem Tod eines Verwandten in aller Stille bei dessen Körper sitzen, „den Körper still berühren oder die Hand des Toten halten"[42]. Im Jahr 2008 machte ein elfjähriger weiblicher Gorilla namens Gana aus einem deutschen Zoo (Allwetterzoo Münster) Schlagzeilen. Ihr drei Monate alter Sohn war gestorben, doch Gana trug ihn noch stundenlang mit sich herum und rüttelte an ihm. Mit der Zeit wurde sie immer verzweifelter. Irgendwann schien sie verstanden zu haben, dass ihr Baby tot war, aber dennoch verteidigte sie es mit aller Macht gegen die Tierpfleger, die es ihr wegnehmen wollten.

Am 10. Oktober 2003 brach im kenianischen Samburu-Nationalreservat die Elefantin Eleanor zusammen. Sie war die Matriarchin ihrer Herde und 40 Jahre alt. Doch seit einiger Zeit war sie krank: Ihr Rüssel war geschwollen und ganz schlaff und bei einem früheren Sturz war ihr bereits ein Stoßzahn abgebrochen. Nun kam ihr eine jüngere Elefantenkuh namens Grace zu Hilfe. Sie versuchte, Eleanor mit den Stoßzähnen wieder aufzuhieven. Doch diese war zu schwach. Grace war verzweifelt, doch irgendwann schien sie zu begreifen, was geschah. Sie blieb an Eleanors Seite und streichelte sie sanft. Am nächsten Morgen war die Matriarchin tot und mehrere Elefanten versammelten sich an ihrer Leiche, rochen an ihr und berührten sie. Fünf Tage lang blieben Eleanors Familienmitglieder bei ihr. Selbst Tiere aus anderen Familien kamen, um ihr die letzte Ehre zu erweisen. Ein Forschungsteam, das die Elefanten beobachtete, betrachtete das Verhalten als ein Beispiel dafür, dass Elefanten und Menschen bestimmte Emotionen wie Mitgefühl gemein sind – und dass auch Elefanten ein gewisses Interesse am Tod hegen oder sich des Todes bewusst sind.[43]

Dass Elefanten Mitgefühl besitzen, ist bestens dokumentiert. In Kenia halfen ausgewachsene Elefanten Babyelefanten dabei, aus Schlammlöchern herauszukommen, Sümpfe zu umgehen und sich von Elektrozäunen fernzuhalten. Elefanten wurden schon dabei beobachtet, wie sie ihren Freunden Betäubungspfeile entfernten und Staub auf deren Wunden gaben, um Fliegen abzuwehren. Eine in der Zeitschrift *PeerJ* veröffentlichte Studie kommt zu dem Schluss, dass Asiatische Elefanten merken, wenn ein Mitglied ihrer Herde leidet, und dieses dann sanft liebkosen. Das Forschungsteam unter Leitung des Primatologen Frans de Waal studierte 26 Elefanten aus der Ferne und fand heraus, dass sich die Tiere in einem Schutzkreis um angespannte Artgenossen stellen. Zudem trösten sie die Leidenden mit Brumm- und Zwitscherlauten. „Sie leiden, wenn sie andere in Not sehen, und berühren sie, um sie zu trösten, – ganz ähnlich, wie Schimpansen oder Menschen jemanden umarmen, der traurig ist"[44], so de Waal gegenüber *National Geographic*.

Marius Maxwell beschreibt in seinem Buch *Stalking Big Game with a Camera in Equatorial Africa* eine Jagdszene. Ein Jäger schoss auf eine Elefantenherde und traf einen Bullen in den Kopf. Er war sofort tot. Anstatt wild durcheinander zu fliehen, nahm die Herde schnellstmöglich ihre normale Formation an und lief davon. Doch, so beschreibt Maxwell, „unter ihnen war der schwerverletzte Bulle. Einige der Titanen liefen langsam und trugen ihn davon, indem sie perfekt aufeinander abgestimmt ihre schweren Körper gegen die Flanken ihres getroffenen Bruders pressten". Trotz der unmittelbaren Gefahr nahm die Herde also ihren verletzten Freund mit. Sie legte ihn ein Stück weit entfernt in einem Gebüsch ab und so entging dem Jäger seine erhoffte Elfenbeinbeute.

EINFÜHLUNGSVERMÖGEN

Lange Zeit tat sich die Wissenschaft schwer damit, Tieren Mitgefühl zuzugestehen. Das Problem liegt auf der Hand: Man kann ein Tier nicht einfach fragen, ob es im Stande ist, etwas für jemanden zu empfinden. Wenn ein junger Elefant versucht, der sterbenden Matriarchin seiner Herde zu helfen, würden Kritiker behaupten, das Tier empfinde vielleicht eher Angst, nicht aber Liebe. Wie also soll man nachweisen, dass Tiere Liebe, Trauer und Schmerz empfinden?

Der Tierexperimentator Russell Church führte im Jahr 1959 einen Versuch mit Ratten durch. Man hatte den Tieren beigebracht, dass sie bei Betätigung eines Hebels Nahrung erhielten. Als sie jedoch feststellten, dass in dem Moment, in dem sie den Hebel betätigten, auch eine andere Ratte einen Elektroschock bekam, verzichteten sie auf die Nahrung. Abgesehen davon, dass solche Versuche schlichtweg unethisch sind, stritt die Wissenschaft damals, ob die betreffende Ratte einfach nur ängstlich war oder tatsächlich Mitgefühl an den Tag legte – oder beides. Einige Jahre später, 1962, zeigte ein Forschungsteam in einem ebenso verwerflichen Experiment, wie Ratten versuchten, sich gegenseitig aus einer misslichen Lage zu befreien. Eine Ratte wurde an einem Gurt aufgehängt, die andere konnte diesen mit einem Hebel absenken. Und genau das tat sie auch – außer, es hing bloß ein Stück Styropor an dem Gurt, dann unternahm sie nichts. Die Forscher schlossen daraus, dass das Verhalten der Ratte mit Altruismus gleichzusetzen sei.[45] Doch andere behaupteten, das Tier habe seinen kreischenden Artgenossen vermutlich bloß ruhigstellen, nicht retten wollen.

In den darauffolgenden Jahrzehnten gab es unzählige Experimente, die es sich zum Ziel setzten, Mitgefühl bei Tieren nachzuweisen. Die Versuchsmodelle selbst waren dabei immer wieder von einem absoluten Mangel an Mitgefühl (gegenüber Tieren) geprägt. In einer Studie zeigte sich, dass Rhesusaffen lieber hungerten als durch ihre Nahrungsaufnahme einem Freund einen Elektroschock zu verpassen. Ein Affe aß ganze elf Tage lang nichts – und er kannte den Affen, den der Elektroschock getroffen hätte, noch nicht einmal. Gleichzeitig verschrieben sich immer wieder Wissenschaftler dem sogenannten Behaviorismus: ein Ansatz, der davon ausgeht, dass tierisches und menschliches Verhalten durch Konditionierung, nicht nur individuelle Gedanken oder Gefühle erklärbar sei. Hier vertrat man die Ansicht, dass das, was bei Tieren häufig als Altruismus ausgelegt worden war, in Wahrheit bloß eine erlernte Reaktion auf Reize wäre.

Diese Sichtweise setzte sich über Jahrzehnte hinweg durch. Sie blieb selbst dann noch vorherrschend, als die Versuche immer barbarischer wurden, weil andere Teile der Wissenschaft unbedingt nachweisen wollten, dass Tiere in Wahrheit doch Mitgefühl besaßen. Anfang dieses Jahrhunderts war ein Team von Genforschern der McGill University der Meinung, Mitgefühl bei Tieren nachgewiesen zu haben. Das Team des Forschungsleiters Jeffrey Mogil tauchte den Schwanz einer Maus in heißes Wasser und stellte so zunächst ihre Schmerztoleranz fest. Andere Mäuse, die mit der betreffenden Maus zusammenlebten, mussten mitansehen, wie ihr Freund vor Schmerzen schrie. Es stellte sich heraus, dass die Tiere, die das Leid beobachten mussten, selbst bereits litten, noch bevor sie aus der Box geholt wurden. Damit war klar: Mäuse merken nicht einfach nur, wenn ein Freund Schmerzen hat, sie spüren diesen Schmerz sogar selbst in Form von Angst. Diese sogenannte Gefühlsansteckung gilt als eine der grundlegendsten Formen des Mitgefühls. Auf die Frage, ob es ihm nichts ausmache, Mäuse solchen Schmerzen auszusetzen, antwortete der Versuchsleiter: „Mein Mitgefühl gilt vor allem chronischen Schmerzpatienten."[46]

Es hätten nicht unzählige Mäuse für etwas gequält werden müssen, was ganz offensichtlich ist: Tiere lieben. Sie trauern. Sie empfinden emotionalen Schmerz. Sie machen sich Sorgen. Und sie wissen, wenn ihnen Schmerz droht. Anfang 2015 rettete ein australischer Lebenshof für sogenannte Nutztiere eine Kuh namens Clarabelle. Clarabelle war das, was man gemeinhin eine „Milchkuh" nennt. Als ihre Milchleistung nachließ, sollte sie geschlachtet werden. Nach ihrer Ankunft auf dem Lebenshof wurde festgestellt, dass Clarabelle schwanger war. Eine Woche vor dem Geburtstermin begann sie, sich immer wieder davonzuschleichen. Sie ging den Menschen auf dem Hof aus dem Weg und verhielt sich insgesamt seltsam. Eines Tages suchten Freiwillige nach ihr und entdeckten, dass sie ihr Baby bereits geboren hatte und es im hohen Gras versteckt hielt. Kein Wunder: In Milchbetrieben werden Kälber ihren Müttern meist direkt nach der Geburt weggenommen. Nur so kann die Milch, die eigentlich für das Baby gedacht ist, an Menschen verkauft werden. Studien zeigen, dass diese Trennung für Kühe als besonders mütterliche Wesen extrem traumatisch ist. Clarabelle hatte man wohl in ihrem Leben schon viele Babys weggenommen und so ging sie davon aus, dies würde sich nun wiederholen. Also versteckte sie ihr Kind. Welch ein Glück, dass sie auf einem Lebenshof war und ihr Baby endlich ungestört großziehen durfte.

Den meisten Kühen ist dieser Luxus nicht vergönnt. Eine Tierärztin aus dem US-Bundesstaat New York namens Holly Cheever hatte dazu eine besonders spektakuläre Geschichte zu erzählen. Eines Tages erhielt sie einen Anruf von einem Milchbauern. Er berichtete ihr von einer Kuh der Rasse Brown-Swiss, die kürzlich ihr fünftes Kalb geboren hatte. Doch ihr Euter blieb aus mysteriösen Gründen tagelang leer, wo es doch prall gefüllt sein sollte mit vielen Litern Milch! Es dauerte fast zwei Wochen, bis der Bauer das Rätsel lösen konnte: Er war der Mutter auf die Weide gefolgt und sah plötzlich, wie diese heimlich in einem Wald am Rande des Hofes ein weiteres Kalb stillte. Sie hatte Zwillinge zur Welt gebracht und – wissend, dass man ihr mindestens ein Baby wegnehmen und zu Kalbfleisch verarbeiten würde – dem Bauern eines ihrer Kinder gebracht und das andere versteckt. Für die Tierärztin machte das gleich mehrere Aspekte deutlich:

> Erstens: sie hat sich erinnert. Sie erinnerte sich an ihre früheren Verluste. Brachte sie ihre Kälber in den Stall, führte das dazu, dass sie diese nie wieder sah ... Und zweitens: Sie machte einen Plan und führte diesen aus ... Ich weiß nur eins: Hinter diesen wunderschönen Augen geschieht so viel mehr, als wir Menschen den Tieren zugestehen. Und als Mutter, die all ihre vier Babys großziehen durfte und niemals die Qualen erfahren musste, eines ihrer geliebten Kinder zu verlieren, kann ich ihren Schmerz nachempfinden.[47]

Wie tief tierisches Mitgefühl reicht und auf welch wunderbare Weise es sich äußert, werden wir wohl nie vollends verstehen. Klar ist jedoch: Nicht nur Menschen erfahren, wie wundervoll sich Liebe anfühlt und wie vernichtend der Verlust eines Freundes oder einer Freundin sein kann. Jede Mutter – ob nun mit zwei, vier oder acht Beinen – versteht, was es bedeutet, ein Kind zu verlieren: Es ist ein Stück ihrer selbst, das ihr niemand zurückbringen kann. Die moderne Forschung mag uns verschiedene Hinweise darauf liefern, was Hunde, Kühe oder einige der anderen 8,7 Millionen Spezies empfinden. Doch wirklich nachweisen kann dieses mächtigste Gefühl von allen, die Liebe, noch nicht einmal das stärkste MRT der Welt.

Mäuse sind vielleicht ein gutes Beispiel. Den Menschen meiden sie wann immer möglich – doch ganz anders verhält es sich mit den eigenen Artgenossen. Erinnern Sie sich an die Mäuse in *Cinderella* oder *Ein Schweinchen namens Babe*, die in den höchsten Tönen ihre Liedchen trällern? Wie sich herausstellt, singen sich Mäuse untereinander tatsächlich etwas vor. Allerdings in so hohen Frequenzen, dass unser menschliches Ohr es nicht hören kann. Mit Hilfe hochempfindlicher Mikrophone entdeckte ein österreichisches Forschungsteam, dass Mäuse singen, um potenzielle Partner zu umgarnen. Nur sie können diese Ultraschall-Balladen hören.

Wenn wir schon die Liebeslieder von Tieren überhören, die so nah bei uns leben, was entgeht uns dann sonst noch? Die größten Liebesgeschichten unserer Zeit spielen sich womöglich hoch oben im Himmel, in den Tiefen der Weltmeere oder dichten Urwäldern ab – oder eben in unserer eigenen Abstellkammer.

» SPIELEN

Das Spiel ist älter als die Kultur. Denn Kultur, so unzureichend sie auch definiert wird, setzt stets eine menschliche Gesellschaft voraus. Und Tiere haben nicht darauf gewartet, dass der Mensch ihnen ihr Spiel beibringt.

– Johan Huizinga, niederländischer Historiker

Die Primatenexpertin Dr. Marina Davila-Ross von der englischen University of Portsmouth traute ihren Augen nicht, als sie eines Tages Zeugin eines zunächst seltsam anmutenden Verhaltens wurde: Ein Gorilla gab seinem Artgenossen einen sanften Klaps und rannte weg. Der andere Gorilla rannte hinterher, verpasste Gorilla Nummer eins ebenfalls einen Klaps und lief davon.

Anders ausgedrückt: Die Gorillas spielten Fangen. Die Forscherin und ihr Team wollten herausfinden, ob dies Teil des normalen Verhaltensrepertoires von Gorillas war. Also analysierten sie Videoaufnahmen von 21 Gorillas aus sechs Gruppen, die in fünf europäischen Zoos lebten. „Unsere Erkenntnisse über das Spielverhalten von Gorillas weisen entscheidende Ähnlichkeiten zum Fangenspiel von Kindern auf", so Davila-Ross im Juli 2010. „Die Gorillas aus unserer Studie schlugen ihre Spielkameraden nicht nur und liefen dann vor diesen davon; sie tauschten nach dem Schlag auch die Rollen, so dass der Fänger zum Weglaufenden wurde und umgekehrt."[48]

Kleinkinder jauchzen vor Freude, wenn man im Spiel hinter ihnen her krabbelt. Sportlerinnen und Sportler empfinden einen wahren Euphorieschub, wenn sie auf die Ziellinie oder ein Tor zulaufen. Und in den 1980ern begeisterten sich Teenager auf der ganzen Welt für einen verfressenen Kreis namens *Pac-Man*, der auf einem Bildschirm Punkte fraß und dabei von Geistern verfolgt wurde. Der Reiz des Hinterherlaufens ist in den Untiefen unseres Gehirns fest verankert – aber nicht nur bei uns. „Flüchtet ein Tier vor einem echten Beutegreifer, ist die motivierende Kraft dahinter Angst", so Peter Gray, Psychologe am Boston College. „Übt ein Tier spielerisch, wie es vor einem nur im Spiel vorhandenen Beutegreifer flüchten kann, ist die motivierende Kraft dahinter Freude."[49]

Spiel ist im Tierreich omnipräsent. Vom Menschen über Hunde und Affen bis hin zu Krokodilen – sie alle spielen. Doch warum eigentlich? Eine besonders weit verbreitete Theorie geht davon aus, dass Tiere spielerisch die Dinge lernen, die sie zum Überleben brauchen. Andere behaupten, das Spiel würde Jungtieren dabei helfen, in ihrem späteren Leben mit sozialen Hierarchien zurechtzukommen. Doch manche Tiere – einschließlich des Menschen – spielen auch schlichtweg aus Spaß.

ÜBERLEBENSSPIELE

Ende des 19. Jahrhunderts behauptete der berühmte Psychologe Karl Groos, die Universalität des Spiels lasse sich mit der natürlichen Auslese erklären. Tiere, so Groos, würden nicht deshalb spielen, weil sie so jung und fröhlich seien – vielmehr stünde ihnen ein bestimmter Zeitraum in ihrem jungen Leben gerade deshalb zur Verfügung, damit sie in diesem spielen könnten. Das schrieb er in seinem Buch *Die Spiele der Tiere* von 1896. Was den Tieren nicht erblich mitgegeben sei, würden sie wettmachen, indem sie im Spiel Erfahrungen sammelten.[50] Mit anderen Worten: Wenn der Ernst des Lebens beginnt, sind Tiere dank ihrer im Spiel erlernten Fähigkeiten bereit dafür. Folgt man diesen Annahmen, wäre auch das Spiel der Gorillas kein unschuldiger Ausdruck ihrer Jugend, sondern würde einen höheren evolutionären Zweck verfolgen.

Beobachtungen scheinen Groos' Theorie zu bestätigen. Zum einen findet sich Spielverhalten besonders häufig bei Jungtieren (wie auch bei jungen Menschen). Studien zeigen, dass Säugetiere ab der Pubertät seltener spielen. Erwachsene Tiere sind also bereit, die zuvor im Spiel gelernten Fähigkeiten nutzbringend einzusetzen, zum Beispiel bei der Jagd. Groos unterteilte das Spiel in verschiedene Kategorien wie etwa Bewegungsspiele, Jagdspiele, Kampfspiele oder Pflegespiele.

Werfen wir doch einmal einen Blick auf das Spiel von Löwen. Auf YouTube finden sich hunderte Videos spielender Löwen. Junge Löwen verbringen den Großteil ihres Tages damit, sich gegenseitig zu jagen, sich anzuspringen, zu Boden zu werfen, mit den Pfoten zu schlagen und sich zu kneifen. So lernen sie all die Dinge, die sie eines Tages zum Überleben brauchen. Löwen leben in eng verwobenen Rudeln zusammen – sie sind die sozialsten aller Großkatzen. Löwinnen bilden das Zentrum jedes Rudels. Sie verteidigen ihre Jungen bis aufs Blut und halten stets Ausschau nach Eindringlingen. Oft übernehmen sie die Jagd und koordinieren die Bewegungen der Gruppe, um die Beute so effektiv wie möglich anzugreifen. Löwen haben ein relativ kleines Herz. Deshalb ist ihre Ausdauer begrenzt und sie setzen auf schnelle, kraftvolle Attacken. Die Jungtiere erlernen diese Fähigkeiten und steigern ihre Kräfte im Spiel mit anderen Tieren des Rudels. Besonders für männliche Tiere ist das auch nötig, denn meist werden sie ab der Geschlechtsreife mit ungefähr drei Jahren aus dem Rudel verbannt und müssen sich dann um sich selbst kümmern, bis sie eine eigene Familie gründen.

Doch man muss nicht in die Serengeti fahren, um solche Übungsspiele zu beobachten. Oft reicht schon ein Blick aus dem heimischen Fenster, wo sich Eichhörnchen gegenseitig Bäume hinauf und hinab jagen. Junge Eichhörnchen stärken mit diesen Fangspielen ihre Stärke und Koordination – wichtige Fähigkeiten für ein Tier, das ständig an winzige Ästchen springt und meterweit über dem Boden balanciert. Das Fangen bereitet die Eichhörnchen außerdem darauf vor, sich später zu behaupten: Die fittesten Tiere jagen und kneifen Artgenossen, die sich an den Eicheln in ihrem Territorium bedienen, und etablieren so eine Art Eichhörnchen-Rangordnung.

SCHUMMELNDE EICHHÖRNCHEN

Ein im Jahr 2008 veröffentlichtes Forschungspapier stellte eine zunächst skurril anmutende Frage: Zeigen Grauhörnchen gezieltes Täuschungsverhalten – schummeln sie also?[51] Allem Anschein nach lautet die überraschende Antwort: Ja!

Grauhörnchen sind berüchtigt dafür, Unmengen an Nahrung zu horten. Sie überstehen den langen, kalten Winter mit ihren gesammelten Nüssen. Sie sind der Typ Sammler, der seine Beute an vielen verschiedenen Orten versteckt, um bei möglichem Diebstahl nicht alles auf einmal zu verlieren. Die Hörnchen scheinen sich dabei bewusst zu sein, dass sie möglicherweise von Rivalen beobachtet werden. Deshalb bedienen sie sich teils eines alten Taschenspielertricks: Kurz bevor sie ihre Beute scheinbar vergraben, schieben sie diese heimlich von den Händen in den Mund. Taucht dann ein Dieb am Ort des Geschehens auf, um die Nuss zu stehlen, findet er nicht mehr als ein leeres Loch – und muss mit ebenso leerem Magen von Dannen ziehen.

Fangspiele sind bei einigen Tieren auch fester Bestandteil des Paarungsverhaltens. Die Forschung nimmt an, dass männliche Eichhörnchen es riechen können, wenn ein Weibchen zur Fortpflanzung bereit ist. Gegen Ende des Winters und im Frühjahr laufen männliche Eichhörnchen hinter weiblichen her, um ihren Geruch aufzunehmen. Haben die Tiere also im jungen Alter viel Fangen gespielt, sind sie jetzt bestens für diese Verfolgungsjagden gerüstet und haben damit auch bessere Chancen auf die Fortpflanzung. Der Belding-Ziesel ist ein am Boden lebendes Hörnchen aus den bergigen Regionen des amerikanischen Westens. Forschungen haben ergeben, dass sich bei ihm das Spielverhalten wohl langfristig auf den „Fortpflanzungserfolg" auswirkt.[52]

Ein Forschungsteam der University of Alaska Fairbanks wollte Anfang der 2000er-Jahre nachweisen, dass frühes Spielverhalten ausgewachsenen Tieren beim Überleben hilft. Im Herzen Alaskas war es für das Team ein Leichtes, dies zu untersuchen – denn hier lebt auch das wohl verspielteste Säugetier der Welt, der Braunbär.

Braunbären kommen in den Bergen und Wäldern Nordeuropas, Asiens und Nordamerikas vor. Sie gehören zu den größten fleischessenden Landtieren – nur der Eisbär übertriff sie noch. Es gibt diverse Braunbär-Unterarten,

Junge Weißwedelhirsche trainieren spielend ihre Muskeln und Reflexe. So können sie später Feinden entwischen und erlernen Sozialverhalten.

zum Beispiel den Grizzlybär, der neben Alaska auch im Westen Kanadas und im Norden der USA lebt und durch seine grauen oder blonden Haarspitzen gekennzeichnet ist („grizzled" heißt soviel wie „angegraut", daher sein Name). Außerdem wäre da noch der dunklere, an der Küste Alaskas beheimatete Kodiakbär; oder auch der tiefbraune Europäische Braunbär, der in Europa und Russland zu finden ist. Weibliche Bären bekommen normalerweise ein bis drei Junge auf einmal, um die sie sich dann ungefähr drei Jahre lang kümmern. Die männlichen Tiere sind an der Aufzucht der Jungtiere nicht nur unbeteiligt, sie töten Bärenjunge teils sogar in der Hoffnung, sich mit deren Müttern paaren zu können. Deshalb müssen junge Bären schon früh lernen, sich zu verteidigen – und das tun sie durch Spielen.

Das Forschungsteam aus Alaska beobachte also wildlebende Braunbären auf der vor der Südostküste Alaskas gelegenen Insel Admiralty Island. Insgesamt waren zehn Bärenmütter involviert, die über einen Zeitraum von zehn Jahren 24 Junge gebaren. Spielen stand für die Jungspunde stets an der Tagesordnung: sie balgten, verfolgten sich und kämpften spielerisch. In einer der Studien kam das Team zu der Erkenntnis, dass „junge Bären, die mehr spielten, tendenziell am besten bis zur Eigenständigkeit überlebten. Unsere Daten bestätigen das Spiel als Überlebensfaktor"[53]. Junge Bären spielen viel und intensiv. Sie stärken ihre Muskeln, wenn sie sich auf die Hinterbeine stellen und mit ihren Geschwistern ringen. Obwohl Bären so groß sind und als aggressiv gelten, spielen sie leise und beißen sich nur ganz sanft, – ganz so als wäre ihnen klar, dass sie zusammenarbeiten müssen, wenn sie stärker werden wollen. Schließlich wird ihre Mutter nicht ihr Leben lang ständig in ihrer Nähe sein, um sie zu beschützen.

Wenn Beutegreifer spielen, warum sollten nicht auch ihre Beutetiere spielen? Auch sie müssen stärker und fitter werden, um zu überleben. Weißwedelhirsche beispielsweise, die man von Kanada bis Peru findet, haben nicht nur menschliche Jäger und Fahrzeuge zum Feind. Wölfe, Pumas, Alligatoren, Jaguare, Rotluchse, Bären und Vielfraße haben es auf die Hirsche abgesehen. Zum Glück sind diese wesentlich schneller als die meisten ihrer Feinde – bis zu 70 km/h schnell können sie laufen und dabei 2,50 Meter hoch springen. Diese Fähigkeiten erlernen sie schon früh, wenn die Kitze Muskeln und Reflexe im Spiel trainieren. Sie springen im Kreis um ihre Mutter herum, machen Bocksprünge und wechseln plötzlich die Richtung. Manchmal laufen sie sogar rückwärts von ihrer Mutter weg und wackeln mit dem Kopf vor und zurück, um sie zum Spiel aufzufordern. Ist sich die Mutter ganz sicher, dass gerade keine Gefahr im Verzug ist, lässt sie sich dazu hinreißen und spielt Fangen mit ihren Kindern. Das Spiel hilft den Kitzen auch dabei, Sozialverhalten zu erlernen, etwa, indem sie spielerisch kämpfen oder aggressive bzw. unterwürfige Posen üben.

Am anderen Ende der Welt ist ein weiteres Tier gezwungen, sich die nötigen Überlebenstaktiken anzueignen: die Gazelle. Die Antilopenart kommt hauptsächlich in den Wüsten und Graslandschaften Afrikas, aber auch in Indien und in Südwest-Asien vor. Allen Unterarten der Gazelle gemein ist ihre Schnelligkeit – einige erreichen rund 90 km/h! Und das müssen sie auch, denn sie haben unter anderem Löwen, Geparde, Leoparden, Schakale, Hyänen und sogar Krokodile zum Feind. Auch der Mensch macht schon sehr lange Jagd auf Gazellen, wie uralte Höhlenmalereien beweisen; nur, dass die Speere von damals mittlerweile durch Geländewagen und hochmoderne Gewehre ersetzt wurden. Eine chinesische Studie aus dem Jahr 2012 zeigt, wie Spielen jungen Kropfgazellen dabei hilft, ihre Muskeln zu stärken und so bessere Chancen gegen Beutegreifer zu haben. Die im Nahen Osten, in Indien und China lebenden Tiere spielten – wenig überraschend – am häufigsten Fangen. Bei ihren kurzen aber intensiven Verfolgungsjagden wechseln die Tiere immer wieder die Richtung, buckeln, springen und treten aus. Weil die Gazellen diese außerordentlich flinken Züge perfekt beherrschen, entkommen sie immer wieder gekonnt selbst Beutegreifern wie Geparden. Diese sind zwar schneller, ermüden jedoch schon bald, wenn die Gazellen im Sprint immer wieder antäuschen und Haken schlagen – sie haben es schließlich schon früh gelernt.

SOZIALES SPIEL

Das Antrainieren der nötigen körperlichen Voraussetzungen zum Überleben ist jedoch wahrscheinlich nicht der einzige Grund, warum Tiere spielen. Gerade mit Blick auf Primaten entwickelte die Forschung noch eine weitere Theorie zum Spiel bei Tieren. Spiel könne, so der Ansatz, vielmehr – oder zusätzlich – dazu dienen, Regionen im Gehirn zu stimulieren und zu stärken, die mit Lernen und Wahrnehmung in Verbindung stehen, – für hoch soziale Tiere wie Primaten zwei wesentliche Elemente. Zwar geht man davon aus, dass Primaten von Geburt an mit allen Nervenzellen (Neuronen) ausgestattet sind, die sie je haben werden. Doch die Tiere könnten durch Spiel bestimmte Verbindungen im Gehirn stärken, die ihnen helfen, neue Fähigkeiten zu erlernen. Somit haben Tierarten, die gern spielen, wohl einen evolutionären Vorteil.

Die Wissenschaft vermutet, dass bestimmte Arten des Spiels mit ganz bestimmten Fähigkeiten in Verbindung stehen. Wenn Primaten alleine mit Gegenständen wie Bällen spielen, stärkt das die Regionen des Gehirns, die mit der Nutzung von Werkzeug und Kreativität bei erwachsenen Tieren in Zusammenhang stehen. Das Spiel mit Artgenossen hingegen wird mit komplexen Verhaltensweisen wie Schwindelei in Verbindung gebracht, die in sozialen Hierarchien eine Rolle spielen. Je mehr Primaten miteinander spielen, desto größer ist die Lernregion ihres Gehirns, in der sich aus sensorischen Informationen das Muskelgedächtnis entwickelt. Spaß zu haben, macht uns also schlauer!

Für ein Experiment an der Yale School of Medicine lernten die in Süd-, Zentral- und Südostasien vorkommenden Rhesusaffen, wie man eine leicht abgeänderte Version von „Schere, Stein, Papier" spielt. Man muss wohl kaum erwähnen, dass die Tiere dafür in einem völlig unnatürlichen und stark stressbehafteten Laborumfeld gefangen gehalten wurden. Wer dieses Spiel selbst schon einmal gespielt hat, weiß, dass man sich schon in der Sekunde nach der Auflösung wie verrückt ärgert: „Warum habe ich es denn nicht mit *Stein* versucht?!" Ganz ähnlich ging es den Affen. Gewannen sie gegen ihr menschliches Gegenüber, erhielten sie ein Glas Saft. Ging es unentschieden aus, bekamen sie weniger Saft. Und wenn sie verloren, gingen sie leer aus. Das Forschungsteam fand heraus, dass Affen, die eine Runde verloren hatten, sich in der nächsten Runde wesentlich häufiger für genau die Geste entschieden, die ihnen zuvor den Sieg gebracht hätte. Dieses Verhalten deutet nicht nur auf intelligentes Planen und Problemlöseverhalten hin. Es zeigt auch, dass die Affen eine falsche Entscheidung bereuten. Das allein genügte dem Team jedoch nicht. Sie implantierten den Affen Elektroden und bildgebendes Equipment ins Gehirn und zeigten so auf, dass im Moment eines verlorenen Spiels die beiden Hirnregionen aufleuchteten, die mit Bedauern in Verbindung gebracht werden: der dorsolaterale Präfrontalkortex (zuständig für Planen, Erinnerung und abstrakte Gedanken) und der Orbitofrontalkortex (Entscheidungsfindung und emotionale Aspekte des Bedauerns).

Genau wie unter Menschen kann sich auch bei anderen Primaten ein kleiner Streit schnell zu einer handfesten Prügelei ausweiten. Manchen Individuen gelingt es in solchen Situationen jedoch besser als anderen, die Lage zu entschärfen und sich wieder zu versöhnen. Bei Tieren beobachtete der niederländische Primatologe Frans de Waal solches Verhalten erstmals in den

1970ern. In einem Forschungsbericht schrieb er dazu: „Ereigneten sich zwischen Schimpansen kämpferische Interaktionen, suchten die vormaligen Gegner [später] häufig gewaltlosen Körperkontakt ... Meist gingen sie kurz nach dem Konflikt aufeinander zu und zeigten bei dieser ersten Kontaktaufnahme besondere Verhaltensmuster."[54] Zum Schlichten der Situation küssten und umarmten sich die Tiere etwa, zeigten unterwürfige Lautäußerungen oder hielten Händchen. Andere Studien zeigten, dass ein solches Aussöhnungsverhalten zwischen Schimpansen die spätere Beziehung verbesserte und weitere aggressive Auseinandersetzungen unwahrscheinlicher machte. Genau wie es uns nach einem Streit mit einer geliebten Person besser geht, wenn wir uns wieder versöhnt haben, sind auch Schimpansen entspannter, wenn sich alles klärt.

Man geht davon aus, dass Primaten dieses Versöhnungsverhalten im jugendlichen Alter lernen. In einer späteren Studie befasste sich Frans de Waal mit einer Gruppe besonders streitlustiger Makaken. Man hatte die Tiere über einige Monate hinweg zusammen gehalten. In diesem Zeitraum erhöhte sich ihre Fähigkeit, sich nach einem Streit auszusöhnen, um das Dreifache. Und was tun die Waldbewohner wohl gern zusammen? Richtig: Spielen. Indem sie toben – und dabei natürlich auch kämpfen – lernen die Makaken, dass sie sich versöhnen müssen, wenn sie in Frieden zusammenleben wollen. Das wurde 2016 durch eine Studie mit Schimpansen bestätigt: Ein britisches Forschungsteam kam zu der Erkenntnis, dass jugendliche Schimpansen sich durch soziales Spiel versöhnen.[55] Menschenkinder tragen ihre Streitigkeiten aus, indem sie auf dem Spielplatz – fernab von Lehrkräften und Eltern – raufen. Und ganz ähnlich erlernt unsere Primaten-Verwandtschaft ihre wichtigsten sozialen Fähigkeiten beim wilden Toben im jungen Alter.

SPIELEN – EINFACH AUS SPASS?

Manche Tiere spielen, um später zu überleben. Andere spielen, um soziale Bande zu festigen. Doch wieder andere spielen scheinbar aus keinem erkennbaren Grund. So auch die Erdmännchen, kleine Insektenesser aus der Familie der Mangusten. Sie leben in der Kalahari-Wüste Botswanas, in der Wüste Namib in Namibia und Angola und zum Teil auch in Südafrika, meist in Kolonien von rund zwanzig Tieren. Die weniger als ein Kilogramm schweren Erdmännchen sind groß und schlank und haben einen langen Schwanz, der ihnen beim Aufrechtstehen auf den Hinterbeinen hilft, die Balance zu halten.

Erdmännchen leben unter der Erde in Tunnelsystemen mit mehreren Eingängen. Suchen sie nicht gerade draußen nach Nahrung, sitzen sie meist in ihren „Häusern" und betreiben gegenseitige Körperpflege. Innerhalb der Kolo-

Hinter dem Spiel der Erdmännchen ist kein klarer evolutionärer Sinn zu erkennen.

nie hat jedes Erdmännchen eine ganz bestimmte Rolle. Manche halten Wache, um vor Beutegreifern zu warnen, andere kümmern sich um die Neugeborenen. Erdmännchenbabys krabbeln über- und untereinander herum und kauen zaghaft an Gliedmaßen, Ohren und Nasen der anderen. Schon mit einer Woche stehen sie jedoch auf den Hinterbeinen und ringen wie die Sumoringer: Auf ihren kurzen Beinchen wanken sie hin und her, drücken und ziehen an ihrem Gegenüber und versuchen es damit zu Boden zu werfen. Der Gewinner klettert auf den Bauch des Verlierers und knabbert ihm an Ohren und Pfoten. Hinter dem Spiel der Erdmännchen ist kein klarer evolutionärer Sinn zu erkennen. Sie spielen im Freien, vor den Augen all ihrer Fressfeinde wie Adler und Schakale. Übertreiben die Jungspunde es, könnten sie sich das Bein ausrenken oder eine Kralle ausreißen, was ihr Überleben – und damit die Weitergabe ihrer DNA – unwahrscheinlicher macht. Die natürliche Auslese hat über Millionen von Jahren eigentlich jedes Verhalten ausgemerzt, das die Überlebenschancen einer Spezies mindert. Das gilt vom winzigsten Nager bis zum mächtigsten Raubtier für alle Tiere. Aber Erdmännchen zeigen uns, dass Tiere eben manchmal einfach gern spielen – Überleben hin oder her.

Die Biologin Lynda Sharpe von der Australian National University studiert seit vielen Jahren Erdmännchen in Südafrika. In einem Versuch begleitete sie 45 junge Erdmännchen bis ins Erwachsenenalter. Sharpe ging davon aus, dass die Tiere – da sie so viele natürliche Feinde haben – nur dann draußen spielen würden, wenn es wirklich wichtig ist. Am naheliegendsten schien, dass Erdmännchen spielen, um soziale Bande zu knüpfen und so im Erwachsenenalter als Gruppe besser überleben zu können. Oder auch, um besser Kämpfen zu lernen. Wochenlang stakste die Biologin also durch hüfthohe Pflanzen und flüchtete vor Bienen, um die Erdmännchen beim Spielen zu beobachten. „Alle sprangen und bissen und kugelten sich in einem solchen Tempo, dass ich gar nicht ausmachen konnte, wer gerade was tat“, so Sharpe nach ihren Beobachtungen. „Oft machte die ganze Gruppe mit (bis zu 30 Tiere) und es formte sich ein wilder Ball aus Fell und fuchtelnden Gliedmaßen.“[56]

Irgendwann hatte die Forscherin alle Daten beisammen. Machte das eifrige Spiel der Jungen diese zu besseren Kämpfern im Erwachsenenalter? Kümmerten sich die wildesten Spieler später als Anführer um das kollektive Wohl der Gruppe? „Nein, nein, nein!“, so Sharpes eindeutiges Urteil. „Das Spielen wirkte sich auf keines dieser Dinge aus.“ Wie sich herausstellt, konnten besonders ungestüme Erdmännchen später nicht besser kämpfen als andere und nahmen auch nicht häufiger Führungspositionen ein. Sie spielen einfach gern!

Wenn das Spiel aber keinen logischen Zweck erfüllt, warum gibt es einen derart gefährlichen Zeitvertreib überhaupt? Vielleicht liegt die Antwort auf diese Frage näher, als wir denken – bei den wohl am intensivsten studierten Lebewesen der Welt.

TOBENDE WELPEN

Welcher Hundehalter kennt es nicht? Der Vierbeiner versteckt in jedem einzelnen Zimmer des Hauses einen vollgesabberten Tennisball, um ihn bei Bedarf schnell parat zu haben. Oder er rennt – kaum schließen wir die Haustür auf – direkt auf uns zu und fordert uns zum Spielen auf. Oder er will auf die Hundewiese, wo er ungehindert mit anderen toben kann. Warum das alles? Glauben wir wirklich, dass der kleine Chihuahua-Mix, der so gern am Bauch gekrault wird, durch Spiel zum besseren Beutegreifer wird? Übt der Tierheim-Mischling, der am liebsten einer Frisbee hinterherjagt, so das Überleben? Die Wissenschaft erklärt uns zwar, warum junge Löwen und Bären spielerisch kämpfen, aber weniger offensichtlich ist, warum Hunde am Strand balgen, Bällen hinterherlaufen und anderen, scheinbar unnützen Aktivitäten nachkommen. Hinzu kommt: Die meisten anderen Tiere stellen ihr Spiel ein, sobald sie erwachsen sind. Doch für ein schönes Stöckchen kann sich selbst so manch ergrauter Hund noch begeistern. Wenn die Erdmännchen das Mysterium des Spiels nicht lüften konnten – vielleicht schaffen es Hunde?

Im Jahr 2017 veröffentlichte die Fachzeitschrift *Applied Animal Behaviour Science* eine Studie zum Spielverhalten von Hunden. Ein Forschungsteam hatte herausgefunden, dass das Spiel von Hunden nicht als ein einziges Verhalten betrachtet werden darf, sondern aus verschiedenen Verhaltensweisen besteht, die alle einen „unterschiedlichen Zweck“ erfüllen.[57] Zum einen spielen Hunde, um ihre Motorik zu schulen. Spielende Welpen jagen sich gegenseitig, kugeln übereinander, beknabbern sich, heben Gegenstände auf und nehmen sie mit oder zerren an ihnen. Dabei lernen die Tiere, ihren Körper einzusetzen. Sie testen ihre Grenzen. Sie finden Nahrung oder sie verteidigen sich im Kampf. Zum anderen bereiten sich Hunde im Spiel aber auch auf das Unvorhersehbare vor. Mit Menschen und anderen Hunden zu spielen, kann bedeuten, immer wieder umgeworfen zu werden, ins Wanken zu geraten oder auch einmal zu jaulen. Indem die Welpen hier lernen, dass unvorhergesehene Schmerzen und unbekannte Gesichter kein Weltuntergang sind, bereiten sie sich auf potenzielle Stressfaktoren ihres späteren Lebens vor. Und schließlich fand das Forschungsteam auch noch heraus, dass Spielen Hunden dabei hilft, im späteren Leben kooperative, nicht dominierende Beziehungen einzugehen – was für Rudeltiere, die einst zusammen lebten und jagten, unerlässlich ist.

Was uns das Spielverhalten von Hunden in jedem Fall verrät, ist, dass die Tiere zu komplexen emotionalen Gedanken in der Lage sind. Der Wissenschaftler Marc Bekoff sah sich Aufnahmen von spielenden Hunden an und schloss daraus, dass diese eine ganze Reihe von Emotionen zeigten, etwa Freude, Empörung, Schuld und Neid. Spielten beispielsweise mehrere Hunde im Park miteinander und einer biss im Spiel zu fest zu, ignorierten ihn die anderen teils für den Rest des Tages. Bekoff zufolge ist das als ganz grundlegende Form von Moral zu betrachten. Noch faszinierender ist, dass Hunde scheinbar etwas an den Tag legen, was die Wissenschaft als „Theory of Mind" (Theorie des Geistes) kennt: Die Fähigkeit zu verstehen, was ein anderes Lebewesen denkt.

Will ein Hund spielen, so Bekoff, versucht er zunächst, die Aufmerksamkeit eines anderen Hundes zu bekommen, zum Beispiel indem er ihn leicht kneift oder in sein Sichtfeld tritt. Der Hund versteht also, dass sein Artgenosse gerade nicht aufmerksam ist und ihn so lange nicht zum Spiel auffordern wird, bis er auf ihn aufmerksam wird. Das mag uns rudimentär erscheinen, doch die „Theory of Mind" bildet das Rückgrat jedes Mitgefühls und ist ein entscheidendes Kennzeichen menschlicher Intelligenz.

KATZENSPRÜNGE

Im Gegensatz zu Hunden ist bei Katzen meist noch etwas mehr von ihren Raubtier-Urinstinkten übriggeblieben. Und so ähnelt ihr Spiel auch stärker dem von Löwen, Tigern und anderen Großkatzen, die schon früh lernen müssen, wie man überlebt. Schon im Alter von rund einem Monat machen sich unsere Hauskatzen mit evolutionär tief verankerten Techniken vertraut. Sie kämpfen spielerisch gegen andere und lernen, wie man mit einem Satz Vögel oder Mäuse töten oder Fische angeln kann. Kleine Katzen beißen spielerisch in den Rücken ihrer Geschwister und ahmen damit das Töten von Nagetieren nach. Man nennt diese Balgereien, die bei Katzen mit rund zwölf Wochen ihren Höhepunkt erreichen, „soziales Spiel". Ihre Pfoten-Augen-Koordination trainieren Katzen, indem sie seitlich laufen, wegspringen oder ihren nichtsahnenden Geschwistern auflauern. Bei Menschen, die nur eine einzige Jungkatze bei sich aufnehmen, müssen oft Knöchel oder ahnungslose Hunde für diese spielerische Aggression herhalten.

Es dauert nicht lange, dann gehen Kätzchen zum Spiel mit Gegenständen über. Natürlich wäre es uns lieber, die Vierbeiner würden nur mit den Dingen spielen, die wir ihnen zu genau diesem Zweck kaufen – zum Beispiel Kunstfellmäuse und Kratzbäume. Doch auf viele Katzen üben auch Klopapier und Papiertücher eine nicht zu bändigende Faszination aus. Denn Katzenaugen halten stets nach plötzlichen Bewegungen Ausschau – egal, ob es sich dabei nun um eine flitzende Maus oder eine in Bewegung gesetzte Klopapierrolle handelt. Sind gerade weder Gegenstände noch Geschwister oder menschliche Knöchel zum Auflauern verfügbar, suchen die jungen Katzen nach Beschäftigungsmöglichkeiten mit sich selbst. Sie jagen zum Beispiel ihren Schwanz oder springen auf imaginäre Dinge. Wie die meisten anderen Säugetiere spielen auch Katzen im Erwachsenenalter weniger – aber ganz stellen sie das Spiel nicht ein. Selbst ausgewachsene Katzen drücken ihre Geschwister zu Boden, knabbern an deren Ohren oder jagen sich wie wild unter unserem Lieblingsmobiliar hindurch. Meist wechseln die Katzen dabei die Rolle des Aggressors (so lässt sich auch leicht feststellen, ob Katzen spielen oder tatsächlich ernsthaft kämpfen). Diese Art Spiel stärkt ihre soziale Beziehung, lässt sie überschüssige Energie loswerden und baut Stress ab.

Das Jagen von Nagetieren und Vögeln ist bei Katzen evolutionär verwurzelt. Über tausende von Jahren hinweg haben sich Katzen ihre Nähe zum Menschen zunutze gemacht und sich über die ganze Welt (mit Ausnahme der Antarktis) verteilt. Die Genforschung geht davon aus, dass Katzen erstmals vor rund 10.000 Jahren domestiziert wurden. Und zwar von Bauern, die es den Katzen hoch anrechneten, dass diese Jagd auf unerwünschte „Schädlinge" machten. Die alten Ägypter verehrten Katzen schon um 3.000 v. Chr. und mumifizierten sie teils so aufwendig wie sonst nur besonders wohlhabende Menschen. Im Mittelalter nahm man Katzen mit auf Segelschiffe, damit sie dort Nagerpopulationen im Zaum hielten – so erklärt sich unter anderem, wie Katzen ihren Weg in fast alle Gegenden der Welt fanden.

Vielen Menschen erscheint es wie eine besonders sadistische Form des Zeitvertreibs, wenn Katzen mit ihrer halbtoten Beute „spielen". Doch Katzen sind keine Hannibal Lecters auf vier Pfoten – sie müssen etwas üben, was sich schon sehr früh in ihrer evolutionären Entwicklung verankerte. Mäuse, Ratten und andere Nager verfügen über scharfe Zähne und setzen diese im Notfall auch ein. Und auch Vögel können mit ihrem spitzen Schnabel unschöne Verletzungen verursachen. Nun haben Katzen aber keine weit hervorstehende Nasen- und Mundpartie und so sind ihre Augen und ihr Gesicht Angriffen fast schutzlos ausgesetzt. Deshalb scheint es so, als würden Katzen mit ihrer Beute spielen, wo sie diese in Wahrheit doch ermüden – sie lassen eine Maus etwa zunächst ein Stück weit davonhinken, bevor sie sie mit den Krallen zurückziehen. Ist das Beutetier schließlich ausreichend ermattet, kann die Katze zum tödlichen Angriff per Biss ins Rückenmark ansetzen. Katzen empfinden bei ihrem „Beutespiel" also keine Erheiterung im menschlichen Sinne, sondern sie folgen schlichtweg ihrem Instinkt als Beutegreifer – so grausam uns das auch erscheinen mag.

VON AUSBRUCHS-KÜNSTLERN UND GAMERN

Ziegen sind äußerst neugierige Tiere, die von ihren wilden Vorfahren aus Südwestasien und Osteuropa abstammen. Heute werden Ziegen auf der ganzen Welt zur Gewinnung von Milch, Fleisch, Fell und Leder gezüchtet. Sperrt man sie nicht in einen kleinen Stall, grasen Ziegen genüsslich die Landschaft ab und lassen sich von ihrer Neugierde durch die Gegend leiten. Sie sind extrem intelligente und agile Tiere, was zur Folge hat, dass sie Ausbruchsmöglichkeiten aus ihren Gehegen schnell ausmachen und auch nutzen. Selbst ein hoher Zaun ist für manche Ziegen kein Hindernis. Ziegen schauen sich Tricks bei ihren Artgenossen ab, indem sie diese ganz genau beobachten. Das führt oft zu wahren Massenausbrüchen. Im August 2018 durchbrachen im amerikanischen Idaho über 100 Ziegen ihren Holzzaun und gingen stiften. Schließlich ist das Gras auf der anderen Seite immer grüner und so führten sich die Tiere genüsslich den wohlgepflegten Rasen der Nachbarschaft zu Gemüte.

Wenn Ziegen gerade nicht mit Ausbrechen beschäftigt sind, genießen sie auch die Gesellschaft von Menschen. Um das Herz einer Ziege zu gewinnen, genügt manchmal schon ein nettes Lächeln, wie eine Studie beweist. Das zuständige Forschungsteam fand mit Hilfe von 20 Ziegen heraus, dass die Tiere Menschen ganz ähnlich wie Hunde „lesen". Man legte den Ziegen Fotos von Menschen mit verschiedenen Gesichtsausdrücken vor. Manche lächelten, andere blickten mürrisch drein. Die überwältigende Mehrheit der Ziegen steuerte schnurstracks auf die lächelnden Gesichter zu und verbrachte bei ihnen rund 50 Prozent mehr Zeit. Dem leitenden Wissenschaftler zufolge sollten diese Ergebnisse die Art und Weise verändern, wie wir mit sogenannten Nutztieren interagieren. Denn die Fähigkeiten von Tieren, menschliche Emotionen wahrzunehmen, könnten wesentlich weiter verbreitet sein als bisher angenommen – und sich nicht nur auf sogenannte Haustiere beschränken.[58]

Auch Schweine zeigen uns immer wieder, wie intelligent und verspielt sie sind. In einem natürlichen Umfeld – also nicht in den dreckigen, dunklen Hallen der Massentierhaltung – sind Schweine soziale, interessierte und wehrhafte Tiere, die tiefe Beziehungen zueinander pflegen, Nester bauen, die Sonne genießen oder sich im Schlamm abkühlen. Wir wissen heute, dass Schweine träumen, ihren eigenen Namen kennen, Tricks wie „Sitz" lernen können und ein derart komplexes Sozialleben führen, wie es einst nur von Primaten bekannt war. Es gibt Aufzeichnungen darüber, dass Schweine Mitgefühl gegenüber Artgenossen zeigen, die entweder glücklich sind oder leiden. Manche Schweine schlafen sogar in regelrechten „Schweinehaufen" neben- und übereinander, ähnlich wie einige Hunde. Aber auch diese Vorlieben sind individuell – es gibt Schweine, die furchtbar gern kuscheln und andere, die ihre Freiräume brauchen.

Menschen, die Lebenshöfe für Tiere betreiben, wissen zu berichten, dass uns Schweine ähnlicher sind, als man glauben mag. Sie hören gern Musik, spielen mit Fußbällen und genießen eine gute Massage. Schweine können sogar Videospiele spielen. In einem Versuch jagten Schweine eifrig mit Schnauze und Joystick einen Ball über den Bildschirm. Sie verstanden schnell: Bringt man den Ball dazu, in die dunklen Ränder des Bildschirms, die mit der Zeit immer kleiner wurden, zu tollen, gewinnt man ein Leckerli. Doch natürlich kann man Schweine auch außerhalb eines Labors, in dem sie gefangen gehalten werden, tagein, tagaus beim Spielen beobachten.

RETTUNGSSCHWEINE

Schweine können wahre Lebensretter sein, auch für Menschen. Der Londoner *Daily Mirror* wusste etwa zu berichten: „Ein als Haustier gehaltenes Ferkel namens Pru heimste jede Menge Lob von seiner Halterin ein, nachdem es diese aus einem Sumpf befreit hatte." Prus Halterin war verzweifelt: „Als ich im Sumpf stecken blieb, geriet ich in Panik. Ich wusste nicht, was ich tun sollte, und ich glaube, Pru hat das gespürt. Ich hatte ein Seil dabei, das ich als Hundeleine nutzte. Ich legt es ihr an und rief ‚lauf nach Hause, lauf nach Hause' und sie lief los und zog mich langsam aus dem Matsch."[59]

Und dann wäre da noch Priscilla – ein Schwein, das einen Jungen vor dem Ertrinken rettete. Oder Spammy, die die Feuerwehr zu einem brennenden Stall führte, um ihren Freund Spot, ein Kalb, zu retten. Oder Lulu, die Hilfe holte, nachdem ihr Mensch nach einem Herzinfarkt zusammengebrochen war. Ein Schwein namens Tunia verjagte einen Eindringling. Und Mona hielt einen Verdächtigen so lange am Bein fest, bis die Polizei eintraf.

ELEFANTENSCHUMMELEI

Als im Jahr 1942 Japan in Burma einmarschierte, schloss sich ein Brite namens James Howard Williams der 14. Armee an, einer auf Guerilla-Taktiken spezialisierten Militäreinheit. Vom Feind umzingelt musste Williams' Kompanie einen zehrenden Marsch über mehrere Gebirgszüge antreten, um nach Indien zu entkommen. Dabei trafen sie auf einige Elefanten. Die Tiere waren zuvor für den Holztransport eingesetzt worden und mussten nun ihren Dienst zur Evakuierung Burmas antreten. Williams waren Elefanten vertraut, da er vor dem Krieg in der Forstarbeit tätig gewesen war. Nun, während der Rückzugsphase, dokumentierte er, auf welch beeindruckende Weise sich Elefanten neuen Situationen – selbst kriegerischen Auseinandersetzungen – anpassten. Die Tiere wurden unter Zwang von ihren Familien getrennt, aufs Grausamste geschlagen und mit anderen schrecklichen Methoden schnellstmöglich darauf trainiert, Holz zu schleppen. Denn dieses brauchte man, um an Orten Brücken zu bauen, die mit schwerem Gerät nicht zugänglich waren.

Dabei fiel Williams eine ganz besondere Eigenschaft der Elefanten auf: ihr Humor. Ein Elefant namens Bandoola führte seinen Elefantenführer regelrecht an der Nase herum. Wenn das Tier schwere Stämme an den Fluss rollen sollte, gab es manchmal vor, ihm ginge im letzten Moment die Kraft aus. Bandoola keuchte und tat so, als könnte er nur unter größter Anstrengung die letzten Zentimeter bis zum Wasser überwinden. Dabei wartete er nur darauf, dass sich der Elefantenführer ärgerte und beschwerte, und schubste die Stämme dann mühelos mit seinem Rüssel in den Fluss als handelte es sich um Streichhölzer. Alle, die diese Szenen beobachteten, schworen, sie hätten Bandoola schelmisch grinsen sehen.

Elefanten spielen aus allen möglichen Gründen und an allen möglichen Orten. Schlammbäder haben sie besonders gern. Kein Wunder, kann die unerbittliche afrikanische Sonne gepaart mit extremer Hitze und UV-Strahlung die Tiere doch schnell schwächen, wenn sie sich nicht abkühlen. Indem sie ihre Haut mit Schlamm bedecken, erschaffen sie eine Schutzschicht gegen die Sonne. Außerdem dient der Schlammpanzer als praktischer Insektenschutz. Elefantenmütter fordern ihre Kinder geradezu auf, sich im Schlamm zu suhlen – und diese nutzen gern die Gelegenheit, um zu balgen, miteinander herumzutollen und sich mit der kühlen Wonne einzureiben.

Doch auch zu frischerem Wasser sagen Elefanten kaum Nein. Zwar sind sie mit fast 6.000 Kilogramm die schwersten Landsäugetiere, aber selbst im Meer können sie tauchen und weite Strecken zurücklegen. Weil Elefanten an Land viele Kilometer pro Tag gehen, um nach Nahrung und Wasser zu suchen, sind auch die Muskeln, die sie zum Schwimmen brauchen, gut trainiert. Und aufgrund ihres Gewichts treiben sie auch dann noch oben, wenn sie aufhören zu

Zwar sind sie mit fast 6.000 Kilogramm die schwersten Landsäugetiere, aber selbst im Meer können sie tauchen und weite Strecken zurücklegen. Weil Elefanten an Land viele Kilometer pro Tag gehen, um nach Nahrung und Wasser zu suchen, sind auch die Muskeln, die sie zum Schwimmen brauchen, gut trainiert.

schwimmen. Afrikanische Elefanten wurden schon dabei beobachtet, wie sie knappe 50 Kilometer am Stück schwammen! Teile der Forschung glauben deshalb, die Vorfahren der in Sri Lanka lebenden Elefanten seien von der Südküste Indiens dorthin geschwommen. Um Wellen zu meiden, schwimmen Elefanten gern unter Wasser. Ihr Rüssel dient ihnen dabei als Schnorchel. Schon fünf bis sechs Monate alte Elefantenjunge steigen gern in die Fluten und spritzen sich so lange nass, bis sie völlig erschöpft sind. In Gefangenschaft bleiben diese Freuden und natürlichen Verhaltensweisen den Tieren jedoch verwehrt.

SPIELE ZU LUFT

Den meisten Menschen sind eher spielende Landsäugetiere bekannt. Doch auch in anderen Gefilden wird gespielt. Wir wissen aus dem vorherigen Kapitel bereits, dass Krähen Beerdigungen abhalten – aber in rosigeren Zeiten lassen es die Tiere auch gern mal krachen. Genau wie menschliche Kleinkinder im Spiel mit Bauklötzen lernen, Probleme zu lösen, und ihr räumliches Bewusstsein schulen, könnte auch das Spielverhalten von Krähen einen evolutionären Sinn verfolgen. Krähen sind dafür bekannt, Werkzeuge zu nutzen – sie angeln sich etwa Insekten mit gebogenen Ästchen oder zusammengefalteten Blattenden aus winzigen Spalten. Und zwischen diesem Werkzeugeinsatz und der Vorliebe für spielerisches Verhalten besteht möglicherweise ein Zusammenhang.

Denn nicht alle Werkzeuge, die Krähen einsetzen, erfüllen einen solch praktischen Nutzen wie bei der Insektenjagd. Auf YouTube finden sich unzählige Videos von Krähen, die zum Beispiel auf Plastikdeckeln wie auf einem Snowboard Dächer hinabrutschen. Hier setzen die Tiere den Deckel nicht etwa ein, um sich einer ahnungslosen Grille zu nähern oder ihre Energie für den nächsten Langstreckenflug zu sparen, nein: Am Ende des Dachs angekommen, schnappen sie sich den Deckel, fliegen wieder nach oben und wiederholen das Rutschspiel. Manche Krähen gleiten oder kugeln auch Dächer hinab, spielen Streiche oder werfen sich in starke Windböen und lassen sich dann wieder hinabgleiten.

Die Wissenschaft verwendet hierfür den Ausdruck „unrewarded object exploration" – also die Erkundung eines Gegenstandes, die in sich selbst unbelohnt bleibt. Im Grunde heißt das nichts anderes als: Die Krähen haben Spaß! Wenn ein Hund ein geworfenes Stöckchen wiederbringt, erwartet er ein Leckerli. Aber bei den snowboardenden Krähen fällt die Belohnung aus. Teils wurde spekuliert, die Krähen würden mit ihrem Verhalten ausprobieren, ob solch scheinbar nutzlose Gegenstände vielleicht doch für etwas Nützlicheres eingesetzt werden könnten, etwa als Werkzeug. Sechs Krähen bewiesen das Gegenteil. In einem Laborversuch durften die Tiere mit Spielzeugen wie Ästchen spielen. Danach brachte man ihnen bei, diese Spielzeuge für bestimmte Aufgaben zu nutzen, zum Beispiel, um Nahrung aus einer Röhre zu holen. Das Forschungsteam hatte erwartet, die Krähen würden anders mit ihrem Spielzeug umgehen, sobald sie den „eigentlichen" Sinn dahinter verstanden. Dem war aber nicht so. Obwohl die Vögel nun wussten, dass sie mit dem Ast an Nahrung gelangten, nutzen sie ihn dennoch auf gleiche Weise zum Spielen. Eine Studie aus dem Jahr 2018 zeigte, dass sich Krähen sogar selbst Werkzeuge bauten. Zum Beispiel setzten sie mehrere kurze Äste zu einem langen zusammen, um an Nahrung zu gelangen. „Diese Erkenntnis ist bemerkenswert, da die Krähen diese Kombinationen ohne jegliche Hilfe oder Training zusammenstellten; sie fanden es völlig allein heraus"[60], so Auguste von Bayern, Forscherin am Max-Planck-Institut für Ornithologie und der University of Oxford.

Silbermöwen kommen in Küstengebieten rund um den Globus vor und sind bekannt für ihr lautes Rufen. Die durch Senken und Heben des Kopfes verursachten Töne können alles Mögliche bedeuten, etwa eine drohende Gefahr oder die Bereitschaft zur Paarung. Die Tiere sind normalerweise weiß mit grauem Rücken, grauen Flügeln und schwarzen Flügelspitzen. Was ihren Speiseplan angeht, sind sie nicht besonders wählerisch – es findet sich darauf alles von Muscheln, Krabben und Seeigeln über Tintenfische, Fische und Insekten bis hin zu den Essensresten von Menschen. Wenn man oft mit dem Auto in Strandnähe unterwegs ist, kennt man das unangenehme Geräusch, wenn Autoreifen über eine Muschel rollen. Häufig kommen diese Situationen deshalb zustande, weil Möwen Muscheln und andere Weichtiere aus dem Wasser holen und sie dann auf einer harten Oberfläche zerschmettern, um an ihre kleine Zwischenmahlzeit zu gelangen. Für junge Möwen kann diese Aktivität jedoch auch zu einem beliebten Spiel werden. Besonders gewiefte Vertreter ihrer Art fangen teils die Muscheln ihrer Artgenossen ab, bevor diese am Boden zerschmettern, und spielen dann eine Art „Neckball". Besonders häufig tun sie das jedoch über weichem Untergrund, was darauf hindeutet, dass sich die Möwen ganz bewusst entscheiden zu spielen – und nicht zu essen. Außerdem übt das Spiel scheinbar bei starkem Wind einen besonderen Reiz aus, wenn die Herausforderung – und damit auch der Spaß – am größten ist.

EIN VOGEL IM KÄFIG

Vögel, die in Käfigen gefangen gehalten werden, haben es nicht leicht. Sie wurden entweder in Gefangenschaft gezüchtet oder in freier Wildbahn eingefangen (Vögel werden häufiger in die USA eingeschmuggelt als irgendein anderes Tier). Schmuggler verabreichen vielen Vögeln unter Zwang Nahrung, kappen ihre Flügel und kleben ihnen den Schnabel zu, bevor sie die Tiere in Transportbehälter pferchen – das kann übrigens alles Mögliche sein, vom Autoreifen bis hin zum normalen Handgepäck. Es ist nichts Außergewöhnliches, wenn 80 Prozent der Vögel einer Schmuggellieferung sterben. Doch auch in Gefangenschaft gezüchteten Vögeln ergeht es kaum besser. Weil sich Vögel über acht oder zehn Wochen im Zoohandel nur noch schlecht verkaufen, hält man diese Tiere oft für den Rest ihres Lebens als „Zuchttiere" in winzigen Käfigen.

So etwas wie einen „Käfigvogel" gibt es nicht. In Freiheit sind Vögel niemals alleine. Werden sie auch nur einen Moment lang von ihrer Schar getrennt, rufen sie verzweifelt nach ihren Artgenossen. Sie putzen sich gegenseitig, fliegen und spielen miteinander und teilen sich die Brutpflichten. Bei vielen Vogelarten bleiben zwei Tiere ein Leben lang zusammen und ziehen ihre Kinder gemeinsam groß. Doch leider werden den Tieren genau die Eigenschaften zum Verhängnis, die der Mensch besonders bewundernswert und faszinierend findet: ihre tollen Farben, ihre Fähigkeit zu sprechen, ihre Intelligenz, Verspieltheit und Loyalität. Aufgrund all dessen gehören Vögel heute zu den beliebtesten „Haustieren" – geschätzte 4 Millionen Vögel sitzen hierzulande in Käfigen und leiden häufig unter unzureichender Pflege, Langeweile und Einsamkeit.

EIGENSINNIGE WEICHTIERE

Kraken sind Weichtiere mit einem extrem beweglichen Körper, zwei Augen, einem Schnabel und acht Gliedmaßen, die „Arme" heißen. Man findet sie in allen Weltmeeren, von Korallenriffen über die Gezeitenbereiche bis hin zum tiefen Meeresboden. In ihrer Größe unterscheiden sich die einzelnen Arten teils enorm: Der Sternsaugnapf-Zwergkrake ist nicht einmal drei Zentimeter groß und wiegt gerade einmal ein Gramm; der Pazifische Riesenkrake hingegen kann, wie sein Name schon andeutet, bis zu 170 Kilogramm schwer werden und über kurze Distanzen 40 km/h schnell schwimmen.

Abseits dieser grundlegenden Fakten fällt es den meisten Menschen allerdings schwer, sich auf Kraken einen Reim zu machen. Selbst einer der Vorväter westlicher Philosophie, Aristoteles, äußerte sich abschätzig über die Weichtiere. In seiner Schrift *Historia Animalium* aus dem 4. Jahrhundert v. Chr. schreibt er, Kraken seien „eine dumme Kreatur", da diese sich der Hand eines Menschen im Wasser näherten. Er arbeitet die 300 Millionen Jahre alten Kopffüßer ohne große Begeisterung mit ein paar originellen Fakten hier und da ab.[61]

Wie falsch Aristoteles doch lag! Kraken sind extrem intelligent. Studien zeigen, wie gut die Tiere Labyrinthe überwinden, Werkzeuge nutzen, zwischen Formen und Mustern unterscheiden und durch Beobachtung lernen können. Der Krake *Amphioctopus marginatus* aus den tropischen Gewässern des Westpazifik verwandelt alte Kokosnussschalen in eine Art Schutzbehausung. Wenn sich das Tier über den Meeresboden bewegt, dient ihm die Schale als Schutzschild. Manche Krakenarten können sich Gesichter merken. Einige kommunizieren miteinander, indem sie spezielle Hautzellen aktivieren und so ihre Farbe oder Musterung ändern. Diese Fähigkeit kommt ihnen auch zugute, wenn sie sich zu Jagdzwecken oder als Selbstschutz Tarnfarben „anziehen".

Immer wieder liest man auch von Kraken, die ihrem Aquarium entkommen. Und einige Fischer wissen von Oktopussen zu berichten, die an Bord kommen, in den Frachtraum eindringen und Krabben essen. 2016 gelang es einem Kraken namens Inky, seinem Aquarium im neuseeländischen National Aquarium zu entkommen, über den Boden zu einem Abflussrohr zu kriechen, sich über 15 Meter durch eben dieses Rohr zu quetschen und so das Meer zu erreichen.

Wen sollte es da überraschen, dass auch Kraken gern spielen? Viele Tiere, besonders Wirbellose, zeigen kein Interesse an Dingen, die man nicht essen kann. Ganz anders Kraken. 2006 beobachtete ein Forschungsteam etwa einen Kraken dabei, wie er mit Legosteinen spielte, indem er sie zwischen seinen Armen hin und her warf. „Verfügen Kraken über die kognitive Komplexität, um Spielverhalten zeigen zu können?“, fragten die Forschenden. „Ja, das tun sie“, so ihre Antwort.[62]

Kraken haben ein Trichterorgan (eine röhrenförmige Öffnung) hinter dem Kopf, mit dem sie Wasser in hoher Geschwindigkeit ausstoßen können. Die Tiere nutzen ihren Trichter unter anderem, um Gegenstände hin und her zu pusten. Dieses Verhalten erinnert unweigerlich an ein Kind, das einen Ball immer wieder an einer Wand abprallen lässt.

Wir haben bereits festgestellt, dass es nahezu unmöglich ist, die relative Intelligenz von Tieren zu vergleichen. Ein solcher Vergleich würde auch gar keinen Sinn ergeben, sind unterschiedliche Tiere ganz einfach besser oder schlechter in völlig unterschiedlichen Dingen. Besonders aussichtslos erscheint eine Gegenüberstellung von Intelligenz jedoch bei Kraken. Denn während das Nervensystem aller Wirbeltiere im Grunde den gleichen Aufbau hat – ein zentralisiertes Gehirn geschützt von einem Schädel – kann man das von Kraken nicht gerade behaupten. Bei ihnen findet sich nur ein Teil des Nervensystems im Gehirn. Zwei Drittel ihrer Neuronen sitzen in Clustern aus miteinander verbundenen Nervenzellen, die man Ganglien nennt. Sie befinden sich in Körper und Armen. Das hält viele Restaurants nicht davon ab, den Tieren bei lebendigem Leib Stück für Stück genau diese Arme abzuhacken. Die Kraken müssen dann mit nur noch einem oder zwei Armen darauf warten, dass der nächste Gast seine Bestellung aufgibt.

Kraken haben von allen Wirbellosen das größte Gehirn im Verhältnis zu ihrem Körper. Teils übertreffen sie darin sogar Wirbeltiere. Bei der hohen Anzahl an Neuronen in ihren Armen ist es kein Wunder, dass Kraken eine wahrhaft erstaunliche Kontrolle über ihre kreisförmigen Saugnäpfe haben. Wenn wir unseren Daumen und unseren Zeigefinger zusammenführen, spricht man vom sogenannten Pinzettengriff. Dieser spielt eine entscheidende Rolle in der Fähigkeit des Menschen, mit unserer Umwelt zu interagieren – ohne ihn hätten wir uns wohl nicht zur dominierenden Spezies dieses Planeten entwickelt. Ein Krake kann die beiden Seiten all seiner Saugnäpfe so formen, dass sich einhundert einzelne Pinzettengriffe ergeben. Das macht die Tiere zu den wohl geschicktesten aller Meeresbewohner.

Und doch scheint uns das wahre Ausmaß der Intelligenz der Tiere nach wie vor verborgen zu bleiben. Ein Forschungspapier kommt zu folgendem Schluss: „Ein ausschlaggebendes Hindernis in der Erforschung der Lernfähigkeit von

Kraken stellt ihre relative Widerspenstigkeit als Versuchssubjekt dar."[63] Die Tiere machen Laborequipment kaputt, entkommen aus ihren Becken und weigern sich, stupide Tricks zu lernen – kurzum: sie lassen sich nicht gern aus ihrem Zuhause entführen, um dann von Menschen herumgeschubst zu werden.

KRAKENFAKTEN

1. *Kraken haben keine Tentakel.* Es kursieren viele Fehlinformationen über Kraken und diese ist eine der am weitesten verbreiteten. Kraken haben acht Arme, aber Arme sind noch lange keine Tentakel. Anatomisch gilt: Befinden sich an der gesamten Gliedmaße Saugnäpfe, spricht man von einem Arm; Tentakel haben Saugnäpfe nur am Ende – wie zum Beispiel bei Kalmaren und Sepien. In jedem Fall setzen Kraken ihre Arme vielfältig ein – man hat sogar schon Tiere dabei beobachtet, wie sie aus dem Wasser krochen und an der Küste entlangliefen.

2. *Kraken haben drei Herzen.* Ein Herz pumpt Blut durch den Körper, während die anderen beiden die Kiemen mit Blut versorgen. Bewegt sich ein Krake, ist das erste Herz solange deaktiviert. Deshalb ermüden die Tiere auch so schnell, was wiederum der Grund dafür ist, dass sie lieber auf dem Meeresboden entlanglaufen als zu schwimmen.

3. *Kraken machen sich aus dem Staub wie James Bond.* Unter der Verdauungsdrüse eines Kraken sitzt sein Tintensack, mit dem er ähnliche Tricks wie 007 erzeugen kann. Wo für letzteren sein Aston Martin mit Rauchbomben für Verwirrung sorgt, entrinnt der Krake Gefahren, indem er eine dunkle Tintenwolke gemischt mit Schleim ausstößt. Eine giftige Substanz namens Tyrosinase irritiert zudem die Augen des Feindes und macht ihn so kurzzeitig unschädlich.

4. *Kraken sind Blaublüter.* Viele Krakenarten leben in extrem tiefen Gewässern, wo die Temperaturen teils unter 0 °C fallen. Das Blut der meisten Tiere enthält Hämoglobin. Eine Komponente dieses Hämoglobins – eine eisenhaltige Verbindung namens Häm – verleiht unserem Blut (und dem anderer Tiere) seine charakteristische rote Farbe. Kraken hingegen haben auf Kupfer basierendes Blut. Dieses sorgt dafür, dass ihr Gewebe in kalter Umgebung wesentlich besser Sauerstoff absorbieren kann – und es färbt ihr Blut blau.

5. *Kraken sterben nach der Paarung.* Männliche Kraken platzieren während der Paarung ein Sperma-Paket in der Mantelhöhle des Weibchens – und zwar mit Hilfe eines speziellen Arms, dem Hectocotylus. Schon kurz danach durchlaufen die männlichen Tiere jedoch einen intensiven Alterungsprozess, den man

Seneszenz nennt: Ihre Zellen können sich nicht mehr teilen und wachsen. Ein paar Wochen später sind die Tiere tot. Die weiblichen Kraken hingegen haben alle Arme voll zu tun. Sie sichern zehntausende befruchtete Eier am Meeresgrund in Felsspalten und bewachen diese rund fünf Monate lang. Die künftigen Krakenmütter essen während dieser Zeit nicht einmal. Sie halten durch, bis ihre Babys zur Welt kommen und sterben dann. Manchmal zieht sich dieser Prozess allerdings länger als gewöhnlich hin: Ein Forschungsteam berichtete im Jahr 2014 von einem weiblichen Tiefsee-Oktopus, der seine Eier über einen Zeitraum von viereinhalb Jahren kontinuierlich bewachte, bevor die Jungtiere endlich schlüpften und die Mutter sterben konnte.

MODERNE DINOSAURIER

Krokodile sind die ultimativen Überlebenskünstler. Der Evolution vor rund 200 Millionen Jahren entsprungen, haben die Tiere bereits Dinosaurier um 65 Millionen Jahre überlebt. Und bis heute konnten alle 23 Spezies einer Ausrottung durch den Menschen entgehen. Das Wort „Krokodil" leitet sich aus dem Griechischen *ho krokódilos tou potamoú* ab und bedeutet „Echse des Flusses". Krokodile sind extrem widerstandsfähig: Selbst mit schweren Verletzungen schaffen sie es, jahrzehntelang zu überleben. Fehlende Gliedmaßen oder schwerwiegende Kieferverletzungen etwa sind nach Kämpfen um ihr Territorium keine Seltenheit. Die meisten Krokodile leben in Süßwassergewässern wie Flüssen, Seen und Feuchtgebieten. Das Leistenkrokodil hingegen – das größte Reptil der Erde – bevorzugt Brackwasser wie Sümpfe, Meeresarme und Lagunen. Die Größe ausgewachsener Krokodile variiert enorm: von 1,50 Meter Länge und knappen 20 Kilogramm Gewicht (Stumpfkrokodile) bis hin zu 7 Meter Länge und bis zu 1.000 Kilogramm (Leistenkrokodil). Im Gegensatz zu Haien, die Menschen im Wasser nur sehr selten angreifen, sind Nil- und Leistenkrokodile für hunderte tödliche Angriffe pro Jahr verantwortlich. Es gibt jedoch auch weniger gefährliche Arten. Spitzkrokodile etwa, die hauptsächlich in Zentral- und Südamerika vorkommen, sind eher scheu, und tödliche Angriffe deshalb eine Seltenheit.

Krokodile unterscheiden sich stark von anderen Tieren – biologisch betrachtet sind sie mit Dinosauriern näher verwandt als mit den meisten Reptilien. Vor diesem Hintergrund und angesichts ihrer rauen Schale würde man bei ihnen Spielverhalten vielleicht am wenigsten erwarten. Deshalb war der Zoologe Vladimir Dinets auch zunächst skeptisch, als er von einem Kubakrokodil im Zoo von Ohio hörte, das angeblich mit einem aufblasbaren Ball spielte. Doch nachdem er Krokodile in Freiheit wie auch in Gefangenschaft über 3.000 Stunden lang beobachtet hatte, konnte der Forscher nur zu dem

Schluss gelangen, dass Krokodile tatsächlich unterschiedliche Formen des Spielens zeigen.

Lokomotorisches Spiel bedeutet bei Tieren, dass sie einer spielerischen Aktivität nachgehen, die intensive Bewegung beinhaltet, z. B. Balgen oder Fangspiele. Bei Krokodilen – zu deren Ordnung die Echten Krokodile, Alligatoren und Gaviale gehören – konnte Dinets insbesondere Spiele im Wasser feststellen. Die Tiere „surfen“ beispielsweise auf Wellen oder rutschen matschige Abhänge hinab in Flüsse. Wie jedoch das Zoopersonal in Ohio bestätigen konnte, spielen Krokodile auch gern mit Gegenständen und knabbern zum Beispiel an ihren liebsten Holzspielzeugen. Und natürlich werfen sie ihre tote Beute teils schwungvoll in die Luft, bevor sie diese essen. Außerdem scheinen Krokodile besonders angetan von rosafarbenen Blumen, die sie sich mit Vorliebe bei Spaziergängen an Flussufern schnappen. Der Forscher Dinets konnte zudem dokumentieren, dass Krokodile, Alligatoren und Kaimane Fangen spielen, sich gegenseitig Huckepack tragen und spielerische Kämpfe bestreiten.

(ECHTES) KROKODIL ODER ALLIGATOR?

Wenn man gerade in die Augen eines 400-Kilo-schweren Reptils mit Schuppenpanzer und messerscharfen Zähnen blickt, ist es einem vermutlich egal, ob es sich um einen Alligator oder ein Echtes Krokodil handelt. Sollten Sie dennoch neugierig sein, hier die wichtigsten Unterschiede:

- Schnauze: Alligatoren haben eine breitere, u-förmige, Echte Krokodile eine eher spitze, v-förmige Schnauze.

- Kiefer: Alligatoren haben einen breiten Oberkiefer und einen schmaleren Unterkiefer, was bedeutet, dass man ihre Zähne bei geschlossenem Mund kaum sieht. Schließt hingegen ein Echtes Krokodil den Mund, ragen gleich mehrere Beißerchen über seine Lippen hinaus.

- Vorkommen: Es gibt nur noch zwei Arten von Alligatoren: Der größere ist der Mississippi-Alligator, der ausschließlich im Südosten der USA vorkommt; der kleinere und vom Aussterben bedrohte China-Alligator lebt im Osten Chinas. Überall sonst auf der Welt hat man es mit Echten Krokodilen zu tun.

- Geschwindigkeit: Muss man tatsächlich einmal vor einem Krokodil davonlaufen, hat man bei einem Echten Krokodil wohl bessere Chancen. Denn Alligatoren sind an Land kleiner, beweglicher und schneller. Begegnet man ihnen im Wasser, hat man vermutlich keine Chance: Schwimmend erreichen sie Geschwindigkeiten von bis zu 30 km/h!

Warum spielen Tiere? Spielen sie, um sich die nötigen Überlebensfähigkeiten anzueignen? Spielen sie, um besser jagen zu können? Spielen sie, um in der sozialen Hierarchie aufzusteigen? Oder spielen sie womöglich doch nur aus Spaß?

Wir wissen es nicht. Sicher lernen einige Tiere beim Spielen Dinge, die sie in ihrem zukünftigen Leben brauchen. Doch einige spielen scheinbar auf eine Art und Weise, die alle Grundlagen der Evolution infrage stellt. Welcher evolutionäre Sinn könnte sich schon hinter rutschenden Krähen, balgenden Erdmännchen oder Fangen spielenden Gorillas verbergen? Womöglich haben es die Tiere dieser Erde einfach *trotz* ihrer Leidenschaft für solch „nutzlose Beschäftigungen" geschafft, sich weiterzuentwickeln und zu überleben. Womöglich hat das Spielen bei einigen nichts mit Überleben, sozialen oder irgendwelchen anderen Fähigkeiten zu tun. Womöglich ist der Drang, Spaß zu haben, in den tiefsten Tiefen unseres Gehirns verankert, die wir selbst mit dem winzigsten Insekt und dem riesigsten Beutegreifer gemein haben.

Wie der berühmte Naturforscher John Muir einst sagte: „Es besteht kein Zweifel daran, dass alle Gotteskinder, egal wie ernsthaft oder wild, groß oder klein, gern spielen. Wale und Elefanten, tanzende, summende Mücken und unsichtbar kleine, schelmische Mikroben, der Geist Gottes fließt durch sie alle hindurch und lässt sie Freude in sich tragen."[64]

» TEIL II:

WAS HAT DAS MIT UNS ZU TUN?

Eines wurde im ersten Kapitel dieses Buches klar: Wir haben in den vergangenen Jahrzehnten unglaublich viel über all die Tiere, mit denen wir uns die Erde teilen, gelernt. Auch klar ist aber: Vieles über ihre beeindruckenden Fähigkeiten, ihre einzigartigen Talente und ihr faszinierendes Leben wissen wir noch immer nicht. Während weiter geforscht wird, haben sich jedoch glücklicherweise viele kluge Menschen neue Mittel und Wege ausgedacht, wie wir unser Leben gestalten können, ohne dass dafür Tiere leiden. In Wissenschaft, Technik, Medizin und Produktherstellung sorgen unzählige Neuentwicklungen dafür, dass wir heute Zugang zu tierleidfreier Kleidung, Forschung, Nahrung und Unterhaltung haben. Vieles haben wir schon geschafft, aber die Mittel sind bei weitem nicht ausgeschöpft. Auch in Zukunft erwarten uns und all die anderen Tiere neue, beeindruckende Innovationen.

Im folgenden Kapitel werfen wir einen Blick darauf, auf welche Weise Tiere in vier ganz bestimmten Bereichen des menschlichen Lebens ausgebeutet werden: in der Wissenschaft, der Bekleidungsindustrie, der Unterhaltungsbranche und der Nahrungsmittelindustrie. Und wir zeigen auf, wie der Mensch gelernt hat, humane Methoden zur Förderung unserer Interessen zu finden. Es genügt ein Blick in die wissenschaftliche Forschung: Vor 40 Jahren hat man für einen normalen Schwangerschaftstest eine Urinprobe ins Labor geschickt, diese dann einem Frosch, einem Kaninchen oder einer Maus injiziert und abgewartet, ob das Tier starb. Heute geht man einfach in die Apotheke und weiß schon kurze Zeit später, ob man ein neues Familienmitglied erwartet. Vor 40 Jahren gab es bloß eine Handvoll Kosmetikfirmen weltweit, die neue Produkte *nicht* in die Augen eines Kaninchens schmierten. Oder es auf die rasierte Haut eines Tieres auftrugen. Oder es ihm in den Rachen zwangen. Heute führen nur noch wenige Kosmetikfirmen Tierversuche durch. In Europa und weiten Teilen Asiens sind Tierversuche für Kosmetika sogar illegal. Auch enthalten viele Produkte mittlerweile keine tierischen Bestandteile wie Nerzöl, Moschus oder Plazenta mehr.

Noch vor zwei Generationen quälte man Schweine mit einem Schneidbrenner, um die Behandlung von Brandwunden zu studieren. Heute können Ärztinnen und Ärzte morgens geklonte Menschenhaut bestellen, sie per Luftkurier zu sich ins Krankenhaus bringen lassen und sie nachmittags einem Patienten transplantieren. In den 1990ern injizierte man hunderten Schimpansen das Virus, das AIDS verursacht, und hoffte so, die Krankheit in Tieren abbilden zu können. Heute verfügen wir über eine ganze Reihe an HIV- und AIDS-Medikamenten, die von einem Hochleistungscomputer entwickelt wurden. Wo diese Forschung also früher geprägt war von Bildern wie dem eines Schimpansen, der seinen Kopf immer wieder gegen die Käfigwand schlägt, braucht es heute nur die richtige Technik. Zum Glück haben wir heutzutage auch synthetische Impfstoffe an Stelle der tierbasierten, die unweigerlich mit diversen Nebenwirkungen und Todesfällen in Verbindung standen. Die Liste der Entwicklungen ist lang. Doch auch das, was noch vor uns liegt, wird nicht nur das Leben von Tieren, sondern auch das von Menschen um ein Vielfaches verbessern – von Exoskeletten, dank derer Menschen mit Behinderung wieder gehen können, bis hin zu im Labor gezüchteten Organen für die Forschung.

In *Vom Winde verweht* schneidert sich Scarlett O'Hara ein Kleid aus Vorhängen. So war es früher in vielen Haushalten: Man musste mit dem zurechtkommen, was da war, und es gab noch keine breite Auswahl an unterschiedlichsten Materialien. Die vermeintlich hochwertigsten Optionen, wie etwa Pelzmäntel, kosteten mehr, als die meisten Menschen in einem ganzen Jahr verdienten. Dabei war Pelz zwar in Mode, aber praktisch war er nie: Sobald es anfing zu regnen, trug man einen durchweichten, müffelnden Teppich. Doch warme synthetische Materialien waren kaum verfügbar – Dinge wie Kunstpelz, Fleece oder gar veganes Leder kannte man nicht. Heute quellen die Geschäfte förmlich über vor tierfreien Optionen und immer mehr junge Designer nutzen innovative Materialien, für die keinem Tier ein Haar gekrümmt wird.

Die Unterhaltungsbranche hat sich ebenfalls weiterentwickelt. Viele Jahre lang ging es nur darum, wie der Mensch Spaß haben konnte. Tiere wurden völlig außer Acht gelassen. Zu Zeiten, in denen Videospiele pure Fiktion waren, reisten Zirkusse von Stadt zu Stadt und belustigten Kinder mit „wilden Tieren". Die Elefanten und Tiger, die in den Zirkuswagen eingesperrt waren, hatten jede Hoffnung verloren und taten, wie ihnen der Mann mit der Peitsche befahl. Heute genügt ein Klick und Kinder können Tieren beim Spiel in ihrem natürlichen Lebensraum zusehen. Das ist um Längen besser, als Tiere zu begaffen, die mit absurdem Kopfschmuck auf Bällen balancieren. Virtual-Reality-Geräte lassen uns Bären und Panther aus nächster Nähe bestaunen. Wir können sogar mitkommen in ihre Höhlen, ohne die Tiere dabei auch nur im Geringsten zu stören. Auch in Filmen sieht man heute nur noch selten echte Tiere, welche früher häufig schweren Schaden nahmen oder gar umkamen. Computeranimierte Tiere leiden nicht, sie tun genau das, was man ihnen befielt – und man muss noch nicht einmal ihre Hinterlassenschaften wegräumen.

Und schließlich wären wir in der Nahrungsmittelindustrie angelangt. Wir erinnern uns an Zeiten, in denen war Mann nur ein Mann, wenn ihm Frau ein ordentliches Steak vorsetzte. Das klingt heute eher nach Satire als nach Realität. Weite Teile des globalen Westens aßen vornehmlich Fleisch, Eier, Fleisch, Milch, nochmals Fleisch und die eine oder andere Kartoffel. Im Hier und Jetzt sind sich die meisten Menschen ihrer Gesundheit zu bewusst, als dass ihre Ernährung fast vollständig aus toten Tieren bestehen könnte. Sie wissen außerdem viel mehr über Umweltproblematiken wie die schädlichen Auswirkungen der tierischen Landwirtschaft auf unsere Gewässer und Wälder. Und nicht zuletzt sind auch die grauenhaften Bedingungen von Massentierhaltung und Tiertransporten hinreichend bekannt.

Wo man früher mit viel Glück eine einzige Sorte seltsam schmeckender Sojamilch in einem Spezialgeschäft fand, bieten Supermärkte heute eine reiche Auswahl an Soja-, Mandel-, Kokos-, Hafer-, Hanf-, oder Haselnussdrinks. Auch bei Obst und Gemüse haben wir Zugriff auf alles, was man sich nur erträumen mag – von A wie Apfel bis Z wie Zucchini. Buchläden sind voll von veganen Kochbüchern und die Autorenschaft reicht von Köchen über Promis bis hin zu Sportprofis.

Wahrscheinlich müssen wir auch nicht mehr allzu lange auf wahrhaft „tierfreundliches Fleisch" warten, das im Labor aus tierischen Zellen gezüchtet wird. Das „Laborfleisch" würde nicht nur Schlachthäuser restlos überflüssig machen, sondern aufgrund seiner Herstellungsweise auch keine gefährlichen Bakterien wie *E. coli* beherbergen und noch dazu Wasser sparen. Alle möglichen Fleischalternativen – von pflanzlichen Shrimps bis hin zu tierleidfreien Würstchen oder Schnitzeln – finden sich bereits im Handel und machen sogar Opa Herbert glauben, alles sei genau wie immer. Dabei ist nichts wie immer – denn vor uns liegt eine neue Ära des tierleidfreien Lebens.

Man stelle sich eine Welt vor, in der kein einziges Tier mehr misshandelt wird – welch eine schöne neue Welt!

» FORSCHUNG

> *Keine Wissenschaft ist wertvoller als unsere eigene Integrität und ethische Kohärenz. Und unser Umgang mit Tieren ist ein Spiegelbild unserer Werte gegenüber dem Leben und einander.*
>
> – John P. Gluck, Ph.D., Emeritierter Professor für Psychologie, University of New Mexico

---

Einer Ratte namens Ratsky ist es zu verdanken, dass die medizinische Ausbildung in den USA und Kanada eine neue Richtung einschlug. Neben Ratsky war außerdem Dr. Neal Barnard involviert – seinerseits Gründer des Ärztekomitees Physicians Committee for Responsible Medicine (PCRM) und Autor der Bücher *Your Body in Balance* und *Raus aus der Käsefalle*.

Schon auf dem College interessierte sich Neal Barnard dafür, wie der menschliche Geist funktioniert. Deshalb entschied er sich, einen Kurs in Psychologie zu besuchen. Was ihm vorher jedoch nicht klar war: Als Teil des Kurses wurden Ratten in kleine Boxen gesperrt und bekamen über einen längeren Zeitraum nichts zu essen und zu trinken. So wollte man die Tiere zu verschiedenen Aktionen zwingen, die sich die Experimentierenden ausgedacht hatten, etwa die Betätigung eines Hebels. Eines Tages führte Barnard einen Versuch durch, in dem er einer Ratte Löcher in den Schädel bohren und Elektroden in ihr Gehirn einführen musste. Um den Schädel zu fixieren, wurden die Ratten in eine stereotaktische Vorrichtung gesperrt, in denen sie durch Stäbe in den Ohren bewegungsunfähig waren. Als Barnards Professor vorbeilief, sagte er, die Vorrichtung sitze etwas zu locker. Doch als Barnard sie fester drehte, fühlte er, wie er das Trommelfell des Tieres durchstieß. Er informierte sofort seinen Professor, doch dieser erwiderte bloß: „Na ja, ich schätze, dann wird er ab jetzt nicht mehr jeden Morgen seine Lieblingsmusik hören können.“[65]

Barnard war schockiert. Der Professor war ihm wie ein netter Mann vorgekommen, doch „diese herzlose Aussage, die Gleichgültigkeit gegenüber dem Leid von Tieren, das war etwas ganz anderes“. Tief betroffen von dieser Einstellung nahm Barnard eine der todgeweihten Ratten, ein weibliches Tier, mit nach Hause. Mit der Zeit erkannte er, dass in dem kleinen Körper ein fühlendes Lebewesen wohnte, das Schmerz fürchtete, Beziehungen zu anderen aufbaute und diverse Emotionen zeigte. Er nannte sie Ratsky.

Zunächst lebte Ratsky ein paar Monate lang in einem Käfig in Barnards Schlafzimmer. Innerhalb dieses Käfigs tat sie ungefähr das, was Barnard von einer Ratte erwartete. Doch als er anfing, die Käfigtür offen zu lassen, so dass Ratsky herumspazieren konnte, begann eine neue Phase. Ein paar Tage lang schnupperte Ratsky nur vorsichtig an der Tür. Aber dann begann sie, die Welt außerhalb der Gitterstäbe zu erkunden. „Während sie (unter meiner Aufsicht) die Wohnung erkundete, wurde sie immer zutraulicher. Wenn ich auf dem Rücken lag und las, kam sie her und stellte sich auf meine Brust", erinnert sich Barnard. „Sie wartete darauf, gestreichelt zu werden. Und wenn ich ihr nicht genügend Aufmerksamkeit zollte, kniff sie mir leicht in die Nase und rannte davon. Ich wusste, dass sie meine Haut mit ihren scharfen Zähnen leicht hätte durchschneiden können, doch sie war im Spiel immer sehr vorsichtig."[66]

Während seines Medizinstudiums sollte Barnard dann an einer Übung teilnehmen, in der Hunden Herzmedikamente für Menschen verabreicht wurden. Alle involvierten Hunde sollten am Ende der Übung getötet werden. Er weigerte sich. Nicht nur aufgrund der Tierquälerei, sondern auch, weil er der Ansicht war, die Studierenden könnten das Konzept der Pharmakologie hinreichend auch ohne die Tötung eines Hundes begreifen. Anstatt der Übung reichten Barnard und ein Gleichgesinnter eine Arbeit über die zu erwartenden physiologischen Auswirkungen der Medikamente ein – und bestanden den Kurs.

Jahre später gründete Barnard das PCRM, dessen erstes Ziel es wurde, den Einsatz von Tieren in der medizinischen Ausbildung zu beenden. Das Komitee stellte Informationen für Fakultäten und Studierende zusammen und zeigte Alternativen auf. „In einigen Fällen", so Barnard, „war es recht einfach, in anderen waren wir chancenlos". Manche Einrichtungen stimmten den Vorschlägen schnell zu, andere weigerten sich bis aufs Blut. Doch am Ende setzte sich das PCRM durch: Heute nutzt keine einzige medizinische Fakultät in den USA und Kanada mehr Tiere in der Ausbildung.

Die Erfahrung, die Dr. Barnard in seiner Ausbildung machen musste, war jedoch keine Ausnahme. Seit die Menschheit die Medizin entdeckt hat, wurden Versuche an Tieren durchgeführt. Im alten Griechenland sezierten Ärzte Tiere zum Studium der Anatomie – teils, weil Tiere leicht verfügbar waren, teils aber auch, weil menschliche Autopsien mit einem gewissen Tabu besetzt waren. Tiere wurden nicht nur zur Ausbildung von Ärzten eingesetzt, sondern auch in unzähligen anderen medizinischen Prozeduren gequält. Heute verlieren Tierversuche im medizinischen Bereich dank neuartiger Methoden und innovativer Technologien immer mehr an Bedeutung. Denn tierfreie Methoden sind nicht nur schneller und günstiger, sondern auch akkurater. Francis Collins, Direktor des US-amerikanischen National Institutes of Health, geht davon aus, dass schon in rund zehn Jahren gar keine Tiere mehr in der Forschung eingesetzt werden.

Trotz dieser guten Aussichten kommen noch immer einige scheinbar völlig aus der Zeit gefallene Methoden zum Einsatz. Millionen Tiere – zumeist Mäuse und Ratten, aber auch Kaninchen, Affen, Katzen, Hunde, Vögel, Fische, Pferde, Schafe, Reptilien und Kraken – werden zur Erforschung von giftigen Chemikalien, Medikamenten und Krankheiten gequält und getötet. Hier einige Beispiele:

- Im April 2018 rollten vier im Außengehege einer Forschungseinrichtung im amerikanischen San Antonio gehaltene Paviane ein 200-Liter-Fass an den Rand ihres Pferchs und kletterten wie mit einer Leiter ins Freie. Dann taten sie, was jeder von uns tun würde, wenn unser Leben aus endlosen Versuchen bestünde: Sie rannten um ihr Leben. Rund 1.100 Paviane werden in der Einrichtung gefangen gehalten. Die dortigen Verantwortlichen mussten bereits mehrfach Geldstrafen zahlen, weil Tiere in ihrer Obhut aufgrund von Vernachlässigung zu Schaden kamen oder sogar starben. Zusätzlich gehört dem Unternehmen noch ein Labor für biologische Gefahrenstoffe, in dem fast 3.000 Primaten mit ansteckenden Krankheiten infiziert werden, für die es keine Behandlung oder Heilmethode gibt. Während die wissenschaftlichen Angestellten die beste Schutzausrüstung tragen, bekommen die Affen die volle Wucht der tödlichen Viren ab. Über 3.000 nicht-menschliche Primaten werden allein in Deutschland jährlich zu Forschungszwecken genutzt. Die meisten von ihnen siechen in kahlen Käfigen in einem tristen Labor dahin.

- Jahrzehntelang wurden an der Texas A&M University Versuche an Hunden durchgeführt, die man gezielt darauf gezüchtet hatte, eine Form der Muskeldystrophie (MD) zu entwickeln. Anhand der kranken Hunde wollte man erfahren, wie man der Krankheit beim Menschen entgegenwirken könne. Die betreffenden Hunde konnten nicht laufen und waren kaum mehr in der Lage zu essen. Trotz all dieser grausamen Versuche gibt es bis heute keine Möglichkeit, die Krankheit – bei egal welcher Spezies – zu heilen. Es ist mittlerweile klar, dass Hunde als Modell für menschliche MD völlig fehl am Platz sind. Doch nicht nur in diesem Bereich sollte endlich ein Umdenken stattfinden: Im ganzen Land müssen Hunde für Versuche mit Pestiziden und anderen Chemikalien herhalten, die von staatlicher Seite verlangt werden. Die giftigen Substanzen werden den Hunden in solchen Experimenten meist entweder injiziert oder unter Zwang verabreicht. Über 3.500 Hunde litten so allein im Jahr 2019 in Deutschland in Versuchen.

- Eine Maus empfindet genauso Schmerzen wie ein Hund. Das hinderte Forscher der University of Pittsburgh jedoch nicht daran, die Gedärme von Mäusen zu punktieren, damit Kot und Bakterien in den Körper gelangen konnten und die Mäuse eine Blutvergiftung erlitten – eine lebensbedrohliche Reaktion auf eine Infektion. Und genau diese Reaktion wollte man studieren – obwohl in der Wissenschaft hinreichend bekannt ist, dass sie bei Mäusen anders ausgeprägt ist als bei Menschen. Trotz allem waren diese Tiere bis zu ihrem Tod unsagbarem Leid ausgesetzt. Jedes Jahr werden – in Deutschland und den USA – viele Millionen Mäuse zu Forschungszwecken missbraucht.

Die Vivisektion – also der Eingriff am lebenden Tier – hat in der öffentlichen Meinung in den letzten Jahren stark an Zustimmung verloren. Und doch werden gleichzeitig mehr Tiere denn je zu Forschungszwecken genutzt. Eine im Jahr 2015 in der Fachzeitschrift *Journal of Medical Ethics* veröffentlichte Analyse zeigte, dass die Anzahl der Tiere in staatlich geförderten Forschungseinrichtungen in den USA innerhalb eines Zeitraums von 15 Jahren um fast 73 Prozent gestiegen ist.

Nun mögen Sie denken: Nun ja, natürlich müssen wir keine Tiere essen, als Kleidung tragen oder im Zirkus einsperren. Aber brauchen wir Tiere in der Wissenschaft nicht einfach, um Krankheiten heilen und Leben retten zu können? Glücklicherweise lautet die Antwort: Nein!

WIE ALLES BEGANN

Seit den Anfängen der westlichen Medizin im alten Ägypten um 3.000 v. Chr. hat der Mensch lebende Tiere seziert, verletzt und zur Durchführung von Operationen genutzt. So wollte man die Anatomie und Physiologie von Tieren besser verstehen lernen und damit auch all jene Krankheiten, die Mensch und Tier gleichermaßen befallen. Die frühen Wissenschaftler legten Tiere unters Messer, weil es damals als Tabu galt, menschliche Leichen (und natürlich auch lebende Menschen) zu sezieren.

Zu den Verfechtern der Vivisektion gehörten auch die ganz großen Denker im alten Griechenland und Rom, z. B. Aristoteles und insbesondere Galenos von Pergamon. Letzterer erschuf auf Grundlage von Tierversuchen ein umfassendes Werk medizinischen Wissens, das über mehr als 1.000 Jahre hinweg gültig blieb. Einige der Inhalte waren wahr, andere falsch. Soweit heute bekannt, hinterfragten nur wenige, ob es moralisch zu rechtfertigen sei, Tieren im Namen der Wissenschaft Leid zuzufügen. Wie bereits in Teil I angesprochen, glaubten viele Gesellschaften früher an eine fixe Hierarchie der Natur: Der Mensch stand ganz oben – unter Gott bzw. den Göttern – und ganz unten kamen die Tiere. Im Christentum erfuhr dieser Gedanke neuen Aufwind, da der biblischen Lehre zufolge Tiere dem Menschen zu dienen hatten. Nach dem Fall des Römischen Reiches verdrängten Religion und Aberglaube die wissenschaftliche Forschung und so verloren auch Tierversuche an Bedeutung. Das blieb auch so, bis die Forschung an Tieren mit der Entwicklung der wissenschaftlichen Methode wieder auferstand. Die wissenschaftliche Methode bezeichnet einen standardisierten Prozess, in dem beobachtet, gemessen, experimentiert und eine Hypothese aufgestellt wird.

Die Wissenschaftstheoretiker der Aufklärung, etwa der Brite Francis Bacon und der Franzose René Descartes, erklärten Vivisektion für ethisch akzeptabel. Descartes ging sogar noch einen Schritt weiter: Für ihn waren Tiere wie Uhren – nichts als Maschinen. Seine Verachtung für Tiere war legendär. Er soll den Hund seiner Frau bei lebendigem Leib an eine Wand genagelt und aufgeschlitzt haben, um sich die Organe des Tieres anzusehen. Andere Denker gestanden Tieren ein gewisses Schmerzempfinden zu. Doch wie es der niederländische Philosoph Baruch Spinoza in seinem berühmten Werk *Ethik* ausdrückte, solle der Mensch keine Skrupel haben „sie wie es uns beliebt zu nutzen und sie so zu behandeln, wie es für uns am besten ist. Denn ihre Natur ist nicht wie die unsere“[67].

Echte Ergebnisse lieferten Tierversuche lange Zeit nicht. Erst im 17. Jahrhundert veröffentlichte der englische Arzt (und Leibarzt der Könige Jakob I. und Karl I.) William Harvey eine ausführliche Beschreibung des Blutkreislaufs und der Herzfunktionen, welche in Teilen auf Tierstudien beruhte. Darin widerlegte er viele von Galenos' Ideen. Im 18. Jahrhundert eröffneten in Frankreich die ersten modernen medizinischen Hochschulen und Tierversuche wurden Teil des Lehrplans. Noch schlimmer wurde die Lage im 19. Jahrhundert, als der französische Forscher Claude Bernard – der „Vater der Physiologie“ – schrieb: „Versuche an Tieren sind zur Erforschung der Toxikologie und Hygiene des Menschen absolut aussagekräftig. Die Wirkung dieser Substanzen ist beim Menschen und beim Tier gleich, Unterschiede nur gradueller Natur.“[68]

Ende des 19. Jahrhunderts infizierte der Entdecker des Tollwut-Impfstoffes, Louis Pasteur, hunderte Tierarten, um den seinerzeit revolutionären Gedanken nachzuweisen, dass Keime Krankheiten verursachen. Sein Erfolg hatte das Leid unendlich vieler Tiere in anderen Forschungsbereichen zur Folge – beispielsweise Primaten, die zu tausenden während der Entwicklung des ersten (desaströsen) Polio-Impfstoffes getötet wurden.

Doch es gab Ausnahmen. Einige Wissenschaftler des 19. Jahrhunderts, darunter Tierfreund Charles Darwin und Physiker Joseph Lister (Begründer der sterilen Operation), waren der Ansicht, Tierversuche sollten in der Forschung nur wo absolut notwendig eingesetzt und die Tieren zugefügten Schmerzen soweit möglich minimiert werden.

DIE ANTI-VIVISEKTIONS-BEWEGUNG

Solange Vivisektion betrieben wurde, gab es auch Menschen, die dagegen ankämpften. Doch es brauchte ganze Jahrhunderte, bis ein organisierter Widerstand aufkam – obwohl die Versuche währenddessen immer grausamer und immer bekannter wurden. Der Physiker Robert Boyle beispielsweise forschte im 17. Jahrhundert zum Thema Atmung und führte dafür wiederholt das sogenannte Experiment 41 durch. Dabei wurde ein Vogel, eine Maus oder eine Schnecke in eine Kammer gesperrt und die Luft nach und nach abgepumpt. Die Öffentlichkeit konnte dabei zusehen, wie das Tier anfing zu krampfen und dann tot umfiel. Im 19. Jahrhundert schockierte der französische Physiologe François Magendie die Öffentlichkeit mit seinen sadistischen Wissenschaftsvorführungen: Unter anderem sezierte er das Gesicht eines lebenden, auf einem Brett fixierten Hundes oder kappte Nerven im Gehirn lebender Kaninchen.

Claude Bernard war berühmt-berüchtigt für seine Wärmeversuche: Er erhitzte lebende Tiere in Öfen, um zu studieren, wie der Körper seine Kerntemperatur erhält. Seine Frau ließ sich deshalb von ihm scheiden. Doch seine extremen Versuche hatten auch zur Folge, dass viele öffentliche Persönlichkeiten auf das Thema aufmerksam wurden. So auch Königin Victoria, deren ablehnende Haltung gegenüber der Vivisektion diese zu einem der besonders leidenschaftlich diskutierten Themen ihrer Zeit machte. 1835 verabschiedete das britische Parlament ein Tierschutzgesetz, das ursprünglich die Bärenhatz sowie Hahnenkämpfe verhindern sollte. Doch im Jahr 1876 wurde das Gesetz dahingehend geändert, dass es auch die Nutzung von Tieren zu wissenschaftlichen Zwecken regelte. Es war damit das erste Gesetz seiner Art weltweit und legte unter anderem fest, dass Vivisektionseinrichtungen eine Lizenz brauchten. Außerdem setzte es gewisse Grenzen, was den Inhalt der Versuche betraf. Ein Jahr zuvor hatte die irische Frauenrechtlerin Frances Power Cobbe eine Gesellschaft zum Schutz sogenannter Versuchstiere gegründet – die erste Tierschutzorganisation überhaupt, die alle Experimente an Tieren abschaffen wollte. Auch in den USA mehrte sich der Widerstand gegen Tierversuche und so wurde im Jahr 1883 die American Anti-Vivisection Society (AAVS) gegründet.

Der Einsatz der Anästhesie in Operationen am Menschen verhalf der Vivisektion ab 1846 jedoch zu erneutem Interesse. Wissenschaftler sahen nun, da man Tiere während der Versuche betäuben konnte, keine Grenzen mehr. In den 1920ern hatte die Anti-Vivisektionsbewegung weitestgehend an Zustimmung eingebüßt.

VIVISEKTION WIRD GESETZ

So wurde die Vivisektion also erneut zur Standardpraxis. Umfragen aus der Zeit zeigen, dass etwa in Amerika die überwiegende Mehrheit der Menschen Tierversuche befürwortete. Einer der Gründe lag wohl darin, dass ab 1900 Mäuse und andere kleine Nagetiere gezielt zu Versuchszwecken gezüchtet wurden. Sie galten damit nicht mehr nur als Ungeziefer, sondern auch als eine Art austauschbare Ware.

Wo vormals Tierversuche bloß *erlaubt* waren, wurden sie nun mehr und mehr von staatlicher Seite *gefordert*. In den USA setzte dieser Prozess im Jahr 1937 ein, als ein Pharmaunternehmen ein Elixier aus einem Lösungsmittel namens Diethylenglykol (DEG) auf den Markt brachte. Was den Chemikern des Unternehmens scheinbar entgangen war: DEG ist hochgradig giftig. Nachdem über 100 Menschen gestorben waren, verabschiedete der Kongress 1938 ein Gesetz, das von der zuständigen Behörde für Lebensmittel und Medikamente überwacht werden sollte. Dieses Gesetz war das erste Gesetz überhaupt, das Sicherheitstests für Produkte verlangte. Es legte fest, dass Medikamente und Industriechemikalien zuerst an Tieren getestet werden mussten, bevor sie an Menschen verkauft werden durften. Im Laufe der Zeit sollte sich herausstellen, dass dies den Menschen lediglich ein trügerisches Sicherheitsgefühl bieten konnte.

Heute sind Tierversuche für Kosmetika in den USA zwar nicht mehr erforderlich, aber die zuständige Behörde akzeptiert für die Produktzulassung noch immer Testreihen an Tieren. In China sind Tierversuche für Kosmetika noch vorgeschrieben, während das in der EU und vielen anderen Ländern nicht mehr der Fall ist.

Studien an Tieren sind heute Voraussetzung für klinische Testreihen mit Medikamenten. So soll einerseits sichergestellt werden, dass neue Medikamente und Behandlungsmethoden sicher und wirksam sind. Andererseits soll festgestellt werden, welche chemischen Substanzen für welche Tierart giftig sind. Doch natürlich können Tierversuche meist nicht vorhersagen, wie Menschen auf eine Substanz reagieren. Auch in vielen anderen Ländern verlangt das Gesetz vor dem Verkauf oder Import von Chemikalien und anderen Produkten Toxizitätsversuche an Tieren. Dabei werden Tieren normalerweise riesige Dosen einer Substanz durch einen Schlauch verabreicht oder man fixiert und zwingt sie, die Substanz in flüssiger oder gasförmiger Form einzuatmen. Weil wir uns nach wie vor auf derart abstruse Tierversuche verlassen, kämpfen immer wieder Menschen mit schweren Nebenwirkungen. Doch die Tiere sind es, die den wohl höchsten Preis für solche Ansätze zahlen.

KAUM GESETZLICHER SCHUTZ

Gesetze zur Regulierung von Tierversuchen wurden geschaffen, um Menschen zu schützen. Doch zum Schutz der Tiere, die in der Forschung ausgebeutet werden, gab es lange keinerlei rechtliche Vorgaben. Großbritannien war hier die Ausnahme: Über Jahrzehnte hinweg hatte das Land das einzige Tierschutzgesetz der westlichen Welt. Allerdings wurden dessen Regeln kaum durchgesetzt und hätten mitnichten ausgereicht, um Tiere wirklich vor Leid zu schützen.

In den 1950er-Jahren betraute die britische Organisation *Universities Federation for Animal Welfare* zwei Wissenschaftler mit der Entwicklung humanerer Prinzipien für die Forschung an Tieren. Diese Prinzipien wurden als die „3Rs" bekannt, was sich aus den Anfangsbuchstaben der drei englischen Begriffe „Replacement", „Reduction" und „Refinement" ergab. „Replacement", also „Ersetzung", bedeutete, Tierversuche sollten durch andere Methoden ersetzt werden. „Reduction" stand dafür, dass stets die geringste Anzahl an Tieren zur Ermittlung der erforderlichen Daten eingesetzt werden sollte. Und „Refinement", also „Verfeinerung" oder „Verbesserung", sollte sicherstellen, dass durch die Auswahl entsprechender Techniken Schmerz und Stress bei den Tieren gemindert würden. Durchsetzen konnten sich die 3Rs allerdings lange nicht. Das änderte sich erst Ende der 1970er-Jahre, als die moderne Tierrechtsbewegung durch Bücher wie *Animal Liberation. Die Befreiung der Tiere* von Peter Singer und später *The Case for Animal Rights* von Tom Regan an Aufwind gewann. Wie die beiden Bestseller vertrat auch Biologe Nuno Enrique Franco „den Grundgedanken, dass es unabdingbare, nicht verhandelbare Grenzen für das gibt, was man mit Tieren tun kann“[69]. Die 3Rs etablierten sich weltweit – wenngleich, wie unzählige Berichte zeigten, den Worten nicht immer Taten folgten. Auch in internationalen Vereinbarungen wurden sie festgelegt, etwa in der 3R-Erklärung von Bologna aus dem Jahr 1999 und der Basler Deklaration von 2011. Allerdings bedeutet der Einsatz für weniger Tierleid nicht gleich, dass gar kein Tier mehr leidet. So heißt es etwa in der Basler Deklaration: „Wir, die Unterzeichnenden, ... bestehen darauf, dass notwendige Forschung mit Tieren, einschließlich nicht-humaner Primaten, heute und in der Zukunft erlaubt sein soll.“

In den USA sind die meisten Aspekte von Tierversuchen aktuell hauptsächlich in zwei Regelwerken festgelegt. Das erste ist das Tierschutzgesetz (AWA) von 1966. Es enthält minimale Anforderungen an die Haltung, Fütterung, medizinische Versorgung und den Umgang mit lebenden Tieren, die in Forschung, Versuchen, Lehre oder anderen Bereichen genutzt werden. Was es allerdings nicht verlangt, sind beispielsweise Maßnahmen zur Schmerzlinderung oder Anforderungen, die gewisse, besonders grausame Versuche verhindern würden. Wenn das Gesetz von „Tieren“ spricht, sind damit Hunde, Katzen, Meerschweinchen, Hamster, Kaninchen und nicht-menschliche Primaten gemeint. Die übrigen 99 Prozent der Tiere – also zum Beispiel Hühner, Puten, Ratten, Mäuse, Kühe, Pferde, Schweine und die meisten Wirbellosen wie Kraken – berührt das Gesetz nicht. Informationen zur Situation in Deutschland finden Sie auf der Homepage von PETA (unter peta.de/themen/tierversuche/).

Wenn ein Unternehmen mit staatlicher Unterstützung an Tieren forscht, muss es sich beim US-Landwirtschaftsministerium (USDA) registrieren lassen. Einrichtungen, die vom Gesetz eingeschlossene Tiere halten, werden dann von staatlicher Seite inspiziert. Doch solche Inspektionen finden nur selten statt; teils schaut nur alle drei Jahre jemand vorbei, selbst wenn ein Betrieb tausende Tiere hält. Noch seltener sind Strafen. Eigentlich ist das USDA also dafür zuständig, dass das Tierschutzgesetz durchgesetzt wird. Aber vielfach wird es – unter anderem vom US-Kongress – dafür kritisiert, dieser Pflicht nicht nachzukommen.

Dass ordentliche Kontrollen gar nicht möglich sind, wird bei einem Blick auf die Zahlen deutlich. Im Jahr 2016 gab es 112 Inspekteure für über 7.400 registrierte Einrichtungen. Und so bleibt es häufig an Aktivisten und Informanten hängen, Missbrauch und Vernachlässigung festzustellen und ans Licht zu bringen. Werden bei den offiziellen Inspektionen Missstände festgestellt, geht es dem USDA eher darum, dem betreffenden Unternehmen eine kleine Lektion zu erteilen, mehr nicht. In den extrem seltenen Fällen, in denen es überhaupt zu einer Anhörung kommt, ist das Ergebnis meist ernüchternd. Die Höchststrafe für Verstöße liegt bei 10.000 Dollar.

Das zweite hier relevante Regelwerk sind offizielle Empfehlungen zur „humanen Versorgung und Nutzung von Labortieren“, die für Einrichtungen gelten sollen, die mit Geldern einer Gesundheitsbehörde an Tieren forschen.

Gesetzeskraft besitzt die Regelung jedoch nicht. Und da auch keine Inspektionen vorgeschrieben sind, ist die Durchsetzung meist davon abhängig, ob ein Verstoß gemeldet wird. Theoretisch können einer Einrichtung bei Verstößen die staatlichen Gelder gestrichen werden – aber das kommt so gut wie nie vor.

Firmen, die Medikamente und andere medizinische Produkte vermarkten möchten, müssen sich ebenfalls an bestimmte Richtlinien zur Unterbringung von Tieren halten und Inspektionen zulassen – doch auch hier haben verdeckte Ermittlungen und interne Informanten immer wieder aufzeigen können, dass eine Durchsetzung der Vorgaben kaum stattfindet.

VIVISEKTION? SCHLICHTWEG UNNÖTIG!

Immer wieder hört man das Argument, Tierversuche seien ein notwendiges Übel, da es um den Schutz menschlicher Gesundheit gehe. Doch besonders aus der Wissenschaft mehrt sich Gegenwehr zu dieser Position. Warum? Hier nur einige Gründe:

- Tiere sind kein zuverlässiger Ersatz für menschliche Forschungspersonen. Natürlich empfinden sie Schmerz und Angst wie wir, aber ihre Anatomie, Physiologie und Biochemie sind unserer einfach nicht ähnlich genug. Wir unterscheiden uns in entscheidenden Aspekten sogar zu stark von Schimpansen und Bonobos, mit denen wir immerhin 99 Prozent unserer DNA gemein haben. Wie sinnvoll kann es wohl sein, eine andere Spezies in ein völlig künstliches Umfeld zu setzen, in dem die Tiere noch dazu unter Dauerstress stehen? Studien belegen, dass sich Adrenalin, Puls und Herzschlag bei „Labortieren“ sogar schon erhöhen, wenn sie sehen, wie sich der Türgriff des Labors bewegt.

- Über 90 Prozent der aus Tierversuchen gewonnenen Erkenntnisse führen schlussendlich doch zu keinen Behandlungsmethoden für den Menschen. Das zeigt ein Bericht, der in der Fachzeitschrift *JAMA* veröffentlicht wurde. Er warnt: „Man muss in der klinischen Forschung stets davon ausgehen, dass selbst qualitativ hochwertige Tierstudien nur schwer replizierbar sind.“[70]

- Tierversuche verschwenden Zeit und Geld. Obwohl wieder und wieder an schwer beeinträchtigten Hunden geforscht wurde, die als Modelle menschlicher Muskeldystrophie herhalten sollten, sind wir der Heilung der Krankheit noch keinen Schritt näher gekommen. Unzählige potenzielle AIDS-Impfstoffe haben bei Primaten funktioniert, tausende Krebsmedikamente bei Tieren gewirkt – und doch konnten sie keinen einzigen Menschen schützen bzw. heilen. Viele Jahre haben wir bereits auf diese Weise verschwendet. Richard

Klausner, ehemaliger Direktor des amerikanischen National Cancer Institute drückte es so aus: „Die Geschichte der Krebsforschung ist eine Geschichte der Krebsheilung bei Mäusen. Wir heilen Krebs bei Mäusen seit Jahrzehnten – aber beim Menschen hat es einfach nie funktioniert."[71]

- Wenn Medikamente an Tieren erforscht werden, kann das für Menschen sogar sehr gefährlich sein. Das Schmerzmittel Vioxx etwa musste vom Markt genommen werden, weil es das Risiko von Herz- und Schlaganfällen bei Menschen erhöhte – obwohl es zuvor ausführlich in Tierversuchen getestet worden war.

Die wichtigsten Fortschritte im medizinischen Bereich konnten durch klinische Testreihen an Menschen erzielt werden. So wurden etwa die Verbindung zwischen Rauchen und Krebs und zwischen Cholesterin und Herzerkrankungen festgestellt. Wir werden niemals erfahren, wie viele neue, in milliardenschweren Tierversuchen getestete Medikamente bei uns Menschen womöglich doch gewirkt hätten.

WISSENSCHAFT OHNE TIERE

Bei unserem mittlerweile recht umfangreichen Wissen über das Leben und die unglaubliche Komplexität von Tieren (siehe Teil I) wundert es nicht, dass Vivisektion überholt erscheint. Deshalb konzentriert man sich seit geraumer Zeit auf eines der erwähnten 3Rs, nämlich das „Replacement" – Tierversuche sollen durch bessere Methoden ersetzt werden.

In den Vereinigten Staaten wurde 1993 eine Regierungsstelle zur Validierung von Alternativmethoden geschaffen, besetzt mit Personen aus 16 staatlichen Behörden. Sie soll wissenschaftlich geprüfte Toxizitäts- und Sicherheitstests sowie medizinische Forschungsmethoden, die mit weniger oder keinen Tieren auskommen, identifizieren und fördern – und die entsprechenden Informationen behördenübergreifend verbreiten.

Seit 1993 treffen sich zudem alle zwei bis drei Jahre Personen aus Wissenschaft, Politik, Industrie und Tierschutz aus der ganzen Welt auf dem „Weltkongress über Alternativen zu Tierversuchen und den Einsatz von Tieren in der Wissenschaft". Hier werden Entwicklungen in Bereichen wie der Biomedizintechnik oder Computerwissenschaft geteilt und Überlegungen angestellt, wie man alte Probleme der Wissenschaft neu betrachten und Tieren damit das Leben retten kann. Im Jahr 2007 veröffentlichten die Nationalen Wissenschaftsakademien der USA zudem einen Bericht zum Thema Toxizitätsforschung, in dem explizit ein Abrücken von „zeit- und ressourcenintensiven“ Tiermodellen hin zu innovativen Methoden, die Zellen und menschliche Daten nutzen, gefordert wird.

NEUESTE TECHNOLOGIE OHNE TIERE

Was die Arbeit von Behörden und anderen Regierungsstellen angeht, so zeigen sich stets einige engagiert, andere weniger. Auch öffentliche und private Forschungseinrichtungen und Technologieunternehmen haben mittlerweile brandneue tierfreie Methoden entwickelt. Mit ihnen können Auswirkungen von Chemikalien oder Medikamenten auf unseren Körper, aber auch Krankheiten erforscht und effektivere – sogar personalisierte – Behandlungsmethoden ermöglicht werden. In den meisten Fällen kommen Maschinen zum Einsatz. Aber auch ein Arbeiten mit Menschen – mit ihrem Gewebe, Daten oder auch menschlichen Körpern – ist möglich, ohne dass jemand dadurch zu Schaden kommt. Solche Methoden sind wesentlich effizienter, als wenn für jedes Experiment unzählige Tiere gezüchtet, untergebracht und durchgefüttert werden müssen. Forschende können ihre Muster mehrfach nutzen, mit Zahlen jonglieren und von unterschiedlichen Ausgangssituationen ausgehen – und all das innerhalb von Minuten, nicht Jahren. Das spart nicht nur ihnen, sondern auch allen Menschen, die Steuern zahlen, Millionen.

Einige der hochmodernen Methoden werden schon seit Jahren genutzt, andere noch perfektioniert und weiterentwickelt. Und viele sind genauso gut oder gar besser als Tierversuche.

Was uns tausende von Jahren, in denen an Tieren experimentiert wurde, sicher gelehrt haben, ist Folgendes. Kein Lebewesen sollte jemals solch grausamen Versuchen ausgesetzt sein. Und genau deshalb entwickelt die Wissenschaft auch ständig neue Technologien, mit denen Chemikalien und Medikamente auf sichere und sogar genauere Weise getestet werden können, ohne Menschenleben in Gefahr zu bringen. Im Folgenden nur einige Beispiele.

IN-VITRO-TECHNOLOGIE

Bei dem Begriff „In vitro“ kommt Ihnen vielleicht im ersten Moment ein Paar in einer Kinderwunschklinik in den Sinn. Und genau wie die Wissenschaft einen Embryo aus der Zusammenführung von Ei und Spermien in der Petrischale erschaffen kann, kann sie auch menschliche Zellen kultivieren. Kultivieren bedeutet, dass man eine einzelne Zelle mit Nährstoffen unter gewissen Bedingungen dazu bringt, sich zu teilen und ständig weitere identische Kopien ihrer selbst zu erschaffen. Solche kultivierten menschlichen Zellen können dann zu wissenschaftlichen Zwecken verwendet werden. Laboratorien nutzen entweder bestehende „Zelllinien“ mit den gleichen genetischen Anlagen oder neue Zellen aus keimfreiem Gewebe, das von Freiwilligen gespendet wurde oder bei Operationen oder Biopsien übrigbleibt.

Neben Zellen aus einem bestimmten Organ oder Gewebe verwenden Forscherinnen und Forscher auch Stammzellen. Diese können sich unendlich oft teilen und sich im Körper in viele verschiedene Zelltypen verwandeln. Induzierte pluripotente Stammzellen (iPS-Zellen) sind ausgewachsene Stammzellen mit Superkräften: Sie können „umprogrammiert“ werden, um wieder zu einem gewissermaßen unfertigen Status zurückzukehren und anschließend zu genau der Art Zelle zu werden, die gerade benötigt wird. So lassen sich aus Haut, Herz, Lunge, Magen und anderen menschlichen Teilen Zellmuster züchten, an denen man das Fortschreiten von Krankheiten oder auch die Auswirkungen von Medikamenten und Chemikalien studieren kann. Und all das, ohne dass Tiere dafür leiden und sterben müssen. Die In-vitro-Forschung konnte bereits große Erfolge verzeichnen, beispielsweise in der Krebsforschung.

ORGANOIDE

Eine weitere hochentwickelte In-vitro-Technologie nutzt Cluster programmierter Stammzellen, um sogenannte Organellen (auch Organoide genannt) zu generieren. Dabei handelt es sich um Miniversionen des menschlichen Darms, der Leber, Brust, Lunge usw., die durch das Züchten von Zellen in einem speziellen Gel gewonnen werden. Die Bedingungen gleichen der Entwicklung von Zellen im menschlichen Körper. Die winzigen Organe können sogar mit einem 3-D-Drucker aufgebaut werden! Das bewies das Wake Forest Institute for Regenerative Medicine, als es im Jahr 2015 ein schlagendes Herz erschuf. Organoide sind wie echte Organe aufgebaut und funktionieren auch so – nur eben auf einem viel einfacheren Niveau. Doch sie können eine Lebensdauer von mehreren Monaten erreichen. Man kann an ihnen Krankheiten erforschen oder Medikamente und Chemikalien auf ihre Sicherheit testen. Und auch die medizinische Forschung ist an ihnen interessiert, denn man kann damit eine winzige Niere aus den Nierenzellen einer kranken Person mit einer Niere aus den Nierenzellen einer gesunden Person vergleichen. Schon bald könnten wir mit Organoiden personalisierte Medikamente herstellen und ausprobieren, wie eine bestimmte Person auf eine bestimmte Behandlung anschlagen wird.

Sogar aus menschlichen Zellen, die bei Operationen übrigbleiben, oder aus Leichen lässt sich dreidimensionales Gewebe herstellen. So verkaufen die MatTek Corporation (finanziert durch das internationale PETA-Wissenschaftskonsortium) und Epithelix SàRL etwa genau solches Gewebe – und zwar unter anderem Haut-, Augen-, Atemwegs-, Mund- und Vaginalmodelle, die von gesunden oder verstorbenen Spendern gewonnen werden. Das Gewebe kann zur Grundlagenforschung genutzt werden, für die Produktentwicklung oder zur Erfüllung behördlicher Testvorgaben. Die Haut- und Augengewebemodelle werden beispielsweise international von Behörden als Ersatz für Versuche an Kaninchen anerkannt. Und auch zur Erforschung von Arzneimittelgabe, Arzneimittelstoffwechsel, Entzündungen und Fibrose kamen sie bereits zum Einsatz.

ORGANCHIPS

Schon seit einiger Zeit entwickelt die Wissenschaft sogenannte „Organ-on-a-chip“-Modelle. Mit diesen „Ersatzorganen“ kann die Forschung ermitteln, wie ein Mensch auf verschiedene Einflüsse reagiert. Die flexiblen Plastikchips haben ungefähr die Größe einer Streichholzschachtel und enthalten eine zirkulierende, blutartige Flüssigkeit. Lebende Zellen simulieren das Verhalten von echtem Gewebe und Organfunktionen. So können die Organchips die chemischen und physikalischen Reaktionen imitieren, die der menschliche Körper in Reaktion auf bestimmte Keime, Nährstoffe, Medikamente oder Gene zeigen würde. Sogar Krankheitszustände können nachgestellt werden und es gibt natürlich nicht nur ein bestimmtes Organmodell, sondern fast alles, von Niere über Gehirn bis hin zu Knochen, Augen und vielem mehr.

HUMAN-ON-A-CHIP

Das bislang ambitionierteste Werkzeug befindet sich noch in der Entwicklung. Mehrere Regierungsinstitute und -behörden in den USA arbeiten am sogenannten Human-on-a-chip. Was nach einem Cyborg klingt, ist eher eine Art „lebende Maschine“. Die Idee dahinter: Aus zehn unterschiedlichen Organoiden aus dem 3-D-Drucker und ihrer digitalen Hardware entsteht ein miteinander verbundenes System, das so ähnlich wie der menschliche Körper funktioniert. Es wird ein Blutkreislauf imitiert, Verdauung, Atmung und so weiter. Schon jetzt ist es möglich, mehrere Mini-Organe aneinander zu koppeln. Der ganze „Human-on-a-chip“ könnte die Erforschung von Krankheiten, Toxizität und andere Gesundheitsfragen revolutionieren.

COMPUTERSIMULATION

In hochmodernen Videospielen kann man heute eine ganze Welt online erschaffen. Auf ähnliche Weise ermöglicht es die Computersimulation der

Wissenschaft, an digitalen Verbildlichungen und anderen Darstellungen der menschlichen Biologie zu experimentieren. So können Forschende die Frage stellen: Was wäre wenn? Sie müssen nicht einmal das Labor verlassen, um den Antworten auf diese Frage unter verschiedenen Bedingungen nachzugehen. Mit Computermodellen wurden bereits die Auswirkungen von Medikamenten auf Krebszellen, Herzfunktionen und die Wirkung von Krankheiten wie Hepatitis C auf den Körper untersucht.

Bioinformatik: Hier werden Methoden aus der Computerwissenschaft, Mathematik und dem Ingenieurswesen eingesetzt, um biologische Daten zu sammeln bzw. zu studieren. Die Wissenschaft kann umfangreiche Datenbanken mit einer riesigen Anzahl an Unterlagen zu Chemikalien, Medikamenten und Patienten anlegen (oder bestehende Datenbanken nutzen) und diese auf zentralisierten Computern speichern. Mit bestimmten Programmen werden dann Informationen abgefragt, anhand derer sich Muster erkennen lassen – zum Beispiel, was die Risiken und Nebenwirkungen von Medikamenten oder Chemikalien angeht, oder auch Reaktionen auf bestimmte Behandlungsmethoden.

FREIWILLGE

Nichtinvasive bildgebende Verfahren: Wir alle kennen die verschiedenen ärztlichen Wundermaschinen, mit denen man uns problemlos in den Körper hineinblicken kann – von MRT über CT und PET bis hin zu SPECT. Nicht nur ein „Einblick" in den gesunden oder kranken Körper ist damit möglich, sondern auch eine Prüfung seiner Funktionen und die Erstellung von Aufzeichnungen. Forschende studieren anhand von Schallwellen, Magneten, Farbstoffen, Gammastrahlen und anderem, wie unser Gehirn funktioniert, welche Wirkungen Medikamente erzielen, wie eine Krankheit voranschreitet und vieles mehr.

Klinische Studien: Sie sind der Goldstandard der medizinischen Forschung. Menschen mit mehr oder minder schweren Erkrankungen erklären sich bereit, neben gesunden „Kontrollprobanden" an Studien zu Medikamenten, Behandlungsmethoden oder anderen Versuchen teilzunehmen. So helfen sie anderen und möglicherweise auch sich selbst. Der Knackpunkt ist, dass diese Menschen freiwillig teilnehmen – ganz im Gegensatz zu Tieren in Tierversuchen. Es versteht sich von selbst, dass klinische Studien zu den genausten Methoden zählen, wenn man Informationen über die menschliche Gesundheit gewinnen möchte.

Trotzdem gibt es noch immer Laboratorien, in denen an Tieren geforscht wird, wo doch auch Menschen zum Einsatz kommen könnten. Das amerikanische Yerkes National Primate Research Center ist so ein Fall: Hier erforscht man Alzheimer an Affen, obwohl Studien mit menschlichen Alzheimerpatienten es den Forschenden ermöglichen, die „richtige Spezies“ zu beobachten, Betroffene zu unterstützen und mit ihnen zu sprechen. Solche Ansätze bieten ein wesentlich realistischeres Bild.

Mikrodosierung: Hier handelt es sich im Grunde um die winzigste klinische Studie der Welt zur Wirksamkeit von Medikamenten. Meist ist nur eine Handvoll Freiwilliger involviert. Man spricht auch von „Phase-0-Studien“. Die Teilnehmenden erhalten eine extrem niedrige Dosis eines Medikaments – viel zu niedrig, um Einfluss auf ihren ganzen Körper zu haben oder Symptome auszulösen. Aber gerade hoch genug, damit feststellbar wird, wie die Zellen mit dem Stoff umgehen. So können neue Medikamente schon früh im Entwicklungsprozess ausgemustert werden, wenn sie nicht den gewünschten Effekt erzielen.

Epidemiologie: Mit der Erforschung von Gesundheit und Krankheit menschlicher Populationen ist die Epidemiologie die Art Wissenschaft, die den Blick auf das große Ganze richtet. Wissenschaftlerinnen und Wissenschaftler sammeln Informationen darüber, wer sich wo, wann und wie mit einer Krankheit ansteckt, und schließen davon ausgehend auf gewisse Muster. Für manche epidemiologische Untersuchungen nehmen Freiwillige an Umfragen teil und werden über einen bestimmten Zeitraum hinweg begleitet, andere Studien analysieren bestehende Daten.

Das womöglich berühmteste Beispiel aus der Geschichte der Epidemiologie ereignete sich im Sommer 1854 im Londoner Bezirk Soho. Die ganze Stadt steckte mitten in einem schrecklichen Ausbruch der Cholera – eine ansteckende bakterielle Erkrankung, der seit Anfang der 1830er bereits tausende Einwohner zum Opfer gefallen waren. Man ging zu diesem Zeitpunkt davon aus, dass Cholera durch das Einatmen von „Dünsten“ in der Atmosphäre verursacht werde. Doch dann wurde der Geburtshelfer John Snow darauf aufmerksam, dass alle Menschen, die von dem derzeit jüngsten Ausbruch betroffen waren, rund um eine ganz bestimmte Wasserpumpe lebten. Deshalb vermutete er durch Abwasser verunreinigtes Trinkwasser als Grund. Die Behörden glaubten ihm nicht. Und ein Geistlicher präsentierte gar göttliche Einmischung als Gegenentwurf zu Snows Theorie. Aber nachdem Snow fast jeden einzelnen Cholerafall in Soho auf diese eine Wasserpumpe zurückverfolgen hatte können, fand er schließlich heraus, dass eine Frau die Windeln ihres Babys dort gewaschen hatte. Und dieses wiederum hatte sich zuvor bei einer örtlichen Fäkalgrube mit Cholera angesteckt. Die Windel hatte also das Wasser verseucht und den Ausbruch verursacht.

Das Prinzip der Schlussfolgerung trug auch dazu bei, dass die Verbindungen zwischen Rauchen und Lungenkrebs und zwischen Industriechemikalien und kranken Arbeitern ans Licht kamen. Eine der längsten derartigen Studien begann im Jahr 1948 und läuft bis heute als Projekt des National Heart, Lung and Blood Institute und der Boston University. Ein Großteil unseres Wissens über Risikofaktoren für Herzerkrankungen wie Bluthochdruck, Cholesterin, Fettleibigkeit, soziale Faktoren und vieles mehr stammt aus dieser Studie.

Autopsien und Post-mortem-Organuntersuchungen: Das Sezieren menschlicher Leichen hat die Medizin vieles gelehrt. Bei Autopsien werden Gewebe und Organe untersucht, um Erkrankungen oder andere Todesursachen festzustellen. Viele vormals unbekannte Leiden wurden durch Autopsien entdeckt, zum Beispiel die Legionärskrankheit und die aplastische Anämie. Autopsien von Gefallenen des Koreakrieges waren es auch, die der Forschung aufzeigten, dass Gefäßverkalkungen (die schließlich zu Herzerkrankungen führen) schon sehr früh im Leben einsetzen – Jahrzehnte vor den ersten Anzeichen auf Herzbeschwerden. Letztere können übrigens, wie wir heute wissen, Resultat einer Ernährung mit einem hohen Anteil an tierischen Lebensmitteln sein.

Die meisten Leichen, an denen eine Autopsie durchgeführt wird, werden danach der Familie der verstorbenen Person zurückgegeben. Wenn sich Menschen jedoch dazu entscheiden, ihre Organe (und medizinischen Unterlagen) der Wissenschaft zu spenden – etwa einer Organbank –, dann können diese Organe über einen langen Zeitraum hinweg dienlich sein. Ein Hirnforschungszentrum in Massachusetts beispielsweise sammelt menschliche Hirngewebeproben und verteilt diese an Forschungseinrichtungen. Dort können anhand der Proben etwa neurologische Krankheiten wie Parkinson, Epilepsie oder das Tourette-Syndrom erforscht werden.

In jüngster Vergangenheit wurde die Wissenschaft auf eine erhöhte Selbstmordrate bei Spielern der amerikanischen National Football League aufmerksam und nahm aufgrund der vorliegenden Informationen schnell an, die ständigen Einwirkungen auf den Kopf der Spieler könnten das Gehirn schädigen und schwere Stimmungsschwankungen, Depression und frühe Formen von Demenz auslösen. Die sogenannte chronisch-traumatische Enzephalopathie (CTE) kann nur mittels Autopsie diagnostiziert werden. Die neuen Erkenntnisse führten dazu, dass die Liga NFL von ehemaligen Spielern auf Millionen Dollar verklagt wurde, weil sie die Risiken hinter American Football nicht offen kommuniziert habe. Außerdem hatten die Forschungen eine Verbesserung der Helmtechnologie zur Folge.

KOSMETIK- UND PRODUKTTESTS OHNE TIERE

Über Jahrzehnte war der sogenannte Draize-Test das Mittel der Wahl, wenn es darum ging, ob ein Pflegeprodukt wie Make-Up oder Shampoo zu Augenreizung führen würde. In diesem Test wurden Tiere fixiert und man träufelte ihnen ohne jegliche Betäubung oder Schmerzmittel potenziell ätzende Substanzen in die Augen. Die Auswirkungen reichten von Rötungen über Schwellungen und Blutungen bis hin zur vollständigen Erblindung. Selbst heute noch werden manche Kosmetika oder andere Produkte zur Nutzung auf menschlicher Haut an Tieren getestet, um mögliche Haut- oder allergische Reaktionen festzustellen. Dafür werden den Tieren die Haare an einer Stelle abrasiert und man trägt die potenziell schädliche Substanz auf die Haut auf. Teils bleibt sie dort wochenlang, damit die Laborangestellten herausfinden können, ob sich die Chemikalien beispielsweise zu den Organen hindurchfressen.

In den USA verlangt das Gesetz keine Tierversuche für Kosmetika. Viele Unternehmen haben bereits die nötigen Schritte unternommen, um keinem Tier mehr zu schaden. Doch auch zum Zeitpunkt der Entstehung dieses Buches verkaufen einige der größten Marken – z. B. Maybelline, Clinique, Avon und Estée Lauder – ihr Make-Up noch immer in China. Trotz aktueller fortschrittlicher

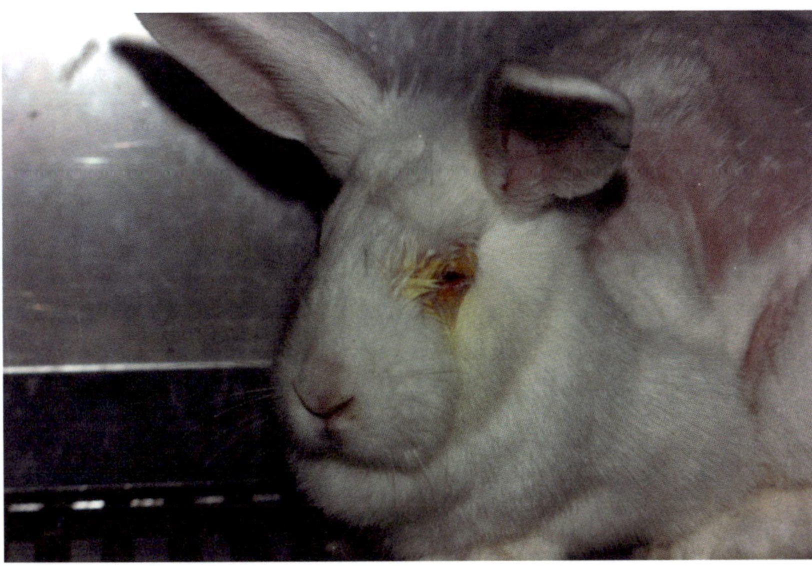

Beim Draize-Test träufelte man Kaninchen ohne Betäubung potenziell ätzende Substanzen in die Augen.

Änderungen in der dortigen Gesetzeslage werden für viele Kosmetika nach wie vor Tierversuche durchgeführt.

Auf der Website des internationalen PETA-Wissenschaftskonsortiums finden Sie eine stets aktualisierte Liste an anerkannten tierfreien Testmethoden: ThePSCI.eu.

NEUE WEGE

Wurde bei einer Person eine Bauchstraffung, Biopsie, Beschneidung oder ein ähnlicher Eingriff vorgenommen, bleiben gewisse „Abfälle" übrig. In sterilisierter Form können diese der Forschung übergeben werden. Im Labor bringt man die menschlichen Hautzellen dank In-vitro-Techniken dazu, sich zu kleinen transparenten Scheiben zu formen, an denen im Anschluss alles Mögliche getestet werden kann – von Make-Up über Feuchtigkeitscremes bis hin zu Shampoos. So fallen negative Effekte lange vor der potenziellen Vermarktung eines Produkts auf und die Unternehmen können es entsprechend verbessern.

Die haar- und nervenlosen Hautersatzstücke werden in Massen produziert und an Unternehmen und staatliche Laboratorien verschickt. Sie laufen unter Markennamen wie EpiDerm (hergestellt von MatTek) und SkinEthic (hergestellt von EpiSkin). Produktempfindlichkeitstests können auch an zellkultiviertem Gewebe aus anderen Körperteilen wie Auge, Lunge, Darm, Vagina und Mund durchgeführt werden. An weiteren In-vitro-Möglichkeiten wird bereits gearbeitet. So entwickelte etwa Kosmetikriese L'Oréal schon zwei neue tierfreie Bewertungsmethoden, mit denen Produktformeln auf potenzielle allergische Reaktionen untersucht werden können.

U-SENS nutzt kultivierte Hautzellen, deren Moleküle unserem Immunsystem Bescheid geben, wenn sich ein Eindringling im Körper befindet. In einem Verfahren des Unternehmens (dem sog. *Human Corneal Epithelium Eye Irritation Test*) wird aus menschlicher Hornhaut ein 3-D-Modell des Epithelgewebes reproduziert. Dieses imitiert das Verhalten echten Gewebes und kann deshalb dazu genutzt werden, auf potenzielle Augenirritation zu testen. Solche Methoden werden schon heute von der Organisation für wirtschaftliche Zusammenarbeit und Entwicklung (OECD) anerkannt und weltweit eingesetzt. Das Bostoner Unternehmen Genoskin hat währenddessen eine Möglichkeit erfunden, gespendete Menschenhaut über mehrere Tage hinweg per „Recycling" quasi am Leben zu halten. Auch daran können die Auswirkungen von Kosmetika, Pharmazeutika und anderen Chemikalien geprüft werden.

TOXIZITÄTSTESTS OHNE TIERE

In den USA verlangen die zuständigen Behörden verständlicherweise Nachweise darüber, dass übliche Alltagsgifte wie Unkrautvernichtungsmittel, Abbeizmittel oder Industriechemikalien keine Schäden oder gar Todesfälle nach sich ziehen. Seit vielen Jahren wird in diesem Bereich ein bestimmter Toxizitätstest besonders häufig durchgeführt, nämlich der sogenannte LD-50-Test. Die Abkürzung steht für „letale Dosis 50 Prozent“: Man verabreicht oder injiziert Ratten oder Mäusen eine Chemikalie bzw. besprüht die Tiere damit und findet genau die Menge, bei der die Hälfte der Tiere sofort stirbt. In einigen Testreihen werden tausende Tiere getötet.

NEUE WEGE

An einem Krankenhaus in Los Angeles wurde eine In-vitro-Methode entwickelt, die sich pluripotenter menschlicher Stammzellen bedient. Diese kann man im Labor in jede andere Körperzelle verwandeln, die gerade gebraucht wird. Mit der Methode können die Auswirkungen sogenannter endokriner Disruptoren untersucht werden. Diese chemischen Stoffe ahmen Hormone nach und verursachen Krankheiten. Die endokrinen Disruptoren BHT, PFOA und TBT sind synthetische Chemikalien, die in gängigen Haushaltsprodukten vorkommen, etwa in Zerealien, Kochgeschirr und Farbe, und mit Fettleibigkeit in Verbindung gebracht werden.

Tierversuche lieferten in dem Bereich stets uneindeutige Ergebnisse. Deshalb nahmen die Forscherin Uthra Rajamani und ihr Kollege Dhruv Sareen Zellen aus dem Blut von Freiwilligen und züchteten aus den Stammzellen hormonproduzierendes Epithelgewebe und Hypothalamusgewebe. Ersteres kleidet den Darm aus, zweiteres stammt aus der Hirnregion, die für unseren Appetit und Stoffwechsel zuständig ist. Dann brachte das Forschungsteam das Gewebe mit den Chemikalien in Kontakt. Nachdem die Auswirkungen auf die Gewebezellen klar waren, stellte sich heraus, dass die Chemikalien bestimmte Hormone beschädigen, über die unser Verdauungssystem während des Essens mit unserem Gehirn „kommuniziert“ und ihm mitteilt, dass wir satt sind. So lässt sich erklären, warum Menschen, die regelmäßig Kontakt zu BHA, PFOA oder TBT haben, zu Gewichtszunahme neigen. Diese im Jahr 2017 in der Fachzeitschrift *Nature Communications* veröffentlichte Entdeckung öffnet Tür und Tor für das Testen alter und neuer endokriner Disruptoren und anderer Chemikalien auf relativ zügige Art und Weise. Der Markt kennt zehntausende solcher Verbindungen, doch bisher wissen wir nur wenig über die möglichen gesundheitlichen Auswirkungen, weil es bis dato keine sichere Testmöglichkeit gab.

ToxCast: Die Umweltschutzbehörde der USA (EPA) sammelt per Bioinformatik und automatisiertem Hochdurchsatz-Screening Informationen über das Verhalten und die Sicherheit bekannter Chemikalien. Das Hochdurchsatz-Screening ist eine häufig von der Pharmaindustrie eingesetzte Methode, bei der Roboter oder Computer die Eigenschaften einer großen Anzahl unterschiedlicher chemischer Kombinationen testen. Die gesammelten Informationen werden in eine Datenbank namens ToxCast eingespeist. Mit ihr kann die Behörde dann vorhersagen, ob eine neue Chemikalie aller Wahrscheinlichkeit nach giftig sein wird oder nicht – abhängig davon, wie stark diese bereits existierenden Chemikalien ähnelt. ToxCast soll bestimmte Tierstudien zu endokrinen Disruptoren ersetzen. Eines Tages wird man damit auch andere Arten von Chemikalien prüfen können.

Glow Lights: Die Toxikologin Elizabeth Medlock Kakaley und ihr Team haben eine Möglichkeit entdeckt, mittels Biolumineszenz und Hochdurchsatz-Screening Chemikalien aufzuspüren, die das menschliche Fortpflanzungssystem und die Fetalentwicklung schädigen können. Sie veränderten bestimmte Proteine in reproduktiven Zellen dahingehend, dass diese leuchten, wenn sie auf Chemikalien treffen, die für sie giftig sein können. Die meisten Toxizitätstests liefern ihre Ergebnisse erst nach mindestens einem Tag. Doch die hier entwickelte „Leuchtmethode" bietet uns die nötigen Antworten schon nach Sekunden. Zudem kann sie so angepasst werden, dass sich auch potenziell giftige Auswirkungen auf andere Körpervorgänge feststellen lassen.

Liver-on-a-chip: Das Biotech-Unternehmen Emulate stellt zum Testen von Medikamenten eine Leber auf einem Chip her. Das kleine Rechteck aus Plastik beinhaltet verschiedene Arten menschlicher Leberzellen, die in einer blutähnlichen Flüssigkeit am Leben gehalten werden. Seit Anfang 2017 arbeitet die amerikanische Behörde für Lebensmittel und Arznei (FDA) als erste Behörde weltweit mit dieser Methode, um neue Nahrungsmittelzusätze, Ergänzungsmittel oder Kosmetika auf ihre mögliche Giftigkeit zu testen. Es wurde sogar untersucht, wie sich durch Lebensmittel aufgenommene Keime auf die Leber auswirken – ein wichtiger Punkt, erfüllt unsere Leber im Körper doch unter anderem die wichtige Funktion einer „Müllabfuhr". Nun wollen die Wissenschaftler auch an Nieren, Lungen und Därmen auf Chips experimentieren, um die entsprechenden Substanzen zu testen. Die Hoffnung dahinter ist, dass Unternehmen, die sich um die Zulassung einer neuen Substanz bemühen, schon bald Sicherheitsdaten aus solchen Versuchen nutzen können, anstatt Tiere zu quälen.

MEDIKAMENTENTESTS OHNE TIERE

Die Hersteller der meisten pharmazeutischen Medikamente und Impfstoffe (wie auch einiger Gerätschaften) müssen ihre Produkte per Gesetz an Tieren testen. Bedenkt man, dass jedes neue Medikament auf zahlreiche unterschiedliche Kriterien getestet werden muss und teils hunderte Tiere pro Test eingesetzt werden, wird schnell klar, welch unvorstellbare Ausmaße das Tierleid hat. So erfordert beispielsweise ein Test zur Feststellung, ob ein Medikament mögliche Geburtsfehler verursacht, normalerweise 900 Kaninchen und 1.300 Ratten. Und das alles geschieht, noch bevor das Medikament je an einem Menschen getestet wurde. Schlagen die Tests danach beim Menschen fehl, geht alles wieder auf Anfang und der Kreislauf beginnt von Neuem.

NEUE WEGE

Klinische Studien im Reagenzglas: Ein von Sanofi Pasteur entwickeltes System namens Modular IMmune In vitro Construct (MIMIC©) erschafft aus menschlichen Zellspenden ein etwa münzgroßes menschliches Immunsystem. An ihm lassen sich Grippe- und andere Impfungen auf ihre Wirksamkeit hin testen und mit den unterschiedlichen Modulen kann erprobt werden, wie unser Immunsystem auf andere Medikamente, Chemikalien und sogar Kosmetika reagieren würde.

Künstliche Miniherzen: Das Unternehmen Novoheart aus Vancouver züchtet schlagende Miniherzen für Medikamententests. Man nehme menschliche Blutzellen und verwandle sie in pluripotente Stammzellen, die dann zu Herzzellen werden. So ergibt sich eine gelatineartige Lösung, die sich zu einem „Herz" mit echten Herzfunktionen modellieren lässt. Mit dieser Technologie fand das Forschungsteam von Novoheart schon im Jahr 2017 heraus, warum einige zugelassene Medikamente, die eigentlich dabei helfen sollen, den Herzschlag zu regulieren, bei manchen Menschen tödliche Herzrhythmusstörungen verursachten. Auf ähnliche Weise könnten auch andere Firmen das Miniherz nutzen, um schon früh im Entwicklungsprozess die Sicherheit von Medikamenten zu ermitteln – und zwar ganz ohne Tiere.

Darm-Chips: Der „Darm auf einem Chip", entwickelt von der niederländischen Firma Mimetas, ist fester Teil der Forschung an der Universität Leiden. Der Forscher Sebastiaan J. Trietsch und sein Team brachten in einer Versuchsreihe über 300 der Chips über einen langen Zeitraum hinweg mit Aspirin in Kontakt. Sie fanden heraus, dass eine potenzielle Nebenwirkung des Medikaments schwere Magen-Darm-Beschwerden sind. Diese Nebenwirkung ist auch bei echten Menschen bekannt – was uns zeigt, dass Organmodelle tatsächlich wie ihr echtes Äquivalent reagieren.

MEDIZINISCHE FORSCHUNG OHNE TIERE

Um Krankheit und Gesundheit beim Menschen zu verstehen und Behandlungsmethoden zu entwickeln, macht die Forschung Tiere gezielt krank. Tiere aller möglichen Arten – von Nagern über Katzen bis hin zu Affen – werden in Versuchen mit todbringenden oder schwer schädigenden Krankheiten infiziert. Sie werden blind oder taub gemacht oder gelähmt. Sie werden verbrannt oder müssen ohne Nahrung und Wasser ausharren. Oder man verursacht Krampfanfälle oder bewahrt sie unter Bedingungen auf, die zwangsläufig zu mentalen Leiden führen. Nach Beendigung der Studien werden die Tiere getötet und zusammen mit medizinischen Abfällen entsorgt. Wenn Wissenschaftler den Behörden erklären, dass es nötig sei, die Tiere völlig ohne Betäubung leiden zu lassen, dann ist auch das möglich. Und unzählige Recherchen haben gezeigt, dass Richtlinien zum Umgang mit Tieren im Labor häufig ignoriert werden – selbst an großen, angesehenen Universitäten und Forschungszentren.

NEUE WEGE

Medikamentenentwicklung: Der japanische Krebsforscher Masamitsu Konno hat mit seinem Team eine mathematische Formel entwickelt, mit der sich Chemotherapie-Medikamente schnell auf ihre Wirksamkeit testen und mögliche neue „Ziele“ für künftige Krebsbehandlungen im Körper ausmachen lassen. Mit menschlichen gastrointestinalen Tumorstammzellen und einer entsprechenden Computersoftware wurden Daten über das Verhalten von Genen in eine relativ einfach zu analysierende Gleichung verwandelt. Und mit dieser lassen sich Gene ermitteln, die in der Entstehung von Krebs und der Medikamentenresistenz eine entscheidende Rolle spielen. In einem 2016 veröffentlichten Forschungsbericht gab das Team bekannt, es habe mit der Methode ein neues „Medikamentenziel“ bei Magen-Darm-Krebs entdeckt, das bereits an Mäusen erforscht worden war. Hoffentlich kann die Mathematik in Zukunft die Mäuse ersetzen.

Tumore nach Maß: Gemeinsam haben die zwei Biotech-Firmen Cellink (Schweden) und CTI Biotech (Frankreich) aus Tumorzellen von Patienten Tumor-Organellen erschaffen und diese dann per 3-D-Drucker ausgedruckt. Für den Druck wird eine Art lebende Tinte verwendet – eine Mischung aus zuckerhaltigem Gel und Bakterien.

Die maßgeschneiderten Tumore können in der Krebsforschung zum Einsatz kommen – zum Beispiel, um herauszufinden, wie sich bestimmte Krebsarten entwickeln und mit welchen Medikamenten man sie am besten behandeln kann. Ein wichtiges Ziel dahinter ist die personalisierte Medizin: Man möchte Alternativen zu Chemotherapie und Bestrahlung ausfindig machen, indem den Patienten die Behandlung im wahrsten Sinne des Wortes auf den Leib geschneidert bzw. auf ihre eigenen Zellen zugeschnitten wird. Bei solchen fortschrittlichen Technologien fragt man sich, warum noch immer Tieren menschliche Krebszellen injiziert werden.

Brustkrebs-Nachbildung: Ein Wissenschaftsteam an der amerikanischen Purdue University hat eine Methode zur Feststellung von Brustkrebsrisiken entwickelt. Forscherin Sophie Lelièvre erklärte dazu: „Wenn wir verstehen könnten, wie der Krebs seinen Anfang nimmt, könnten wir ihn vielleicht verhindern."[72] Menschen zu diesem Zweck potenziell krebserregenden Substanzen auszusetzen, wäre natürlich zu gefährlich. Tiere unterscheiden sich genetisch jedoch zu stark von uns, als dass Versuche an ihnen gewinnbringend wären. Deshalb haben die Forschenden einen „Chip mit Brustkrebsrisiko" entwickelt. Auf diesem Plastikviereck findet sich ein Mikromilieu gefüllt mit Flüssigkeiten und ausgestattet mit Sensoren. Gibt man menschliches Brustgewebe hinzu und dann mögliche Karzinogene, lässt sich beobachten, wie die Zellen auf genetischer Ebene reagieren. Da es viele verschiedene Arten von Brustkrebs gibt und Frauen verschiedener Ethnien ein unterschiedliches Risiko haben, lässt sich die Vorrichtung so anpassen, dass man multiple Zelltypen studieren kann.

AUSBILDUNG OHNE TIERE

Auch heute noch werden in den USA rund 10 Millionen lebende und tote Frösche, Katzen, Schweineföten, Schildkröten und andere Tiere in Schulen und Hochschulen gequält und seziert. So sollen die Schülerinnen und Schüler die Anatomie eines Tieres erlernen – unabhängig davon, was sie in ihrem späteren Berufsleben machen möchten. Bereitgestellt werden die Tiere von Unternehmen, die diese ihrerseits einkaufen und an Schulen weitergeben. Recherchen von PETA USA konnten bei solchen Firmen schwerste Tierquälerei nachweisen. Unter anderem wurden Kaninchen und Tauben ertränkt und lebenden Krebsen wurde Latex injiziert. Die Herkunft der Tiere ist unterschiedlich: Zahllose Amphibien werden etwa in freier Wildbahn eingefangen, Katzen aus Tierheimen, Schuppen und Hinterhöfen mitgenommen.

NEUE WEGE

Lehrkräfte und ihre Schützlinge loben Computersimulationen als wunderbare Alternative zum Sezieren von Tieren. Häufig sind diese Simulationen sogar animiert und bieten gesprochene Erklärungen zu den Bildern. Schülerinnen und Schüler können virtuell sezieren – mit allen Details und so oft sie wollen. Hinderliche Faktoren fallen weg, etwa, dass sich Teilnehmende ekeln und das dem erwünschten Lerneffekt schadet oder dass es zu Kontakt mit Konservierungsstoffen kommt, mit denen die Tierleichen behandelt wurden. Als ein gelungenes Beispiel einer solchen Simulation kann das Produkt der Firma Froguts Inc. genannt werden – der Froguts Dissection Simulator. Dabei handelt es sich um ein Set aus Online-Software-Modulen, mit dem Schüler und Studierende einen Frosch, Tintenfisch, Seestern, ein Kuhauge und einen Schweinefötus sezieren können. Jede Lerneinheit ist dem Körpersystem entsprechend aufgegliedert und verfügt über Audio-Erklärungen, Text und interaktive visuelle Simulationen wie virtuelle Skalpelle. Schon bald wird es eine 3-D-Version der Frogut-Simulatoren geben, inklusive der „erweiterten Realität" (augmented reality). Die Simulatoren soll man sogar mit dem Handy nutzen können. Ähnlich ist das Produkt Digital Frog. Hier enthält das Software-Paket auch kleine filmische Demonstrationen der Tieranatomie und -physiologie und sogar einen Abschnitt zum Thema Ökologie. So wird den Teilnehmenden zudem vermittelt, wie Tiere in ihrem natürlichen Lebensraum leben – etwas, das beim Sezieren von Leichen komplett außen vor bleibt.

MEDIZINISCHE UND MILITÄRISCHE AUSBILDUNG

Wie bereits erwähnt nutzen medizinische Fakultäten in den USA und Kanada mittlerweile keine Tiere mehr zu Lehrzwecken. Aber in anderen Ausbildungszweigen, z. B. bei Notfallsanitätern, werden nach wie vor invasive, ja sogar tödliche Prozeduren an Tieren durchgeführt – und das bedeutet beispielsweise, dass Hunden, Schweinen, Schafen und Ziegen die Kehle aufgeschlitzt wird oder die Tiere erstochen werden.

Sowohl das US-Verteidigungsministerium als auch die deutsche Bundeswehr führt noch immer sogenannte Traumaübungen durch, in denen Tiere (etwa Schweine und Ziegen) auf grausamste Weise verletzt und dann getötet werden. So soll Militärpersonal vermittelt werden, wie man verwundete

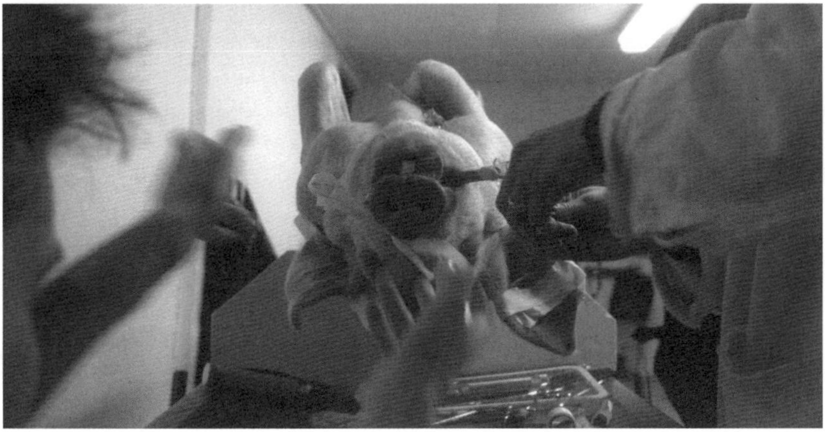

Auch in Dänemark werden Schweine für militärische Zwecke missbraucht.

Einsatzkräfte behandelt. Was genau geschieht hier? Tiere werden erschossen, erstochen oder angezündet. Man bricht ihnen Knochen oder amputiert Gliedmaßen. Das fördert nicht nur ein gänzlich unmenschliches Verhalten gegenüber anderen Lebewesen, sondern bringt auch Soldatinnen und Soldaten in Gefahr. Um es mit den Worten von Kriegsveteran und Chirurg Michael P. Murphy auszudrücken: „Kein Tiermodell kann die Anatomie und Physiologie der Verletzungen duplizieren, die dem menschlichen Körper im Krieg zugefügt werden."[73]

NEUE WEGE

Jahrelang übten medizinische Fachkräfte das Operieren an lebenden Tieren. Zum Glück verlieren derartige Praktiken immer mehr an Bedeutung. Seit 2017 etwa ist die US-Küstenwache die erste Abteilung des US-Militärs, die zu Traumaübungen keine Tiere mehr einsetzt. Eine ausgefeilte Option sowohl für schulische Einrichtungen als auch Militärkasernen ist der sogenannte TraumaMan – ein Chirurgie-Simulator, entwickelt von der Simulab Corporation. Schon heute ist er weltweit im Einsatz und kann sowohl chirurgische Grundlagen als auch fortgeschrittene Kenntnisse vermitteln. Er ähnelt in gewisser Weise einer Schaufensterpuppe – nur verfügt er über einen anatomisch korrekten Kopf und Torso aus synthetischem Material. Tierisches Gewebe wird nicht verarbeitet. Der TraumaMan hat allerhand erneuerbares „Gewebe" und „blutet" sogar. Auszubildende können damit nicht nur einen sehr menschenähnlichen Körper aufschneiden, sondern an ihm auch konkrete Prozeduren üben, zum Beispiel Thorax- und Wunddrainagen, das Einführen eines Katheters, Krikothyreotomie (das Öffnen der Atemwege) und den Venenschnitt (um einen Schock zu verhindern).

Betrachtet man all diese Vorzüge, erkennt man schnell, dass es absolut keine Tiere mehr braucht. Deshalb gibt es innerhalb der US-Regierung und der Industrie immer mehr Menschen, die sich dafür aussprechen, dass solche neuen Ansätze standardmäßig zum Einsatz kommen. Im Jahr 2017 verabschiedete der US-Kongress ein neues Gesetz. Ihm zufolge ist die Umweltschutzbehörde, die für die Regulierung und Risikobewertung giftiger Chemikalien zuständig ist, verpflichtet, stets Informationen aus hochmodernen Forschungsmethoden wie den beschriebenen Priorität einzuräumen, bevor sie Tierversuche einfordert. Zudem wurde sie aufgefordert, bis zum 22. Juni 2018 einen Strategieplan zur Förderung und Entwicklung solcher Alternativen vorzulegen. Der Gesetzestext bezieht sich explizit auf die „Qualität und Relevanz" tierfreier Testmethoden. Diese könnten sicher auch dazu beitragen, den enormen Rückstau von über 80.000 bestehenden Verbindungen aufzuarbeiten, deren Sicherheit noch nachgewiesen werden muss.

Am 30. Januar 2018 kündigte die US-Behörde NIH einen eigenen Strategieplan an, um Tiere in Toxizitätsversuchen für Medikamente und Chemikalien durch bessere, tierfreie Methoden zu ersetzen. Der Plan, für den auch ein Ärztekomitee und das internationale PETA-Wissenschaftskonsortium Informationen lieferten, soll neuartige Technologien fördern, indem ihre Entwickler mit Regierungsstellen und Industrieunternehmen zusammengebracht werden, die solche Methoden dringend brauchen. Das Strategiepapier legt dar, was genau die Regierung, die Wissenschaft und Industrie sowie andere Stellen tun müssen, um die angestrebten Ziele zu erreichen.

Auch die US-Umweltschutzbehörde unternahm im Jahr 2018 zwei wichtige Schritte. Erstens: Sie veröffentlichte einen Entwurf darüber, wie sich alternative Testmethoden bestmöglich identifizieren und sowohl in der Industrie als auch in der behördlichen Arbeit nutzen lassen. Zweitens: Sie gab bekannt, nun auch tierfreie Testmethoden zur Feststellung von Hautreizungen und Allergiepotenzial durch Pestizide und andere Chemikalien zu akzeptieren.

In Europa und einigen Ländern in anderen Regionen sind Tierversuche für Kosmetika bereits verboten. Unter dem REACH-Programm der EU zur „Registrierung, Bewertung, Zulassung und Beschränkung chemischer Stoffe" sind Toxizitätstests an Tieren nur als letztes Mittel erlaubt. Außerdem müssen die Forschungsergebnisse herausgegeben werden, um zu verhindern, dass Versuche doppelt durchgeführt werden. In China verlangt die Regierung aktuell noch Tierversuche für alle Kosmetika, die im Land hergestellt oder verkauft werden. Doch letzten Herbst erklärte sich die zuständige Behörde bereit, zur Beurteilung der Produktsicherheit auch Daten zu akzeptieren, die mit einer tierfreien Methode gewonnen wurden. Zudem eröffnete die Regierung ein tierfreies Testlabor nahe Shanghai. Dort soll in Zusammenarbeit mit einem gemeinnützigen Institut für In-vitro-Wissenschaft sichergestellt werden, dass noch mehr hochmoderne Technologien ohne Tiere zum Einsatz kommen.

WAS SIE TUN KÖNNEN

Trotz allem Fortschritt bleibt noch jede Menge zu tun. Den Rest der Strecke schaffen wir nur gemeinsam. Bitte machen auch Sie sich für Veränderungen stark. Firmen und andere Einrichtungen, die Tiere im Namen von Wissenschaft und Profit quälen, erkennen nach und nach, dass ihre Praktiken ein schlechtes Licht auf sie werfen. Deshalb müssen wir Druck erzeugen. Gleichzeitig haben all jene, die bereits tierfreundlich handeln, unsere Unterstützung verdient. Denn wenn sie damit erfolgreich sind, werden andere ihrem Beispiel folgen.

WAS KAUFEN?

Kaufen Sie ausschließlich Pflege- und Haushaltsprodukte, für die kein Tier leiden musste. Sie haben die Qual der Wahl: Über 3.000 kleine und große Unternehmen quälen bereits keine Tiere mehr. Lavera, Dove und Alterra Naturkosmetik sind nur einige Optionen. Sie haben eine Lieblingsmarke und sind nicht sicher, wie man es dort mit Tierversuchen hält? Rufen Sie die Firma an, schicken Sie eine Mail oder prüfen Sie die folgenden Datenbanken:

- Beauty Without Bunnies Program von PETA: Hier finden Sie Unternehmen, die nach PETA-Kriterien als tierversuchsfrei zertifiziert sind, und darüber hinaus, welche Firmen sich für verbesserte Behördenvorgaben stark machen. Sie können nach tierfreundlichen Produkten in Ihrem Land suchen oder auch nach Herstellern von Tiernahrung. peta-approved.de/tierversuchsfrei.

- Die Organisation Cruelty Free International führt ein internationales Zertifizierungsprogramm für Kosmetika, Pflege- und Haushaltsprodukte. Es heißt „Leaping Bunny“ (springendes Kaninchen). Das dazugehörige Logo finden Sie direkt im Laden auf den entsprechenden Produkten. Alternativ können Sie auch hier einen Blick in die Datenbank werfen: crueltyfreeinternational.org/LeapingBunny.

Boykottieren Sie Marken, die noch Tierversuche durchführen. Kontaktieren Sie die Firmen und lassen Sie sie wissen, warum Sie von ihren Produkten Abstand nehmen. Sind Sie sich bei einem Unternehmen unsicher, schauen Sie in den oben genannten Datenbanken nach. Einige der großen Namen, von denen Sie vorerst die Finger lassen sollten, sind zum Beispiel Johnson & Johnson, Estée Lauder und Shiseido. Schreiben Sie der Geschäftsleitung, rufen Sie in der Pressestelle an oder treten Sie über die sozialen Medien an die Verantwortlichen heran. Bleiben Sie stets höflich, aber bestimmt. Kontaktinformationen finden Sie normalerweise auf der Website des jeweiligen Unternehmens.

WOHIN FLIESST MEIN GELD?

Spenden Sie im Gesundheitsbereich nur an gemeinnützige Organisationen, die keine Forschung an Tieren unterstützen. Viele Organisationen finanzieren mit ihren Spendengeldern leider auch grausame Tierversuche. Natürlich brauchen wir die medizinische Forschung. Doch es gibt schlichtweg bessere und kosteneffizientere Ansätze als Tierversuche. Wenn Sie etwas beitragen möchten, spenden Sie deshalb am besten direkt an Organisationen, die eine tierfreie Forschung unterstützen und so zum Fortschritt beitragen. Sollten Sie sich unsicher sein, fragen Sie direkt bei den Verantwortlichen nach – finanziert die Organisation tatsächlich Tierversuche, dann sagen Sie ihr auch ganz klar, warum Sie Ihr Geld in Zukunft lieber an anderer Stelle investieren.

Spenden Sie vielleicht an Ihre Alma Mater? Treten Sie mit Ihrem Alumniverein in Kontakt und teilen Sie ihm mit, dass Sie nichts mehr beitragen werden, solange an der Universität Tierversuche durchgeführt werden. Häufig findet man auf Universitätswebsites schnell Informationen über Forschungsprojekte, da sich die Verantwortlichen damit brüsten. Sowohl in den Natur- als auch den Sozialwissenschaften werden entsprechende Themen oft schon auf der Homepage oder den Seiten der einzelnen Professuren dargestellt. Sollten Sie bei Ihrer Recherche tatsächlich auf Tierversuche stoßen, sagen Sie der Universität, dass das beileibe nichts ist, worauf man stolz sein kann.

Tierversuche an Universitäten sind keine Seltenheit. Hier nur einige der Universitäten, an denen an Tieren geforscht wird: Freie Universität Berlin, Technische Universität Braunschweig, Universität Duisburg-Essen, FAU Erlangen-Nürnberg, Goethe-Universität Frankfurt, Universität Hamburg, Tierärztliche Hochschule Hannover, Universität Leipzig, TU München. International sieht es nicht besser aus: In den USA forschen etwa Harvard, Princeton und Yale an Tieren. Die Einrichtungen kassieren Millionen oder gar Milliarden an staatlichen Forschungsgeldern, obwohl es bei mehreren Universitäten nachgewiesene Fälle von Tierquälerei gab.

KLÄREN SIE AUF!

Es gibt die unterschiedlichsten Möglichkeiten, andere über Tierquälerei in der Forschung und entsprechende Alternativmethoden zu informieren. Am einfachsten geht das heutzutage online. Teilen Sie Videos über Laborrecherchen auf Instagram, Facebook, Twitter und anderen Plattformen. So erreichen Sie viele Menschen, die sonst vielleicht nie erfahren hätten, was hinter verschlossenen Türen geschieht. Achten Sie darauf, die Realität nicht zu beschönigen und alles gut zu beschreiben: Wer tut was, wann, wem an – und was kann man dagegen tun? So notwendig es auch ist, dass viele Menschen solche Bilder zu sehen bekommen – sie sind oftmals grausam und nur schwer zu ertragen, deshalb bietet sich ein Warnhinweis an.

Sind Sie bereit, Ihr Wohnzimmer zu verlassen? Dann schnappen Sie sich ein paar Gleichgesinnte oder ziehen Sie allein los und gehen Sie in Fußgängerzonen, den Stadtpark oder zum Universitätscampus. Mit eigens gestalteten oder bestellten Flugblättern zum Thema Tierversuche können Sie zahlreiche Menschen aufklären. Vielleicht bekommen Sie Rückfragen – bleiben Sie dabei stets höflich und offen für eine Diskussion auf Augenhöhe. Schlagen Sie den Passantinnen und Passanten Produktalternativen und andere Möglichkeiten vor, wie sie selbst etwas unternehmen können.

POLITISCHE VERANTWORTUNG EINFORDERN

Wenden Sie sich an politische Entscheidungsträger oder unterschreiben Sie Petitionen, um besseren Tierschutz zu fordern. Blickt man zurück in die Geschichte, wird klar, dass sich viele bahnbrechende Veränderungen erst durchsetzen konnten, nachdem sie gesetzlich verankert waren. Trotz diverser Mängel haben Vorgaben wie die REACH-Verordnung der EU oder die Tierschutzgesetze der verschiedenen Länder Großes für Tiere bewirkt. Aber unsere politischen Vertreterinnen und Vertreter wissen erst, dass sich die Öffentlichkeit bessere Gesetze wünscht, wenn wir es ihnen sagen.

Wenn Sie persönlich an die Politik herantreten möchten, sollten Sie sich vorab gut informieren. Machen Sie einen Termin, überlegen Sie, ob Sie jemand begleiten kann und bereiten Sie stichpunktartig Ihr Anliegen vor. Zeigen Sie sich stets respektvoll und höflich. Und ganz wichtig: Haken Sie nach einiger Zeit nach.

BESCHWERDEN FORMULIEREN

Wenden Sie sich schriftlich oder telefonisch an Universitäten, politische Institutionen oder Firmen (z. B. Pharmahersteller). Sagen Sie den Verantwortlichen, dass Sie gegen jede Forschung an echten Tieren sind und lassen Sie sich nicht mit Standardantworten und Formbriefen abspeisen. Haken Sie schriftlich so lange nach, bis Sie die Antwort bekommen, nach der Sie gefragt haben.

Appellieren Sie an wissenschaftliche Fachkräfte, auf tierfreie Forschungsmethoden zu setzen. Weisen Sie darauf hin, dass man der Zeit hinterherhinkt, wenn man all die hochmodernen und noch dazu günstigeren, schnelleren und akkurateren Methoden außen vor lässt. Auf der Website von PETA werden Sie stets über aktuelle Kampagnen informiert und erfahren, ob vielleicht ein Labor ganz in Ihrer Nähe an Tieren forscht.

Wenn Sie selbst in einem Labor oder anderem Forschungszentrum arbeiten und Tierquälerei beobachten, sehen Sie nicht weg – werden Sie zum „Whistleblower". Haben Sie stets ein Auge darauf, wo sich Tiere befinden und wie mit ihnen umgegangen wird. Sehen, hören oder riechen Sie irgendetwas, das auf Vernachlässigung und Missbrauch oder Verstöße gegen Tierschutz- und Sicherheitsvorgaben hindeutet, dann melden Sie das Ihren Vorgesetzten oder einem Verein, der sich gegen Tierversuche einsetzt. Versuchen Sie, so viel wie möglich auf Video, Bildern oder Tonaufzeichnungen festzuhalten.

Bleiben die Meldungen an Ihre Vorgesetzten unbeantwortet, verständigen Sie Polizei und Veterinäramt. Wichtig ist hier, dass Sie nach einer gewissen Zeit nachhaken – sonst kann es durchaus sein, dass Ihre Meldung im Sande verläuft und den Tieren nicht geholfen wird. Sollten Sie weitere Hilfe benötigen oder Ihre Bemühungen unbeantwortet bleiben, wenden Sie sich an eine Tierschutzorganisation. PETA erreichen Sie über ein Formular unter peta.de/aktiv/whistleblower.

Einige der erfolgreichsten Kampagnen und Prozesse gegen Tierversuche wurden durch mutige Menschen angestoßen, die Tierquälerei im Versuchslabor ans Licht brachten. Solch schockierende Aufnahmen kann die Öffentlichkeit schlichtweg nicht ignorieren.

MIT GUTEM BEISPIEL VORAN

Sie sind selbst in der Wissenschaft, Tier- oder Humanmedizin tätig oder befinden sich noch in der Ausbildung? Beteiligen Sie sich nicht an Versuchen und Übungen an echten Tieren. Erläutern Sie gegenüber Ihren Kollegen und Professoren, warum Sie diese Haltung zu Tierversuchen haben, welches Leid die Tiere erfahren und wo die wissenschaftlichen Schwächen solcher Ansätze liegen. Sagen Sie ihnen, welche neuen tierfreien Methoden es gibt, die nicht nur humaner, sondern auch effektiver sind. Vor allem: Setzen Sie die modernen Technologien auch in Ihrer eigenen Forschung ein und tragen Sie so zu neuen Innovationen bei. Schrecken Sie nicht davor zurück, eine klare ethische Haltung einzunehmen.

Neben den Fachmagazinen in Ihrem Forschungsbereich können Sie auch von anderen Quellen Informationen über die aktuellsten Entdeckungen beziehen, zum Beispiel über die E-Mail-Liste des Physicians Committee for Responsible Medicine: http://www.pcrm.org/. Sollten Sie noch studieren, bestehen Sie darauf, keine Tiere sezieren zu müssen, sondern stattdessen moderne Simulationssoftware zu nutzen. Bitten Sie die Verwaltung Ihrer Ausbildungseinrichtung, solche Software zu erwerben und grundsätzlich Alternativmethoden anzustreben.

AKTIVISMUS

Tierrechtsaktivismus kann so einfach sein: Klären Sie Ihr Umfeld auf, unterzeichnen Sie Petitionen, verteilen Sie Infomaterial, posten Sie Videos in den sozialen Medien, kontaktieren Sie Verantwortliche per Mail oder Telefon – so erreichen Sie, dass sich etwas verändert. Besonders effektiv ist es, wenn Sie zusammen mit Gleichgesinnten auftreten können, sobald grausame Tierversuche in einer Einrichtung ans Licht kommen oder eine entsprechende Kampagne startet. Tragen Sie sich in E-Mail-Listen von Aktionsgruppen ein und schließen Sie sich dem gewaltlosen Protest an.

» KLEIDUNG

Dorothy Gladys Smith – eher unter dem Namen Dodie Smith bekannt – wurde 1896 im englischen Lancashire geboren. Sie wuchs bei ihrer Mutter und anderen Verwandten auf, nachdem ihr Vater gestorben war, als die kleine Dodie erst zwei Jahre alt war. Ihre Onkel, Tanten und Großeltern liebten das Theater. Sie legten Dodie eine Karriere als Schauspielerin ans Herz und schlugen, als aus diesem Plan nichts wurde, vor, sie könne doch Drehbuchautorin werden. Als sie in den 1940ern ihren zukünftigen Ehemann Alec Macbeth Beesley kennenlernte, arbeitete sie zwar noch in einem Möbelgeschäft, hatte aber auch bereits einige mehr oder weniger erfolgreiche Stücke geschrieben.

Im Zweiten Weltkrieg hätte Beesley als Kriegsdienstverweigerer ins Gefängnis wandern können und so zog das Paar in die USA. Dort angekommen nahmen sie einen wunderschönen Dalmatiner namens Pongo in ihre Familie auf. Einige Zeit später zeugte Pongo selbst einen Wurf Welpen, von denen einer angeblich als Totgeburt zur Welt kam und auf wundersame Weise von Beesley gerettet werden konnte. Mit den Jahren zog ein Dalmatiner nach dem nächsten ein, bis es schließlich insgesamt neun waren. Auf Fotos aus der Zeit ist das glückliche Paar mit einer ganzen Schar gepunkteter Hunde am Strand zu sehen. Eines Tages bewunderte eine von Dodie Smiths Freundinnen das schöne Fell der Hunde und merkte an, daraus ließe sich ein wunderbarer Pelzmantel herstellen. Smith war schockiert. Doch anstatt den Gedanken schnell zu verdrängen, entschied sie sich, lieber ein Kinderbuch darüber zu schreiben. Dieses Buch würde ganzen Generationen von Kindern das Grauen der Pelzindustrie vor Augen führen: *Hundertundein Dalmatiner.*

Das in den USA im Jahr 1956 veröffentlichte Buch handelt von einer Frau namens Cruella de Vil. Sie ist derart verrückt nach Pelzen, dass sie sogar Dalmatinerwelpen entführt, um aus ihnen genau so einen Mantel herzustellen, wie ihn sich Smiths Freundin vorgestellt hatte. 1961 brachte Disney den Film zum Buch heraus und bot so einem noch viel breiteren Publikum Einblick in die Gedankenwelt der Pelzindustrie.

Doch während man einen Zeichentrickcharakter wie Cruella de Vil leicht als Fiktion abtun kann, gibt es in der Realität leider noch immer Menschen, die solche Praktiken unterstützen. Jedes Mal, wenn sich jemand zum Kauf eines Stückchens Pelz entscheidet, stehen dahinter genau solche – wenn nicht gar schlimmere – Praktiken, die sich Cruella für Hunde wie Pongo ausgemalt hatte.

Tierleid in der Modeindustrie kennt viele verschiedene Formen. Einige davon würde man beileibe nicht erwarten. Während den meisten Menschen klar ist, dass für einen Pelzmantel, eine Ledertasche oder ein Paar Wildlederschuhe ein Tier getötet werden musste, wissen viele nicht, dass auch hinter Materialien wie Wolle, Seide oder Daunen Leid steckt. Leicht übersieht man die qualvollen, teils tödlichen Prozeduren, die solche Tierprodukte erfordern.

Zum Glück ist es heute einfacher denn je, sich modisch und/oder praktisch zu kleiden, ohne dafür tierische Materialien nutzen zu müssen. Pflanzliche Stoffe wie Baumwolle und Leinen, die seit Jahrtausenden im Einsatz sind, treffen heute auf innovative Materialien wie rPET, Lyocell oder Kunstleder. Die führenden Köpfe der Modewelt wie Stella McCartney oder Diane von Fürstenberg zeigen auf ihrem Laufsteg keine Tierqualprodukte. Immer mehr Menschen sind sich dessen bewusst, welches Leid ihre Kleiderwahl verursachen kann. Und fortschrittliche Technologien bieten ihnen die Möglichkeit, sich nicht nur modisch und funktional, sondern auch umwelt- und tierfreundlich zu kleiden. Doch das war nicht immer so.

Wir wissen nicht genau, wie die ersten Kleidungsstücke des Menschen aussahen. Doch Anthropologen sind sich weitestgehend darüber einig, dass man die Häute und Felle von Tieren trug. Nadeln aus Knochen, die in Höhlen von Slowenien über Sibirien bis nach Südafrika gefunden wurden, lassen darauf schließen, dass der Mensch vor rund 50.000 Jahren zum ersten Mal mit Häuten und Fellen gearbeitet hat.

Wahrscheinlich setzte die Erfindung der Kleidung aber sogar noch früher ein, nämlich bevor der frühe Mensch Afrika vor 50.000 oder 100.000 Jahren verließ. Von Afrika aus brach er auf in Richtung Mittelmeer und schließlich auch in die kühleren Regionen Europas, Skandinaviens, Russlands, Chinas, Sibiriens und Nordamerikas. Damals hatte man was Kleidung anbelangte nicht die Wahl – wollte man bei den teils schwierigen Wetterbedingungen überleben, musste man Tierhäute tragen.

Trotz allem entdeckten schon einige der sehr frühen menschlichen Zivilisationen innovative Alternativen zu Tierhäuten. Das war insbesondere in wärmeren Klimazonen der Fall, etwa in Ägypten, Mexiko und Indien. Der Baumwollanbau entstand unabhängig voneinander sowohl in Amerika (Mexiko) als auch in Südasien (Indien). Und die fruchtbaren Wasser des Nils machten die alten Ägypter zu wahren Meistern im Anbau von Flachs, aus dem Leinen hergestellt wird. In Indien nahmen schon damals einige Stämme von allen tierischen Produkten Abstand, weil sie eine Art religiöse Verwandtschaft zu anderen Lebewesen empfanden. Teils stellten sie deshalb stattdessen Kleidung aus Riedgras her.

Leder, Felle, Gräser und Flachs waren allesamt ein wichtiger Teil der graduellen Ausbreitung des Menschen über die ganze Welt. Über lange Zeit ging es bei der Wahl der Kleidung jedoch ums Überleben, nicht um Mode. Dass sich das änderte, hat in vielerlei Hinsicht mit Pelz zu tun: Der frühe Mensch wollte nicht nur von Pelzen gewärmt die kälteren Regionen der Erde erkunden; irgendwann wollte er so viel Pelz, dass der Handel damit die Europäer nach Nordamerika lockte.

PELZ

Über Jahrhunderte war Pelz – vor allem in Europa – mehr praktische Notwendigkeit als Zeichen sozialer Zugehörigkeit. Vom Adel bis zur Dienerschaft trugen die Männer und Frauen des frühen Europas einfach Wollkleidung und Unterwäsche aus Leinen. Diese Kleider unterschieden sich nur minimal in Länge und Schnitt zwischen den Klassen oder Geschlechtern. Pelz war zwar teuer, doch selbst für die Armen verfügbar – und auch notwendig, um die kalten Winter zu überstehen. Ein Pelzmantel konnte dabei schnell mehrere Wochengehälter eines gewöhnlichen Bürgers verschlingen und so konnten sich nur wenige Familien mehr als einen oder zwei solcher Mäntel leisten. Die Reichen hatten hingegen gleich einen ganzen Kleiderschrank voll. Über weite Teile der europäischen Geschichte wurden die Mäntel allerdings mit dem Fell nach innen getragen, weil sie so nicht nur bequemer, sondern durch die natürlichen Dämmeigenschaften des Fells auch wärmer waren. Es ging um Praktikabilität – nicht so sehr um die Darstellung von Reichtum oder Status. Das blieb auch lange so: Vom frühen Mittelalter bis zur Mitte des 14. Jahrhunderts änderte sich am Kleidungsstil der Europäer nur wenig.

Was ist passiert, dass wir vom Pelz als Notwendigkeit bis zur Besessenheit einer Cruella de Vil gekommen sind? Dem Modehistoriker James Laver zufolge setzte im Europa des frühen 14. Jahrhunderts ein entscheidender Wandel ein. Dieser sollte die Art und Weise, wie Menschen über Kleidung dachten, für immer verändern. Es war der Anfang des Konzepts „Mode". Doch was hat diesen Wandel eingeläutet? Vermutlich der schwarze Tod.

Die Pest traf Europa im Jahr 1347. Nur wenige Jahre später war die europäische Bevölkerung um 30 bis 60 Prozent dezimiert. Doch für die glücklichen Überlebenden zeichnete sich ein Silberstreifen am Horizont ab: Weniger Menschen bedeutete auch mehr Fläche, mehr Geld und mehr Nahrung. Der individuelle Reichtum wuchs und zum ersten Mal in der Geschichte hatten viele gewöhnliche Bürger genug Geld, um sich ein wenig Luxus zu leisten. Das wiederum führte dazu, dass sich die Auswahl an Kleidung stark erweiterte.

Der neue Reichtum war für die Tiere wahrlich kein Segen. Das plötzliche Interesse an Mode hatte eine massiv gesteigerte Tierausbeutung zur Folge. Die Nachfrage nach Pelz war so groß, dass das englische Parlament im Jahr 1363 ein Gesetz zur Kleiderordnung verabschiedete. Demnach durften nur Adlige exotische Felle wie Hermelin, Luchs, Zobel und Biber tragen, während sich alle anderen auf vor Ort verfügbare Felle wie Lamm, Kaninchen, Katze und Fuchs zu beschränken hatten. Gesetze wie dieses gaben vor, die Armen vor gefährlich hohen Ausgaben schützen zu wollen. Doch in Wahrheit ging es vermutlich darum, die Klassen sichtbar getrennt zu halten.

Wie der französische Schriftsteller Michel de Montaigne 1580 feststellte, gingen solche Gesetze oft nach hinten los:

> Die Art und Weise, wie unsere Gesetze versuchen, eitle und nutzlose Ausgaben für Fleisch und Kleidung zu regulieren, scheint im Widerspruch zu ihrem eigentlichen Zweck zu stehen ... Zu verfügen, dass nur Prinzen Heilbutt essen, Samt und goldene Spitze tragen dürfen, und all diese Dinge dem Volk zu untersagen, hat doch bloß zur Folge, dass man ihnen einen noch höheren Wert zuschreibt und dass ein jeder noch mehr erpicht darauf ist, sie zu essen oder zu tragen.

Mit anderen Worten: Dem gemeinen Volk die edelsten Pelze vorzuenthalten, führte nur dazu, dass Pelz als noch wertvoller und besonderer betrachtet wurde und die Nachfrage noch stärker anstieg. Ende des 14. Jahrhunderts machte sich das in der europäischen Biberpopulation bemerkbar. Innerhalb nur eines Jahrhunderts waren Biber beinahe vollständig aus der alten Welt verschwunden, mit Ausnahme Skandinaviens und Sibiriens. Schon zu Beginn des 20. Jahrhunderts gab es nur noch rund 1.200 Europäische Biber, die über Jahrtausende das Gebiet zwischen Europa und Asien bevölkerten.

Als sich herausstellte, dass die weiten Wälder Nordamerikas nur so vor Bibern wimmelten, geriet der Pelzhandel völlig außer Kontrolle. Über einen Zeitraum von 300 Jahren drängte der Handel mit Biberfellen Entdecker gen Westen, ließ kommerzielle Kontakte zur indigenen Population des Landes entstehen und brachte ein verändertes Nordamerika hervor. Der Pelzhandel überzog nach und nach die ganze Welt. Auf allen Kontinenten wurden Tiere wie Chinchillas, Füchse, Kaninchen, aber auch Hunde und Katzen gejagt, in Fallen gefangen und in jüngerer Vergangenheit auch auf Farmen gezüchtet und getötet.

Nerze versuchen sich aus den Käfigen herauszubeißen, bis ihr ganzes Gesicht blutverschmiert ist.

Im 21. Jahrhundert entwickelte sich China zum größten Pelzexportland. Vor allem Nerzfell wurde zum gefragten Produkt und macht heute 85 Prozent aller Felle in der Pelzindustrie aus. Im Jahr 2015 wurden insgesamt 84 Millionen Nerzfelle verkauft.

Die Pelzindustrie operiert heute gerade in China und Nordamerika in riesigem Ausmaß – und das Leid der Tiere auf Pelzfarmen war nie größer. Eine Recherche auf einer typischen Nerzfarm in Wisconsin zeigte zum Beispiel, wie Tiere in winzigen, kahlen Käfigen dahinsiechen und sich unter den Käfigen die Ausscheidungen auftürmen. Arbeiter reinigten die Käfige, während die Tiere darin saßen, mit dem Hochdruckreiniger. Die Nerze entwickelten eine solche Angst, dass sie versuchten, sich aus den Käfigen herauszubeißen, bis ihr ganzes Gesicht blutverschmiert war.

Am Ende wurden sie von Arbeitern an ihrem empfindsamen Schwanz hochgerissen und zusammen mit ihren Leidensgenossen in ein Fass gepfercht. Die Tiere schrien und kämpften um ihr Leben. Über einen laufenden Motor wurde Kohlenmonoxid in die „Tötungsboxen" gelassen und die Nerze erstickten qualvoll. Nerze, die diese Prozedur zu ihrem eigenen Unglück überlebten, wurden entweder gegen das Fass geschmettert, um ihnen das Genick zu brechen, oder für eine weitere Runde in die Tötungsbox gesteckt. Einige ließ man auch einfach liegen und wartete, bis sie tot waren, was teils bis zu 20 Minuten lang dauerte.

In China sind die Bedingungen sogar noch schlimmer. Dort stießen Ermittler auf Füchse, die per Elektroschock getötet, Hunde, die erschlagen, und Kaninchen und Marderhunde, die bei lebendigem Leib gehäutet wurden. Auch Hunde und Katzen werden routinemäßig getötet und gehäutet, damit man ihr Fell an nichtsahnende Menschen im Westen verkaufen kann, die niemals vermuten würden, dass das Fell an ihrem Kragen von den gleichen Tieren stammt, mit denen sie ihr Zuhause teilen.

LEDER

China ist auch das weltweit führende Exportland für Leder – eine Industrie, die dem Grauen der Pelzindustrie in nichts nachsteht. Kein Wunder, hängen die beiden Branchen doch unmittelbar zusammen. Viele im Westen verkaufte Lederaccessoires – von Arbeits- und Modehandschuhen über Gürtel und Lederbesatzstücke an Krägen bis hin zu Katzenspielzeug – werden aus den Häuten von Hunden hergestellt. Doch natürlich wird sich die Angabe „Hundeleder" auf keinem Etikett finden. Was in dieser Industrie mit Hunden geschieht, würde vermutlich sogar einer Cruella de Vil aufstoßen. Eine Recherche in einer chinesischen Gerberei zeigte, wie Arbeiter Hunde mit einer metallenen Greifvorrichtung am Hals packten und ihnen dann mit einem Holzpfahl auf den Kopf schlugen. Manche Hunde wurden davon ohnmächtig; andere nicht und

Hundelederproduktion in China, dem weltweit führenden Exportland für Leder.

schrien verzweifelt. Einige waren sogar noch bei Bewusstsein, nachdem man ihnen die Kehle durchgeschnitten hatte. Sie nahmen ihre letzten Atemzüge, kurz bevor man ihnen die Haut vom Körper riss. In dem untersuchten Betrieb wurden bis zu 200 Hunde pro Tag erschlagen und gehäutet. 30.000 Stücke Hundeleder konnten so jeden Tag in die ganze Welt verkauft werden.

Seit Anbeginn der Menschheit wurden Tierhäute gegerbt, getrocknet und zu Leder verarbeitet. Das erste Leder wurde vermutlich aus der übriggebliebenen Haut eines Tieres hergestellt, das man zur Fleischgewinnung getötet hatte. Im Folgenden wurden aus Leder alle möglichen Dinge hergestellt – von einfachen Schuhen und Kleidung über Material für Tipis und andere Behausungen bis hin zu Trommeln, Pergament zum Schreiben, aber auch Booten und Trinkbehältern. Das älteste bekannte Paar Schuhe aller Zeiten wurde in einer Höhle in Armenien gefunden und soll 5.500 Jahre alt sein. Es besteht aus einem einzigen Stück Leder, das auf eine Schuhgröße 37 angepasst war. Selbst die Schnürsenkel hatten in der Höhle überlebt.

Heute hat die Lederindustrie ein solches Ausmaß erreicht, dass Tierquälerei omnipräsent ist. Im Jahr 2015 stellte der größte Lederproduzent der Welt, JBS, mit seinen 26 Fabriken auf drei Kontinenten insgesamt 10 Millionen Häute von Kühen, Bullen und Kälbern her. Mit diesen beliefert er unter anderem die berühmtesten Autohersteller, die sie im Inneren ihrer Autos verbauen. Eine brasilianische Organisation recherchierte bei JBS und fand heraus, dass Kühe und Bullen ohne jegliche Schmerzlinderung mit einem heißen Eisen im Gesicht gebrandmarkt werden. Kühen stach man mit Stöcken mit Metallspitze oder Elektrostäben in den Anus. Kälber wurden ihren Müttern entrissen und Tiere trampelten in engen Gängen übereinander. Die Versorgung der Rinder war so schlecht, dass viele blutige, klaffende Wunden oder auch Madenbefall nicht einmal behandelt wurden.

Nun verhält es sich bei Rindern so, dass viele sowieso ihres Fleisches wegen getötet werden. Bei Straußen oder auch Alligatoren ist das nicht der Fall. Sie werden nur zur Gewinnung ihrer Häute gezüchtet und getötet (wenngleich ihr Fleisch teilweise gegessen wird). Eine Recherche in einem Straußenschlachthof in Südafrika zeigte im Jahr 2015, wie den Vögeln bei vollem Bewusstsein die Federn ausgerissen wurden, bevor man die Tiere kopfüber fixierte, sie per Elektroschock betäubte und ihnen die Kehle durchschnitt. Der untersuchte Schlachthof beliefert Marken wie Hermès, Prada und Louis Vuitton mit Häuten. Strauße sind intelligente und neugierige Vögel, die bis zu 40 Jahre alt werden können. Doch in der Lederindustrie schaffen sie es meist kaum weit über ihren ersten Geburtstag hinaus.

Aus Krokodil- und Alligatorenhäuten wird sogenanntes Exotenleder für Uhrenarmbänder, Taschen, Stiefel, Geldbörsen oder Gürtel hergestellt. Man benötigt zwei bis drei kleine Krokodile für nur eine einzige Handtasche. Solche Taschen können den Unternehmen 40.000 Euro und mehr einbringen. Die Tiere zahlen dafür jedoch den höchsten Preis: Ihr ganzes Leben lang sitzen sie in überfüllten, feuchten Betongruben fest, inmitten ihrer eigenen Ausscheidungen, bis schließlich der Tag ihres qualvollen Todes gekommen ist. In Vietnam, Texas und in mehreren afrikanischen Ländern werden Krokodile getötet, indem man ihnen den Nacken mit einem Messer aufschneidet und ihnen eine Metallstange in die Wirbelsäule rammt. Auch nachdem man ihnen das Rückenmark durchtrennt hat, sind viele Tiere noch immer bei Bewusstsein. Teils liegen sie bis zu einer Stunde im Sterben.

Nun mögen viele von Ihnen sagen: „Was interessiert mich schon Reptilienleder? So etwas trage ich eh nicht.“ Doch was kaum jemand vermutet: Auch wer einen unverdächtig anmutenden Wollpulli kauft, stützt Tierquälerei.

WOLLE

An einem sonnigen Septembertag im Jahr 2015 entdeckte ein Wanderer nahe der australischen Stadt Canberra etwas Ungewöhnliches. Die *Washington Post* drückte es so aus: „Es war, als sei eine Wolke vom Himmel gefallen – oder wie ein Wattebausch auf Steroiden.“[74] Bei näherer Betrachtung wurde schnell klar, dass es sich in Wahrheit um ein Lebewesen handelte: Ein emsig kauendes Schaf umhüllt von einem riesigen Berg schmutzig-weißer Wolle. Wie sich später herausstellte, war das Schaf wohl mehrere Jahre zuvor von seiner Herde getrennt worden und steckte nun, nach Jahren ohne Schur, in seinem enormen Wollkleid fest.

Dem Wanderer war sofort klar: Im kurz vor der Tür stehenden australischen Sommer könnte das Schaf leicht überhitzen und sterben, wenn ihm niemand zu Hilfe kam. Kaum zu glauben, dass es überhaupt so lange überlebt hatte. Denn mit dem dicken Pelz waren auch für Hautkrankheiten beste Voraussetzungen geschaffen. Es grenzte an ein Wunder, dass das Schaf noch laufen und essen konnte, und dass es noch keinem Beutegreifer zum Opfer gefallen war. Und wäre es umgefallen, wäre es wohl kaum aus eigener Kraft wieder auf die Beine gekommen.

Chris, so der neue Name des Schafes, wurde sofort von einem australischen Tierschutzverein aufgenommen, der per Twitteraufruf nach einem besonders geübten Scherer suchte. Nachdem dieser gefunden war, dauerte es ganze 45 Minuten, um unglaubliche 40 Kilogramm Wolle zu entfernen. Danach wirkte Chris wie neugeboren – und wog nur noch 43 Kilogramm, hatte also rund die Hälfte an Gewicht verloren. Berichten zufolge hätte die Wolle ausgereicht, um daraus 30 Herrenanzüge herzustellen. Es war acht Mal so viel, wie bei der Schur eines normalen Merinoschafes abfällt.

Als die Meldung um die Welt ging, waren viele Menschen verblüfft zu erfahren, dass Schafe nicht von Natur aus derart viel Wolle produzieren. Sie wurden vielmehr gezielt darauf gezüchtet, so viel Wolle wie nur möglich zu entwickeln – oftmals zum deutlichen Schaden der Tiere. Vorfahr der heutigen Zuchtschafe soll der Mufflon sein: ein wildlebendes Schaf, das im Irak, Iran und in der Türkei vorkommt. Sein Fell ist eher braun als wollweiß und nicht gekräuselt wie die Wolle von Zuchtschafen, sondern glatt und dick. Mufflons lassen uns erahnen, wie Schafe wohl vor 10.000 Jahren ausgesehen haben. Diese frühen Schafe hatten vermutlich langes, dickes Haar im Sommer und entwickelten zum Winter hin eine flaumige Unterwolle. Über tausende von Jahren nutzte der Mensch zur Zucht Schafe mit besonders dicker Unterwolle und erschuf so stets noch wolligere Tiere. Australische Bauern importierten Merinoschafe aus Spanien, obwohl diese denkbar schlecht zum australischen Klima passten. In den trockenen, heißen Sommern wurde ihr Leid noch dadurch verstärkt, dass Bauern immer die Tiere mit der dicksten Wolle kreuzten.

Die rekordverdächtige Matte des Schafes Chris war wohl in ihrem Ausmaß einmalig. Doch das Phänomen ist nichts Neues. Vor Chris gab es beispielsweise schon Shrek: ein Merinoschaf, das in einem Schafbetrieb in Neuseeland aufwuchs und dann zu weltweiter Berühmtheit gelangte, als man ihm im Jahr 2005 knappe 30 Kilogramm Wolle vom Körper schor. Normalerweise werden Schafe jedes Jahr geschoren. Doch Shrek hatte sich in einer Höhle nahe dem Betrieb versteckt und blieb ganze sechs Jahre lang unentdeckt.

Aber warum brachten Shrek und Chris überhaupt ihr Leben in Gefahr, nur um einen unspektakulären Haarschnitt zu umgehen? Die meisten Scherer werden nach der Anzahl an Schafen, die sie scheren, bezahlt. Wer vorsichtig arbeitet, arbeitet automatisch langsamer und verdient somit weniger. Deshalb

Vor der Schur bekommen die Schafe weder Nahrung noch Wasser, damit sie leichter zu bändigen sind und sich ihre Blase nicht entleert, wenn sie in Panik geraten.

ist die Schur meist ein mit Gewalt verbundener Prozess, vor dem Schafe große Angst haben. Welches Ausmaß diese Tierquälerei erreicht, zeigen die Zahlen: Allein in den USA wurden im Jahr 2013 ganze 3,7 Millionen Schafe geschoren; in Neuseeland gibt es gar sechsmal so viele Schafe wie Menschen. Bei einer verdeckten Recherche im amerikanischen Utah brüstete sich ein Schurtrupp aus sieben Personen damit, 1.000 Schafe pro Tag scheren zu können.[75] Wenn man so viele Tiere in so kurzer Zeit scheren will, bedeutet das, dass jeder Arbeiter pro Schaf nicht einmal dreieinhalb Minuten brauchen darf. In der Praxis hat das zur Folge, dass Scherer schnell und ungeduldig arbeiten und so bei vielen Schafen klaffende, blutige Wunden hinterlassen. Es konnte schon dokumentiert werden, wie Schafen Zitzen oder ein Teil des Ohres abgeschnitten wurde – und in mindestens einem Fall, den ein Ermittler mit eigenen Augen beobachtete – riss ein Scherer dem Schaf den Penis auf.

Vor der Schur bekommen die Schafe weder Nahrung noch Wasser, damit sie leichter zu bändigen sind und sich ihre Blase nicht entleert, wenn sie in Panik geraten. Denn als Beutetiere geraten die Tiere in einer solchen Situation schnell in Panik – schließlich bedeutet es in freier Natur für Tiere den Tod, wenn sie jemand festhält. Versuchen sich die Tiere also zu wehren und zappeln, stellen sich Scherer auf ihren Kopf oder Hals, treten sie oder schmettern sie auf den Boden. Das beweisen Videoaufnahmen aus Schurställen auf allen Kontinenten außer der Antarktis. Verdeckte Ermittler mussten zusehen, wie Arbeiter Schafen mit der Faust, scharfen Metallschurgeräten und sogar einem Hammer ins Gesicht schlugen. In einer Videoaufnahme ist zu sehen, wie ein Scherer einem Schaf so weit den Hals umdreht, bis das Tier stirbt. Ein (lebendes) Schaf hob er an der Haut am Rücken hoch und wischte mit dem Körper des Tieres dessen Urin vom Boden auf.

Bereits im Jahr 1920 wurde das sogenannte Mulesing erfunden. Um den Hintergrund dieser grausamen Prozedur zu verstehen, muss man wissen, dass Fliegen ihre Eier gern in die Wolle von Schafen legen – am liebsten an besudelte Stellen rund um das Hinterteil der Tiere. Die Maden graben sich dann in die Haut der Schafe. Ein solcher Fliegenbefall kann für die Schafe tödlich enden. Doch schon vorher färbt sich die Wolle langsam grün, riecht schlecht und übt einen derart starken Juckreiz aus, dass die Schafe teils an ihrer eigenen Haut knabbern. Für Bauern bedeutet dieser Zustand einen potenziellen Profitverlust. Deshalb nehmen sich viele eine Gartenschere und schneiden den Lämmern damit auf jeder Seite des Hinterteils einen Hautstreifen ab. Heilt die Wunde ab, bildet sich Narbengewebe, auf dem keine Wolle mehr wächst, was das Risiko auf Fliegenbefall insgesamt senkt. Doch leider wird die extrem schmerzhafte Prozedur meist ohne jegliche Betäubung oder Schmerzmittel durchgeführt. Millionen Lämmern wird somit jedes Jahr der Hinterleib auf schmerzhafte Weise verstümmelt. Die meisten können danach tagelang nicht laufen und ihre Adrenalinwerte sind stressbedingt stark erhöht. Das alles findet statt, obwohl es zur Vorbeugung von Fliegenbefall auch humanere Methoden gibt. Die australische Wollindustrie hatte zwar nach Beschwerden von Tierschutzorganisationen und Einzelhandelsunternehmen einst erklärt, man würde das Mulesing auslaufen lassen; doch im Jahr 2018 hieß es, das Mulesing abzuschaffen habe man nicht vor.

Solcherlei Tiermissbrauch ist leider unglaublich weit verbreitet. Das bewies auch eine verdeckte Recherche in Australien: 70 Arbeiter, angestellt bei neun verschiedenen Schurunternehmen und eingesetzt in 19 Schurställen in Victoria und New South Wales machten sich allesamt des Tiermissbrauchs schuldig. In den USA sah es nicht besser aus. Hier besuchten Augenzeugen 14 Betriebe in Wyoming, Colorado und Nebraska und konnten in jedem einzelnen Tierquälerei und Vernachlässigung dokumentieren. Und auch in englischen und schottischen Schurställen zeigte sich der gleiche, wenn nicht gar ein noch schlimmerer Missbrauch bei einer Recherche im Jahr 2018.

Wir verdammen diese wunderbaren Tiere zu einem Leben voller Qualen. Entweder werden sie misshandelt, damit ihre Wolle an Bekleidungsunternehmen verkauft werden kann, oder sie leiden – wie Chris und Shrek – unter ihrer unnatürlich dicken Wolle.

DAUNEN

Daunen nennt man die Schicht weicher, wärmender Federn, die sich bei den meisten Vögeln unter einer dickeren Schicht an oberen Federn befindet. Auch mit dieser Wärmedämmung schützen sich Menschen seit tausenden von Jahren vor der Kälte. Enten und Gänse werfen ihre Daunen normalerweise einmal pro Jahr während der sogenannten Mauser ab. Traditionell hat man die Federn aufgesammelt und dann verwendet. Adler- und Krähenfedern spielten sogar in den religiösen Zeremonien verschiedener indigener Völker Nordamerikas eine wichtige Rolle, zum Beispiel bei den sogenannten Prärieindianern, den Hopi und den Zuñi. Doch heute steckt in Winterjacken und Kopfkissen ein Qualprodukt, das Vögel zu einem ebenso großen Leid verdammt, wie es für Wolle bei Schafen der Fall ist.

Mit sehr wenigen Ausnahmen warten Betriebe heute nicht mehr darauf, bis eine Ente oder Gans sich mausert. Die Federn werden den Vögeln stattdessen bei lebendigem Leib aus der Haut gerissen, was die Haut aufreißen lässt und blutige Wunden verursacht. Arbeiter halten die Tiere währenddessen mit den Knien fest. Teils lässt man verletzte Vögel einfach zum Sterben liegen – anderen werden schwere Wunden einfach ohne Betäubung mit Nadel und Faden zugenäht. Viele Tiere zittern nach der Rupf-Prozedur aus Angst und Schmerz am ganzen Körper. Sobald die Federn wieder nachgewachsen sind, wiederholt sich der Teufelskreis. Einige Betriebe produzieren pro Jahr bis zu 15 Tonnen Daunen aus Lebendrupf. Bedenkt man, dass eine einzige Gans nur circa 60 Gramm an Daunen hat, bedeutet das 250.000 Lebendrupfe pro Jahr in nur einem Betrieb.

Einige Unternehmen schmücken sich gern damit, nur Daunen aus Betrieben mit hohen Tierschutzstandards zu beziehen. So auch die Firma Canada Goose, die bekannt ist für ihre Daunenjacken. Doch Details möchte man nicht preisgeben. Selbst, wenn es stimmt, dass – wie manche Unternehmen sagen – ihre Vögel nur nach der Schlachtung gerupft werden, sind die Qualen nicht minder groß. Eine Recherche in einem Betrieb, von dem Canada Goose Federn bezieht, zeigte, wie Vögel zerquetscht wurden, über Nacht ohne Wasser und Nahrung ausharren mussten und kopfüber an nur einem Bein getragen wurden. Für den Transport zum Schlachthof steckte man sie bei bitterer Kälte in offene LKW. So verlockend ein warmer Daunenmantel, ein weiches Daunenkissen oder eine kuschlige Daunendecke auch sein mag – es ist quasi unmöglich, Daunenprodukte zu kaufen, für die kein Tier leiden muss. Und an wunderbaren Alternativen mangelt es keineswegs.

SEIDE

Wenn es Tieren wie Waschbären, Kühen, Hunden, Schafen, Gänsen oder Enten schlecht geht, empfindet man leicht Mitleid. Aber wie sieht es bei Raupen aus?

Seidenraupen werden seit tausenden von Jahren für die Produktion des Luxusmaterials Seide gezüchtet. Dem chinesischen Philosophen Konfuzius zufolge war es die junge Kaiserin Lei Zu, die im 27. Jahrhundert v. Chr. als erste auf die Seide kam, nachdem ihr ein Seidenkokon von einem Baum aus in die

Um Seide herzustellen, werden Seidenraupen bei lebendigem Leib in ihrem Kokon zu Tode gekocht, damit das Seidengarn aufgespult werden kann.

Teetasse gefallen war. Die Herstellung des Materials blieb 3.000 Jahre lang ein gut gehütetes Geheimnis. Es lag derart unter Verschluss, dass der byzantinische Kaiser Justinian zwei Mönche mit dem Auftrag nach China schickte, in Bambusstöcken versteckte Seidenraupen nach Europa zu schmuggeln.

Seide ist ein empfindliches Material. Um es herzustellen, werden Seidenraupen bei lebendigem Leib in ihrem Kokon zu Tode gekocht, damit das Seidengarn aufgespult werden kann. Seidenraupen sind wunderschöne Schmetterlinge im Larvenstadium. Das bedeutet, dass die überwiegende Mehrzahl aller in der Seidenindustrie gezüchteten Insekten niemals über das Puppenstadium hinauskommt. Schon als Heranwachsende werden sie in ihrem Kokon gekocht oder vergast. Man braucht bis zu 3.000 Seidenraupen, um ein einziges Pfund Seide herzustellen. Für einen indischen Sari sind 50.000 Raupen nötig. Anhand dieses Beispiels wird schnell klar, wie unfassbar viele Tiere die Seidenindustrie jedes Jahr tötet.

Es mag leichter sein, Mitgefühl für ein kuschliges Schaf zu empfinden als für eine Raupe. Aber sollten wir nicht davon ausgehen, dass es alle Lebewesen verdient haben, besser behandelt zu werden? Zum Glück ist es heutzutage ganz einfach, sich ohne Tierleid zu kleiden und dabei fantastisch auszusehen.

TIERFREIE KLEIDUNG

Stella McCartney – Tochter des berühmten Beatles Paul – ist nicht nur Modedesignerin, sondern auch Tierrechtlerin. Sie benutzt für ihre Mode weder Leder noch Seide oder Pelz. Deshalb mag es manch einen überrascht haben, dass sie im März 2015 während der Pariser Fashion Week Models in aufwendigen

Pelzmänteln und schicken Lederhosen über den Laufsteg gehen ließ. Es waren zahlreiche Prominente anwesend, die als Tierfreunde bekannt sind. Doch niemand schritt ein. Was war nur los?

Stella McCartney hatte sich entschieden, als Vorreiterin voranzugehen, und zeigte innovative tierfreie Materialien, die nicht von echtem Pelz oder Leder zu unterscheiden waren. Ausgehend von ihren eleganten Designs und dem wunderschönen Material wäre niemand auf die Idee gekommen, etwas könne „unecht" sein. Ihre pelzfreien Pelzmäntel waren aus Polyester und Acryl und das tierfreie Leder war eine Art Kunstleder, das meist aus Materialien wie Polyurethan hergestellt wird.

Zuvor hatte McCartney stets bewusst auf solche Materialien verzichtet. Denn sie wollte den Menschen klarmachen, dass man auch ohne den Anblick von Pelz oder Leder modisch aussehen konnte. „Über viele Jahre habe ich es gemieden, aber jetzt wollte ich meiner Kundschaft und der Modeindustrie zeigen, dass kein Mensch mehr Pelz nutzen muss", so die Designerin. „Man sieht auf dem Laufsteg wirklich gar keinen Unterschied. Moderner Kunstpelz sieht so echt aus, dass, sobald er das Atelier verlässt, niemand mehr sagen kann, ob er echt ist oder nicht. Ich hatte damit zu kämpfen. Aber kürzlich sprach ich mit jüngeren Frauen darüber und sie wollen gar keinen echten Pelz mehr. Also dachte ich mir, vielleicht sind wir mittlerweile wirklich schon weiter und können heute Stoffe, die wie Pelz aussehen, nutzen, solange sie nicht von Tieren stammen."[76]

Auch die meisten anderen führenden Label haben dem Pelz schon entsagt. Michael Kors, Gucci, BCBG, Furla, Donna Karan, John Galliano, Tom Ford und Givenchy haben sich in eigenen Erklärungen gegen Pelz ausgesprochen und wollen auf tierfreundliche Materialien setzen. Und auch Ralph Lauren, Giorgio Armani, Tommy Hilfiger, Calvin Klein, Net-a-Porter, Burberry und Selfridges nutzen für ihre Designs keinen Pelz. Für Donatella Versace waren Tierhäute über Jahrzehnte hinweg ein essentieller Teil ihrer Arbeit. Doch im März 2018 verriet die italienische Designerin der *Vogue*: „Pelz? Damit bin ich durch." Was war geschehen? „Ich möchte keine Tiere töten, um Mode zu machen. Das fühlt sich nicht richtig an", so ihre Erklärung.[77]

Gleiches gilt für viele aufstrebende junge Modeschaffende. Cathryn Wills ist Kreativdirektorin der australischen Marke Mimco, die Lederaccessoires herstellt. Im Jahr 2016 sah sie den Dokumentarfilm *Cowspiracy*, der sich dem schädlichen Umwelteinfluss der tierischen Landwirtschaft widmet. Kurz darauf kündigte sie ihren Job. „Ich konnte die Tatsache, dass ich ein großes Unternehmen für Lederaccessoires leitete, irgendwann nicht mehr mit mir vereinbaren", so Wills im Jahr 2018. „Als ich die Firma Mitte 2016 verließ, brauchte ich zunächst etwas Zeit, um darüber nachzudenken, was nun kommen sollte – aber ich wusste, dass es etwas Kreatives und Lederfreies sein musste."[78]

Ihr neues Unternehmen, Sans Beast, ist Teil eines unablässig wachsenden Marktes für modische und bezahlbare Lederalternativen. Schon 2025 soll dieser Markt die 85 Milliarden-Dollar-Marke knacken. Mit ihren schicken Taschen in kräftigen Farben und angesagten kantigen Formen gesellt sich Wills zu Designern wie Matt & Nat und LaBante, die bezahlbare Mode und Ethik vereinen. Selbst Luxusautohersteller wie BMW, Mercedes-Benz, Lexus und Ferrari bieten mittlerweile Kunstledersitze an. Stella McCartney brachte es nach dem Debüt ihrer „Pelzkollektion" auf den Punkt: „Ich möchte eine ganz ehrliche Frage an die Industrie richten: Warum braucht heute noch irgendjemand Leder?"[79]

Immer mehr kluge Menschen begeistern sich heute für tierfreie Alternativen zu tierischer Kleidung. Doch wo nahm alles seinen Anfang? Werfen wir einen Blick zurück in die Geschichte!

EINE KURZE GESCHICHTE TIERLEIDFREIER KLEIDUNG

Der Grieche Herodot gilt als erster Historiker aller Zeiten, was ihm den Beinamen „Vater der Geschichtsschreibung" einbrachte. Sein Werk *Historien* entstand im fünften Jahrhundert v. Chr. und stellt den ersten Versuch dar, Ereignisse und menschliches Wissen in eine Chronologie einzuordnen. Das macht die *Historien* zu einem der bedeutendsten Werke, wenn es darum geht, das Leben der Frühgeschichte zu verstehen. Unter anderem enthält es die erste Darstellung einer Gesellschaft, die Tiere derart würdigte, dass sie diesen keinen Schaden zufügen wollte – auch nicht, um Kleidung aus ihnen herzustellen. Die Einwohner des alten Indiens, so erklärt Herodot, „weigern sich, lebende Tiere zu töten ... Gemüse sind ihr einziges Nahrungsmittel". Er beschrieb damit im Grunde die ersten bekannten Veganer. Auch einen Stamm, der in einem Sumpfgebiet lebt, behandelt er: diese Menschen trügen „ein Kleid aus Riedgras, welches sie im Fluss schneiden und zerkleinern; anschließend verweben sie es zu Matten und tragen es, so wie wir ein Brustschild tragen".

Noch bemerkenswerter als ein Stamm, der sich in Gras hüllt, erscheinen einem die Bäume, die Herodot in Indien bestaunte: „Zudem gibt es dort Bäume, die wild wachsen und deren Frucht eine Wolle trägt, die in Schönheit und Wertigkeit die eines Schafes noch übersteigt. Die Eingeborenen stellen aus dieser Baum-Wolle ihre Kleidung her." Er sprach von Baumwolle: eine fluffige, weiße Faser, die in kleinen Bällen an den Samen der Baumwollpflanze wächst. Heutige Quellen lassen darauf schließen, dass Baumwolle auf dem indischen Subkontinent bereits seit 8.000 Jahren angebaut wird. Dass der Anbau von Baumwolle völlig unabhängig davon zur ungefähr gleichen Zeit auch in Mexiko einsetzte, kann man wohl als Zeichen dafür werten, dass eine gute Idee keine Grenzen kennt.

Auch heute noch ist Baumwolle eine wunderbare Alternative zu Wolle. Nicht nur umgeht man damit die in der Zucht, Haltung und Schur von Schafen inhärente Tierquälerei, man gewinnt auch ein absolut natürliches Material. Baumwolle ist weicher als Wolle, besitzt jedoch durch ihre Zellulose eine bemerkenswerte Stärke, Langlebigkeit und Flüssigkeitsaufnahmefähigkeit. Tatsächlich ist sie im nassen Zustand sogar noch stärker als im trockenen. Man möchte meinen, wenn es darum geht, sich möglichst warm einzupacken, sei Schafwolle die erste Wahl. Doch das muss nicht der Fall sein. Baumwoll-Canvas und Baumwoll-Flanell sind hervorragende Alternativen. Flanell ist nicht nur dick und besitzt bessere Dämmeigenschaften als die meisten anderen Stoffe – er ist auch gleichzeitig langlebig wie atmungsaktiv.

Der Anbau von Pflanzen zur Materialherstellung geht in der Geschichte aber sogar noch weiter zurück als bis zu Herodot und seiner Baum-Wolle. Das bewies ein Tuch, das um das Skelett eines Kleinkindes in einer neolithischen Grabungsstätte in der heutigen Türkei gewickelt war. Es lässt uns darauf schließen, dass Menschen wohl schon vor 9.000 Jahren Leinen und Hanf in feines Gewebe verwandelten und mit den Stoffen vermutlich auch Handel betrieben.

Die alten Ägypter erhoben die Herstellung pflanzlicher Textilien schließlich zur Kunstform. Flachs wuchs reichlich am Nil und aus diesem konnte man mit einem Prozess aus Dreschen, Rösten, Schlagen, Hecheln und Weben Leinen produzieren. So wurde Ägypten in der Antike schnell für sein Leinen bekannt. Alte Schriften und Malereien würdigen mit Frauen in schneeweißen Leinenkleidern die Fertigkeiten ägyptischer Leinenproduzenten. Aufgrund der einzigartigen Art und Weise, wie die alten Ägypter mit ihren Toten umgingen, blieben Beispiele dieser Textilkunst in lange verschlossenen Grabkammern bis heute erhalten. Das New Yorker *Metropolitan Museum of Art* hat in seiner Sammlung ein solches Stück. Mit 200 auf 100 Fäden pro 2,5 Quadratzentimeter mag dieses gemessen an heutigen Standards recht grob sein, doch zur damaligen Zeit war das eine beeindruckende Leistung.

Leinen bietet eine wunderbare Alternative zu tierischen Materialien. Genau wie Baumwolle wird Leinen mit jeder Benutzung stärker, aber gleichzeitig weicher. Und es fühlt sich selbst bei Feuchtigkeit kühl und trocken an. Leinen ist nicht nur recycelbar, es gehört auch zu den stärksten natürlichen Stoffen (doppelt so stark wie Baumwolle) und ist in Sommer wie Winter angenehm zu tragen. Vom frischen Sommeranzug über Decken bis hin zu Schlafanzügen kann man sich die Isoliereigenschaften von Leinen zunutze machen und hat damit nicht nur ein modisches und vielfältiges, sondern zudem äußerst bequemes Material. Beim Tragen einer stylischen Leinenhose bekommt der Titel „Walk Like an Egyptian" eine völlig neue Bedeutung.

Baumwolle und Leinen sind aber bei weitem nicht die einzigen natürlichen Alternativen zu Wolle. Bequeme und langlebige Materialien werden heute aus so unterschiedlichen Stoffen wie Bambus, Hanf, Holz, Sojabohnen und sogar Algen hergestellt. Bambusfaser wird beispielsweise oftmals mit der Textur von Merinowolle verglichen, ist dabei aber stärker, weicher, atmungsaktiver, weniger geruchsanfällig und günstiger. Bambus wird entweder allein gesponnen oder mit Baumwolle, Hanf oder synthetischen Stoffen wie Polyester oder Spandex verarbeitet und ergibt Kleidung, die nicht nur angenehm zu tragen und modisch, sondern auch umweltfreundlich ist.

Hanf kann ebenfalls ganz einfach angebaut werden – man braucht noch nicht einmal Pestizide oder Chemiedünger. Doch es gibt noch einen weiteren Grund, der Hanf zu einem umweltfreundlichen Material macht: Die Wurzeln der Pflanze strecken sich bis zu 90 Zentimeter tief in den Boden und schützen ihn damit vor Erosion. Haptisch gleicht Hanf Leinen, ist dabei aber dreimal so stark wie Baumwolle und sogar resistent gegen ultraviolettes Licht und Schimmel. Seine Fasern sind von Natur aus hohl – deshalb kühlen sie bei Hitze und wärmen bei Kälte.

Noch vielfältiger nutzbar zeigt sich das Material Lyocell. Es besteht aus Holzfasern und kann, ganz nach Verarbeitungsart, Wildleder, Leder, Seide oder Wolle ähneln. Besonders unter Reisebegeisterten ist Lyocell beliebt, da es sehr leicht und strapazierfähig ist und dabei kaum knittert. Eine weitere Option ist Modal. Dieses Material gilt zwar aufgrund seiner Verarbeitung eher nicht als Naturfaser, wird aber aus Buchen gewonnen und ist deshalb durchaus als erneuerbare Faser zu verstehen. Nicht nur ist Modal um 50 Prozent wasserabweisender als Baumwolle, es trocknet außerdem sehr schnell, fällt schön und bleibt auch nach zahlreichen Waschgängen gut in Form.

Selbst aus Sojabohnen lässt sich Kleidung herstellen – und zwar aus den Überresten der Tofuproduktion. So erhält man ein Material, das so gemütlich ist wie Kaschmir, so schön fällt und so langlebig ist wie Baumwolle und so weich und schimmernd ist wie Seide. Sojakleidung ist biologisch abbaubar und sogar stärker als Wolle oder Baumwolle.

Dabei sind Sojabohnen noch nicht einmal die wohl ungewöhnlichste Alternative zu Wolle. SeaCell ist ein Stoff aus Zellulose und zermahlenem Seetang. Die Hersteller behaupten, es würde die Zellregeneration aktivieren, entzündungshemmend wirken, Juckreiz lindern und sogar den Körper entgiften. Ja, Mode ist wahrhaft zeitlos: Wer heute Seetang trägt, folgt schließlich der Tradition des Riedgras tragenden Stammes, den schon Herodot beschrieb.

Es gibt aber auch hervorragende synthetische Alternativen zu Wolle. Gute Optionen sind etwa Acryl, Polar-Fleece, Polyester, Spandex oder Nylon – besonders bei sportlicher Betätigung bei kaltem Wetter. Ein solches Material ist ganz besonders umweltfreundlich: recyceltes Polyethylenterephthalat, kurz rPET. Es handelt sich dabei um Polyester aus recyceltem Plastik. Jedes Mal, wenn man eine Flasche mit dem Recyclingsymbol abgibt, kann daraus potenziell eine Flasche oder eben ein modischer Stoff werden. rPET-Stoffe sind langlebig, günstig in der Anschaffung, atmungsaktiv und bequem. Ihr ökologischer Fußabdruck ist um 90 Prozent niedriger als der von Nylon, um 75 Prozent niedriger als der von nicht recyceltem Polyester und immerhin noch 50 Prozent niedriger als der von Bio-Baumwolle.

Doch wie verhält es sich mit Daunenherstellern, die beteuern, ihre Daunen stammen aus einer besonders tierfreundlichen Produktion? Nichts als ein Mythos. Wer Daunen kauft – ganz egal, welche –, der kauft aller Wahrscheinlichkeit nach das Produkt eines Unternehmens, in dessen Zulieferkette irgendwo ein Betrieb steckt, der Vögel bei lebendigem Leib rupft. Mindestens aber unterstützt man damit die Massentierhaltung und Schlachtung von Gänsen. Die meisten Firmen, die sich mit solchen Beteuerungen schmücken, sind gleichzeitig wenig transparent. Die einzige Möglichkeit, sicherzugehen, dass man nicht versehentlich Tierquälerei unterstützt, liegt darin, niemals Daunen zu kaufen.

Zum Glück sind Daunenalternativen zugleich erschwinglich und effektiv. So brachte The North Face etwa im Jahr 2013 die sogenannte Thermoball-Technologie heraus. Hier werden Daunen durch kleine runde, leichte Bündel einer synthetischen Faser namens PrimaLoft ersetzt. Thermoball hat die gleiche Dämmung wie ein Daunenprodukt mit Füllkraft 600 – und im Gegensatz zu Daunen wärmt es auch dann noch, wenn es nass wird. Auch Patagonia stieg kürzlich in den Markt mit synthetischen Daunen ein. Das Unternehmen sagt über seine PlumaFill-Isolierung für Jacken und Schlafsäcke, diese habe das beste Wärme-Gewicht-Verhältnis, das man „je erzielen konnte – ob mit Daunen oder synthetisch". Die Firma Marmot beschreibt ihr federfreies Isoliermaterial mit den Worten „besser als Daunen". Immer mehr Marken entscheiden sich deshalb, gar keine Daunen mehr zu verarbeiten, etwa Embassy of Bricks and Logs und „Green Goose" von WEGA – beides sind deutsche Unternehmen, die zudem von PETA zertifiziert wurden und daher das „PETA-Approved Vegan"-Logo tragen.

Doch nicht jeder von uns verbringt gern die Nacht in einem perfekt isolierten Schlafsack in einem Schneesturm in den Bergen. Für die Gemütlicheren unter uns brachte das amerikanische Unternehmen Buffy im Dezember 2017 eine Decke heraus, die anstatt mit Daunen aus Lebendrupf mit einer Mikrofaser mit Eukalyptusanteil gefüllt ist. Das Unternehmen verkündete stolz, dass mit jeder einzelnen mit dieser Technologie hergestellten Decke ganze 12 Gänse vor dem Lebendrupf bewahrt werden.

WAS SIE TUN KÖNNEN

Mit jedem Jahr kommen neue Alternativen zu tierischer Kleidung auf den Markt. Deshalb ist es heute so einfach wie nie zuvor, Häute, Felle, Wolle und Federn von Tieren komplett aus unserem Kleiderschrank zu verbannen.

KLEIDEN SIE SICH TIERLEIDFREI

Tragen Sie keine Pelzmäntel, Jacken mit Pelzbesatz oder Mützen mit Fellbommel. Wenn Ihnen der Look gefällt, gibt es diverse Alternativen aus Kunstfell, die meist noch dazu günstiger sind als Echtfell. Doch Vorsicht: Nur weil ein Fellbesatz preisgünstig ist, heißt es noch lange nicht, dass es sich nicht um Echtfell handelt!

Tragen Sie keine Lederkleidung oder -accessoires wie Aktentaschen oder Koffer und kaufen Sie keine Ledermöbel. Greifen Sie stattdessen zu Kunstlederalternativen. Es gibt veganes Leder aus Kokoswasser, Ananas, Soja, Obstabfällen, Äpfeln, Papier, Holz, Kork, Pilzen und selbst Substanzen, die aus Kombucha oder Weinblättern gewonnen werden! Ein Pionier im Bereich veganer Schuhe ist das britische Unternehmen Vegetarian Shoes, auf das unter anderem Sir Paul McCartney vertraut. Der Versand erfolgt weltweit, also gönnen Sie sich etwas: vegetarian-shoes.co.uk. Aber auch anderenorts entstehen immer mehr vegane Schuhunternehmen, zum Beispiel MooShoes: mooshoes.myshopify.com. Selbst Yves Saint Laurent und Steve Madden haben vegane Herrenschuhe in ihrem Sortiment.

Lassen Sie die Finger von Seide. Es gibt so viele langlebigere, günstigere Optionen, die überaus angenehm zu tragen sind und Ihnen das gleiche Luxusgefühl auf der Haut geben. Lyocell und Modal sind zwei hervorragende Alternativen. Vertrauen Sie nicht darauf, wenn Ihnen Hersteller sagen, sie würden nur die sogenannte Ahimsa-Seide – auch „Peace Silk" genannt – verwenden. Angeblich lässt man in ihrer Produktion die Motten ihren gesamten Lebenszyklus durchlaufen und verarbeitet die Kokons erst, nachdem die Tiere diese verlassen haben. Tatsache ist jedoch, dass es keine Behörde oder andere Stelle gibt, die diese Standards überwacht, und teils wird konventionelle Seide als „Peace Silk" vermarktet.

Wolle? Nein danke! Auch für Wolle gibt es tolle, modische Alternativen – neuen Technologien zum Dank. Viele der Eigenschaften, für die lange Zeit besonders Wolle hochgelobt wurde – dass sie zum Beispiel bei nasskaltem Wetter oder während des Sports gut warmhält – erzielen neue synthetische Materialien wie Polar-Fleece noch besser. Und auch bei Unternehmen, die vorgeben, nur „tierfreundliche" Wolle zu verkaufen (wie Patagonia), konnte schreckliche Tierquälerei in den Zulieferbetrieben aufgedeckt werden.

Kaufen Sie keine Daunenprodukte wie Jacken von Canada Goose, Kissen oder Decken. Selbst, wenn das Etikett behauptet, die Daunen wurden auf tierfreundliche Weise gewonnen, können Sie dieser Aussage nicht trauen. Hier gibt es weder fixe Definitionen davon, was Begriffe wie „tierfreundlich“ oder „verantwortungsbewusst“ genau bedeuten, noch Transparenz in den Lieferketten. Es gibt viele Firmen, die synthetische Daunenoptionen anbieten, zum Beispiel Restoration Hardware, Williams Sonoma, Pottery Barn und West Elm.

TIERFREUNDLICH AUF REISEN

Wenn Sie für Rucksacktourismus und Wildnistouren zu haben sind, dann halten Sie Ausschau nach Marken wie Marmot und The North Face. Beide bieten warm gefütterte Kleidung ohne Daunen an. Von einigen der zahlreichen Woll- und Daunenalternativen sollte man als aktiver Mensch am besten schon einmal gehört haben, wenn man sich auf Einkaufstour begibt. Da wären zum Beispiel Polartec, Thermogreen, Omni-Heat, PrimaLoft, rPET, Gore-Tex, ThermoBall, Plumtech, Modal, Thermafill und ThermaCheck. Mit ihnen ist man bei jedem Wetter gut gerüstet.

Sollten Sie lieber mit dem Auto statt zu Fuß unterwegs sein, treffen Sie bei der Wahl Ihres neuen Fahrzeuges bewusste Entscheidungen. Sagen Sie im Autohaus ganz klar, dass für Sie kein Auto mit Lederausstattung infrage kommt. Das wird nicht nur Ihnen ein paar tausend Euro ersparen, sondern auch drei bis acht Tieren pro Ausstattung Leid und Tod. Die Wahl eines veganen Fahrzeugs vermittelt Lederproduzenten weltweit eine klare Botschaft: Die Zeiten, in denen ihre Tierquälerei stillschweigend akzeptiert wurde, sind endgültig vorbei.

TIERLEIDFREI VON KOPF BIS FUSS

Sie möchten nicht nur Ihren Kleiderschrank, sondern auch Ihr Schuhregal mit tierleidfreier Mode ausstatten? Marken wie AEVOR, bleed Clothing, erlich textil, bonprix, Buffalo Boots, IRIEDAILY, Even&Odd, NAE, Jenah St., HUGO BOSS, Flamingos' life und INASKA Swimwear bieten eine Vielzahl veganer Alternativen zu tierischer Mode: von Bekleidung, Schuhen und Rucksäcken über Accessoires bis hin zu Unterwäsche oder Bademode.

Oder – wenngleich mit einem Augenzwinkern – gehen Sie doch mal ganz ohne. Promis wie Gillian Anderson, Tommy Lee, Khloe Kardashian, Eva Mendes und P!nk haben mit ihren aufsehenerregenden Postermotiven klar gemacht: Sie bleiben lieber nackt, als die Haut oder Haare eines Tieres zu tragen.

WOHIN FLIESST IHR GELD?

Halten Sie mit Ihrer Meinung nicht hinterm Berg. Schreiben Sie einen Brief oder eine Twitternachricht an Marken, die Tiere ausbeuten. Teilen Sie den

Verantwortlichen mit, warum Sie ihre Produkte nicht kaufen. Bleiben Sie höflich, aber sagen Sie auch klar, was Sie stört. Besonders einem großen Konzern zu schreiben, mag Ihnen sinnlos erscheinen – aber unterschätzen Sie nie die Macht Ihrer Stimme! Wenn der Geschäftsführung klar wird, dass sich viele Menschen ganz bewusst für andere Marken entscheiden, weil Sie sich am fehlenden Tierschutz des Unternehmens stören, dann stehen die Chancen gut, dass die Geschäftspraktiken überdacht werden. Vielleicht sucht sich die Firma schon bald einen neuen Lieferanten oder listet ein Produkt komplett aus.

Rufen Sie Ihre politischen Vertreter an oder wenden Sie sich schriftlich an sie und besuchen Sie Stadt- und Gemeinderatssitzungen zu Tierschutzthemen. Hier, aber auch auf Stadtteil- oder Dorffesten, lernen Sie sicher Gleichgesinnte vor Ort kennen – oft sind es mehr, als man annehmen würde.

Es kam nicht von ungefähr, dass San Francisco als erste amerikanische Großstadt im Frühjahr 2018 den Verkauf von Pelz grundsätzlich verbot. Los Angeles zog schnell nach. Dieser Erfolg lässt sich auf die harte Arbeit von Tierrechtlern zurückführen, die sich wieder und wieder an den Stadtrat wandten, bei Sitzungen Pelzverkäufern Paroli boten und einen solchen Druck aufbauten, dass der Rat schließlich einstimmig für ein Pelzverkaufsverbot votierte. Die Schauspielerin Alicia Silverstone schrieb dem Stadtrat ebenfalls einen Brief und erklärte, das Verbot würde sie als Einwohnerin der Stadt stolz machen. Doch man muss kein Promi sein, um mit einem Brief etwas zu bewegen. Denn schließlich ist den Abgeordneten bewusst, dass hinter jedem einzelnen Schreiben noch hunderte oder tausende weitere Personen in ihrem Einzugsgebiet stehen, die vielleicht genauso denken. Bauen Sie das Verfassen solcher Briefe in Ihre wöchentliche oder monatliche Routine ein und geben Sie diese Anregung an Ihre Bekannten weiter. Schritte wie das Pelzverkaufsverbot in San Francisco und unzählige andere Erfolge für die Tiere wären niemals zustande gekommen, wenn nicht tierliebe Bürgerinnen und Bürger dafür gekämpft hätten.

GESTALTEN SIE DEN WANDEL MIT

Ihnen liegt etwas sowohl an Tieren als auch an Mode? Dann steigen Sie doch selbst in den wachsenden Markt für hochwertige tierfreundliche Mode ein. Das Fashion Institute of Technology (FIT) in Manhattan bringt jedes Jahr tausende Absolventinnen und Absolventen hervor, die später teils zu den größten Namen der Modewelt werden. Erst kürzlich setzte das Institut eine jährliche Arbeitswoche zum Thema Nachhaltigkeit auf seinen Stundenplan, zu der auch eine Diskussionsrunde zum Thema „Erfolgreich mit (veganer) Mode“ gehört. Besetzt ist die Runde mit führenden veganen Modemachern. Die Botschaft hinter dieser Veranstaltung ist klar: Die Zukunft der Branche liegt in veganen

Materialien und Designs. Wenn Sie also gern Kleidung designen würden, für die kein Tier leiden oder sterben musste, dann ist jetzt genau der richtige Zeitpunkt für einen Einstieg in die Modewelt.

FÜR DEN ANFANG …

Wenn Sie sich entschieden haben, Tierleid nach und nach aus Ihrem Kleiderschrank zu verbannen, was fangen Sie nun mit all den Wollpullis, Lederjacken und alten Pelzstücken an, die noch bei Ihnen zuhause liegen? Wenn Sie sich tierfreundlich kleiden möchten, fühlt es sich womöglich seltsam oder gar falsch an, Kleidung aus Tierleid zu behalten. Andererseits kann es ganz schön ins Geld gehen, so viel Kleidung zu ersetzen – außer, Sie sind auf Schnäppchen und Second-Hand-Ware spezialisiert.

Doch keine Sorge: Wenn Sie nicht alles auf einmal loswerden möchten, fangen Sie doch damit an, tierische Kleidung durch neue, tierfreundliche Stücke zu ersetzen, sobald erstere alt oder kaputt sind oder eh nicht mehr Ihrem Geschmack entsprechen. Sie können solche Kleidungsstücke an Organisationen spenden, die Menschen versorgen, die bei der Auswahl ihrer Klamotten schlichtweg keine Wahl haben. Über Echtpelz freuen sich auch viele Wildtierauffangstationen – sie halten damit verwaiste Tierbabys warm, bis sie auf eigenen Beinen stehen. Tierschutzgruppen wie PETA verwenden Pelze auch in der Aufklärungsarbeit oder geben sie an Menschen weiter, die dringend warme Kleidung brauchen, beispielsweise Geflüchtete.

ES IST NIE ZU SPÄT

Vielleicht gehören Sie schon zu den Glücklichen, die sich vegan ernähren, an die richtigen Organisationen spenden, nie einen Pelzmantel besaßen und einen Schrank voller T-Shirts mit veganen Sprüchen ihr Eigen nennen – aber gleichzeitig mehrere Lederschuhe oder Wollanzüge besitzen.

Dann geht es Ihnen wie vielen. Seien Sie stolz auf die Veränderungen, auf die Sie sich bereits eingelassen haben. Es ist nie zu spät, mit dem Rest aufzuholen. Die berühmte Schauspielerin und Tierschützerin Pamela Anderson zum Beispiel fing in den 1990er-Jahren an, zu ihrem bekannten roten Badeanzug ein Paar UGG-Stiefel am Set von *Baywatch* zu tragen. Das machte die Marke berühmt und verlieh ihr das Bild vom bequemen und gleichzeitig sexy-wirkenden Luxusschuh. Erst viel später, im Jahr 2007, wurde Anderson bewusst, dass die Stiefel aus Schafhaut bestehen: „Ich fühle mich so schuldig, weil die Zeit von *Baywatch* diesen Wirbel entfacht hat – ich trug sie mit meinem roten Badeanzug, damit mir nicht kalt wurde. Mir war gar nicht klar, dass es sich um HAUT handelte!“[80] Mittlerweile hat die Schauspielerin ihre eigene vegane Modelinie und verkauft umweltfreundliche Produkte und Dessous. Die UGGs hat sie gegen Schuhe von Stella McCartney und vegane Boots von Juicy Couture eingetauscht. Sie sehen: Auch wenn Pamela Anderson versehentlich dafür gesorgt hatte, dass Stiefel aus Schafhaut berühmt wurden, hielt sie das nicht davon ab, diese Stiefel später gegen die tierfreundliche Variante einzutauschen. Und es hielt sie erst recht nicht davon ab, offen über diese Entscheidung zu sprechen.

Sie wissen nicht, wo Sie bei all den unterschiedlichen Themen anfangen sollen? Halten Sie beispielsweise auf der Suche nach veganer Mode nach dem „PETA-Approved Vegan"-Logo Ausschau. Alle Unternehmen, die dieses Logo für ihre Produkte verwenden, finden Sie unter peta.de/veganleben/petaapprovedvegan/.

» UNTERHALTUNG

1997 kam der Film *Buddy – Mein haariger Freund* mit Rene Russo und Alan Cumming heraus. Er erzählt die wahre Geschichte einer exzentrischen Frau (Russo), die einen jungen Gorilla namens Buddy in ihre Familie (bestehend unter anderem aus Schimpansen, einer Katze, einem Pferd, Gänsen, einem Waschbär und einem Papageien) aufnahm. Anfangs läuft alles gut, doch irgendwann klappt es mit Buddy im Zuhause der Dame nicht mehr so recht und sie muss ihn in eine Auffangstation bringen, wo er von da an lebt – glücklich bis ans Ende seiner Tage.

Für den Schimpansen Tonka, der Buddy spielte, hatte sein Einsatz jedoch kein Happy End. Zwanzig Jahre nach Veröffentlichung des Films wandte sich Alan Cumming in einem Brief an den Vorstand der Missouri Primate Foundation:

> Ich habe 1997 für den Film *Buddy* eng mit [Tonka] zusammengearbeitet. Meine Rolle hatte zahlreiche Szenen mit ihm und so entwickelten wir über die Monate eine enge Kameradschaft. Nach Drehschluss ließen ihn seine Trainer mich „putzen". Es war eine ganz besondere Freundschaft – eine, die ich immer in meinem Herzen tragen werde. Ich hatte gehofft, Tonka im folgenden Jahr bei der Filmpremiere zu sehen. Doch man sagte mir, er sei nicht mehr führbar und man habe ihn deshalb „in Rente" nach Palm Springs geschickt. 20 Jahre lang stellte ich mir vor, wie er die Jahre nach seiner Hollywood-Karriere in einer riesigen Auffangstation verbringen durfte.[81]

Doch dem war nicht so. Wie Cumming erfahren musste, war die Geschichte über Palm Springs eine Lüge gewesen und Tonka saß tatsächlich in einem kleinen Käfig in Missouri. Der Betrieb, dem er jetzt gehörte, war der zuständigen US-Behörde bereits mehrfach wegen Tierschutzverstößen aufgefallen.

Ja, Tiere können sehr unterhaltsam sein – das wissen wir spätestens seit YouTube. Doch Fakt ist auch, dass viele Tiere, die für unsere Unterhaltung herhalten müssen, schrecklich leiden. Alan Cumming setzt sich mit aller Kraft für seinen ehemaligen Co-Star ein. Den meisten anderen Tieren in der Branche fehlt es an Fürsprechern.

Der Mensch nutzt Tiere zu seiner Unterhaltung schon so lange, wie unsere Aufzeichnungen über derartige Themen zurückreichen. Möglicherweise sogar noch länger: Archäologische Grabungsarbeiten in Mazedonien zeigten, dass schon um 2.000 v. Chr., vielleicht sogar früher, Löwen und andere Wildtiere zur Belustigung der Menschen in Käfige gesperrt wurden. Alte Zivilisationen – von den Ägyptern über die Chinesen bis hin zu den Babyloniern und Assyrern – fingen Wildtiere wie Elefanten, Giraffen oder Bären und hielten sie gefangen.

Auch domestizierte Tiere kamen zum Einsatz: Die alten Römer beispielsweise sind für ihre Wagenrennen bekannt, die oftmals mit dem Tod eines Menschen endeten, wesentlich häufiger aber mit dem eines Pferdes. Besonderer Beliebtheit erfreuten sich über lange Zeit Zirkusse, in denen Tiere gequält und häufig auf barbarische Weise getötet wurden. Manche Spektakel bestanden gar aus nichts anderem als dem Töten: Im Jahr 13 v. Chr. etwa massakrierte ein römischer Zirkus mindestens 600 „exotische" Tiere, die man aus Afrika eingeführt hatte.

Einigen Menschen fiel jedoch auf, wie herzlos solche Veranstaltungen waren. Der römische Wissenschaftler und Historiker Plinius etwa befasste sich in seinem Werk *Naturalis historia* näher mit Tieren und schrieb: „Es ist bekannt, dass ein Elefant, der im Verständnis der ihm gegebenen Anweisungen eher begriffsstutzig war und mehrfach mit Schlägen bestraft wurde, des Nachts übte."

Besonders gern fanden damals zu Unterhaltungszwecken Rennen oder Duelle statt. Doch man fing auch Tiere ein und ließ sie gegeneinander kämpfen, etwa in Hundekämpfen, wie sie im alten Rom beliebt waren. Hahnenkämpfe gibt es schon seit mindestens 6.000 Jahren. Die Bärenhatz erfreute sich besonders in Europa großer Beliebtheit. Und dann wäre da noch der Stierkampf – der wohl noch weiter in die Geschichte zurückreicht und bis heute existiert.

Mit dem Zusammenbruch des römischen Reiches wurden alle Formen der Massenunterhaltung selten, so auch die mit Tieren. Doch innerhalb weniger Jahrhunderte stiegen neue König- und Kaiserreiche zur Macht auf und mit ihnen kam auch die tierbasierte Unterhaltungsform zurück. Am Ende des 8. Jahrhunderts besaß Karl der Große drei Tierschauen. In ihnen lebten nicht nur die ersten in Europa gefangengehaltenen Elefanten seit den Römern, sondern auch andere exotische Tiere. Man hatte sie entweder in freier Wildbahn gefangen oder es handelte sich um Geschenke anderer Herrscher. Diese Praxis setzte sich übrigens bis ins 21. Jahrhundert fort. So schickte etwa der ehemalige Präsident Simbabwes, Robert Mugabe, Giraffen, Zebras und Elefantenbabys nach Nordkorea und China (einige starben bereits auf dem Transport). Und auch der russische Präsident Vladimir Putin sammelt Wildtiergeschenke anderer Führungsfiguren, z. B. persische Leoparden und reinrassige Vollblutaraber.

Doch zurück in die Geschichte. Ende des 11. Jahrhunderts ließ sich Wilhelm der Eroberer seine eigene Tierschau einrichten. Dort lebten Luchse, Kamele und scheinbar auch ein Stachelschwein. Zwei englische Könige später gründete Heinrich I. eine royale Tierschau in dem Städtchen Woodstock. Diese wurde einige Zeit später und nach Aufstockung durch King John in den Tower of London verlegt, wo sie mehrere hundert Jahre lang verschiedene exotische Tiere ausstellte. Auch diese Tiere stammten entweder aus freier Wildbahn oder waren Geschenke anderer Herrschaftshäuser. Zu unterschiedlichen Zeiten gehörten afrikanische Elefanten, Leoparden, Löwen, Kamele und sogar ein Eisbär der Ausstellung an. Zweifellos waren die einsamen, ihrem Zuhause entrissenen Tiere die Leidtragenden.

Paul Friedrich Meyerheim: *In der Tierbude*, 1894 (*Galerie Neue Meister*, Dresden)

Die englische royale Tierschau war die längste Dauerausstellung der Welt. Doch auch andere königliche Schauen in ganz Europa hatten einiges zu bieten. So beherbergte Ludwig XIV. in Versailles eine der exotischsten Tiersammlungen der Welt. Solche Menagerien wurden mit der Zeit zu reisenden Veranstaltungen: Anfang des 18. Jahrhunderts fuhren Betriebe mit den größten und „wildesten" Tieren wie Elefanten und Tigern in ganz Europa und Amerika von Stadt zu Stadt.

Königliche Hoheiten konnten sich derartige Schauen zu ihrer Belustigung stets leisten. Damit auch die gewöhnliche Bevölkerung in den Genuss kam, die Tiere der Herrscher zu bestaunen, musste sie zahlen. In England etwa lag der Eintrittspreis bei drei halben Pennys oder einer Katze oder einem Hund – die Tiere wurden dann den Löwen zum Fraß vorgeworfen. Zoos und Zirkusse wurden mit ihrem einzigartigen Charakter – der Vorführung exotischer Tiere – zu wahren Besuchermagneten. Archäologische Untersuchungen förderten Zirkus-Überbleibsel aus dem Jahr 1.200 v. Chr. und sogar früher zu Tage. Aber Tierzirkusse, wie wir sie heute kennen, nahmen ihren Anfang erst wesentlich später, nämlich Mitte des 18. Jahrhunderts. Damals brachte sich der englische Kunstreiter Philip Astley bei, wie man stehend auf einem Pferd reitet. Er engagierte einen Clown, der ihn begleitete und machte seine begrenzte Manege zum beliebten Ausflugsziel für Familien.

Im 19. Jahrhundert wollten immer mehr Zirkusse ihren Besucherinnen und Besuchern etwas ganz Besonderes bieten. Der Amerikaner Isaac van Amburgh soll als erster Mensch seinen Kopf in den Mund eines Löwen gesteckt haben – zumindest war er wohl der erste, der dabei mit seinem Leben davonkam.

Teil seiner Show war außerdem ein gemeinsamer Auftritt eines Löwen und eines Lamms. Der berühmteste der neuen Riege der Zirkusunternehmer war jedoch der Amerikaner P. T. Barnum, der 1841 sein erstes „Museum" eröffnete. In ihm stellte er nicht nur wundersame Tiere, sondern auch Menschen aus – zum Beispiel eine Frau mit vier Beinen, einen Mann mit Löwengesicht und siamesische Zwillinge. Den Besucherinnen und Besuchern waren die Wildtiere lieber als die „Freaks" und so setzten sich im 20. Jahrhundert Tierzirkusse durch. Mittlerweile hat der größte amerikanische Zirkus Ringling Bros. and Barnum & Bailey Circus seine Tore geschlossen – oder besser: seine Zeltplane eingerollt –, nachdem er wegen der Vernachlässigung von Tieren und daraus resultierenden Todesfällen die höchste Strafe der Zirkusgeschichte zahlen musste. Heute gibt es in Nordamerika nicht einmal mehr 30 Zirkusse, was teils auf die hohen Grundkosten, teils auf neue Formen der Unterhaltung zurückzuführen ist. Ein weiterer Grund ist das unermüdliche Engagement von Tierschutzgruppen, die der Öffentlichkeit wieder und wieder zeigen, wie schlecht es Tieren im Zirkus ergeht. In Deutschland gibt es noch rund 300 Zirkusbetriebe, von denen viele noch immer mit Tieren – insgesamt etwa 1.400 – umherreisen, darunter Giraffen, Elefanten und Tiger. Während die altbackenen Tierdressuren aber immer weniger Publikum anlocken, erfreuen sich moderne Shows ohne Tiere, wie sie beispielsweise von Circus Roncalli oder dem Circus Flic Flac angeboten werden, enormer Beliebtheit.

Eben aufgrund des immensen Tierleids haben – Stand 2021 – schon 46 Länder weltweit die Nutzung von Wildtieren im Zirkus eingeschränkt, u. a. Schweden, Österreich, Costa Rica, Indien, Finnland und Singapur. Die Parlamente von Wales und Schottland haben bestimmte Wildtierarten im Zirkus ganz verboten. Und in Amerika werden Forderungen nach Zirkusverboten oder auch dem Verbot des sogenannten Elefantenhakens immer lauter. In Deutschland gibt es bislang noch kein Verbot von Tieren im Zirkus, doch die Bestrebungen nehmen zu. So bleibt es nur noch eine Frage der Zeit, bis Elefanten und andere Wildtiere im Zirkus endlich verboten werden – und damit auch der Elefantenhaken für immer verschwindet.

PRIVATZOOS, AQUARIEN UND MEERESPARKS

Die meisten Menschen, die in den Zoo gehen, nehmen an, den Tieren dort geht es gut – ganz im Gegensatz zum Zirkus. Doch das ist oft nicht der Fall. Insbesondere dann nicht, wenn es um kleine Privatzoos geht, die in einigen Ländern weit verbreitet sind. Und selbst unter den bestmöglichen Gefangenschaftsbedingungen kann ein Gehege niemals den natürlichen Lebensraum eines Tieres ersetzen. Das wird auch größeren Zoos immer stärker klar und so lassen viele beispielsweise ihre Elefantenhaltung auslaufen.

In Gefangenschaft können sich Tiere nie frei bewegen, frei nach Nahrung suchen oder einen Partner bzw. eine Partnerin wählen. Ihre Babys dürfen sie meist nicht aufwachsen sehen, da diese an andere Einrichtungen verkauft oder getauscht werden. Süße Jungtiere ziehen Menschenmassen an, aber „überschüssige" Tiere oder solche, die nicht zur Zucht dienen, werden verkauft – teils auch an Zirkusse oder Forschungslabore. Zoos haben sogar schon Tiere an Jagdfarmen im Ausland verkauft. Dort sperrt man Tiere in einen eingezäunten Bereich und überlässt sie Jägern zum richtigen Preis zum Abschuss als „Trophäe". In Bärenparks wurden schon Bären getötet und zu Fleisch verarbeitet. Viele Tiere fallen auch Besuchern zum Opfer, wenn diese beispielsweise Gegenstände in die Gehege werfen und die Tiere giftige Substanzen aufnehmen. Einige Tiere versuchen zu fliehen und werden dabei getötet – so erging es etwa einem Gorilla aus dem Zoo von Dallas im Jahr 2004. Es stimmt auch nicht, dass Tiere in Gefangenschaft, wie oft behauptet, länger leben als ihre Artgenossen in Freiheit. Eine Studie mit 4.500 Elefanten, die teils in freier Wildbahn, teils in Gefangenschaft lebten, zeigte, dass die durchschnittliche Lebenserwartung bei afrikanischen Elefanten in Gefangenschaft noch nicht einmal 17 Jahre betrug. In einem Naturschutzgebiet starben Tiere der gleichen Art einen natürlichen Tod mit durchschnittlich 56 Jahren.

Und schließlich kommt es auch immer wieder vor, dass Zoos Tiere töten, weil sie nicht mehr genügend Platz haben. So räumte etwa im Jahr 2017 ein schwedischer Zoo ein, über einen Zeitraum von mehreren Jahren insgesamt neun gesunde Löwenjunge eingeschläfert zu haben, weil schlichtweg kein Platz für sie da war.

Grundsätzlich vermitteln Zoos den Eindruck, es sei in Ordnung, Tiere fernab ihres natürlichen Zuhauses und eines natürlichen Lebens einzusperren. Doch das ist es nicht. Virginia McKenna, die aus dem britischen Filmklassiker *Frei geboren – Königin der Wildnis* bekannt ist, erhielt für ihr Engagement für Tiere in Gefangenschaft im Jahr 2004 eine staatliche Auszeichnung. Ihre Rolle in dem Film gab den Anstoß für ihr Engagement: „Wildtiere gehören in die

Wildnis, nicht in Zoogefangenschaft. Die Freiheit ist ein wertvolles Konzept und Wildtiere leiden unter dem durch die Gefangenschaft verursachten Mangel an Freiheit körperlich und geistig."[82]

Ähnlich ergeht es Tieren in Großaquarien und Meeresparks. Und auch diese Einrichtungen sind kein neues Phänomen: Schon die alten Römer bauten Becken mit Glaswänden, hinter denen Menschen außergewöhnliche Wassertiere bestaunen konnten. Doch Großaquarien, wie wir sie heute kennen, entstanden erst Mitte des 19. Jahrhunderts. Der Begriff „Aquarium" wurde von dem Engländer Philip Henry Gosse geprägt, der 1853 im Londoner Zoo das erste Großaquarium erschuf, das schlicht und einfach „Fischhaus" genannt wurde. Heute sind solche Aquarien und Meeresparks wie SeaWorld (denen sich der Dokumentarfilm *Blackfish* widmet) Teil einer Milliarden-Industrie. Ric O'Barry war Delfintrainer für die berühmte 1960er-Jahre-Serie *Flipper* – heute setzt er sich mit aller Kraft für die Freiheit von Delfinen ein. Er sagte einmal, kein Mensch würde noch solche Parks unterstützen, wenn uns bewusst wäre, was hinter den Kulissen geschieht. Delfine werden mit gnadenlosen Trainingsmethoden dazu gebracht, nutzlose Tricks vorzuführen. Man gibt ihnen beispielsweise keine Nahrung oder hält sie isoliert, damit sie gefügig werden. Familien werden auseinandergerissen. Und die winzigen Becken, in denen die Tiere leben müssen, werden mit Chemikalien gereinigt, die teils schlimme Nebenwirkungen mit sich bringen. Trainer berichten von Delfinen, die immer wieder mit dem Kopf gegen die Beckenwand rammen oder einfach nicht mehr zum Atmen auftauchen – ein Phänomen, das Meeresbiologe Jacques Cousteau für einen Selbstmordversuch hielt.

Richard Donner, Co-Produzent des Films *Free Willy*, sagte einmal: „Es ist obszön, diese majestätischen Säugetiere zu kommerziellen Zwecken der Wildnis zu entreißen. Solche grauenvollen Fangaktionen müssen endlich der Vergangenheit angehören."[83] Doch nicht nur Delfine laufen ständig Gefahr, aus ihrer Heimat entführt zu werden – *alle* Tiere, vom Kraken bis hin zum Hai, die zu einer lebenden Belustigung für den Menschen degradiert werden, haben weitaus Besseres verdient.

WEITERE FORMEN TIERBASIERTER UNTERHALTUNG

Zum einen gibt es tierbasierte Unterhaltungsformen, in denen Tiere ausschließlich vom Menschen begafft werden. Zum anderen aber auch solche, an denen Menschen aktiv teilhaben. Da wären beispielsweise Rodeos, in denen Elektroschocker, Sporen und „Buckelgurte" zum Einsatz kommen, um das Tier zu irritieren und wütend zu machen. Denn die eingesetzten Tiere buckeln nicht wie wild, weil ihnen das Rodeo solchen Spaß macht, sondern weil sie sich

Beim berühmten Hundeschlittenrennen Iditarod erkrankt über ein Drittel der Hunde, verletzt sich oder ist schlichtweg zu erschöpft, um weiterzulaufen. Viele werden getreten, geschlagen oder gar getötet, weil sie nicht schnell genug laufen.

von einem engen Strick um den Bauch befreien wollen. Dass sie überhaupt wie von Sinnen in die Arena sprinten, rührt von einem Elektroschock her, den man ihnen am Tor verabreicht. Oft tragen die Tiere blaue Flecke, Bänderrisse, Knochenbrüche oder Bandscheibenrupturen davon. Sind sie an einem Punkt zu schwer verletzt, als dass sie noch zum Rodeo zu gebrauchen wären, verkauft man sie an den Schlachter.

Eine andere noch heute praktizierte Form der tierbasierten Unterhaltung mag harmloser erscheinen, ist es jedoch keineswegs: Hunderennen. Das Hundeschlittenrennen Iditarod zum Beispiel erstreckt sich über rund 1.600 Kilometer. Das ist so, als würde man seinen Hund von Berlin nach Moskau rennen lassen und ihm dabei nicht einmal Schlaf gönnen, damit er eine knapp 200 Kilogramm schwere Last so schnell wie möglich von A nach B bringt. Ungefähr 1.500 Hunde starten für gewöhnlich im Iditarod. Über ein Drittel von ihnen erkrankt, verletzt sich oder ist schlichtweg zu erschöpft, um weiterzulaufen, nachdem es über Stunden hinweg bei extremen Temperaturschwankungen über Bergketten und zugefrorene Flüsse, durch beißende Tundra-Winde und die Sicht nehmende Schneestürme ging. Einige Hunde sterben noch auf der Strecke. Viele werden getreten, geschlagen oder gar getötet, weil sie nicht stark oder schnell genug laufen. Der Zeitungskolumnist George Diaz bezeichnete das Iditarod deshalb als „nichts als ein barbarisches Ritual, mit dem sich die Cowboys Alaskas die Lizenz zum Töten beschaffen“[84].

Dann wäre da noch der Stierkampf – eine der berühmtesten tierbasierten, aktiven Unterhaltungsformen. Jedes Jahr sterben in diesen Kämpfen weltweit tausende von Stieren. In Spanien etwa finden sie bis heute statt, obwohl eine aktuelle Ipsos-MORI-Umfrage ergab, dass nicht einmal 30 Prozent der spanischen Befragten die blutigen Spektakel gutheißen. Über 100 spanische Städte haben den Stierkampf bereits verboten. Und doch gibt es in Spanien noch über 1.200 mit Regierungsgeldern finanzierte Stierrennen und dutzende staatlich unterstützte Stierkampfschulen. Auch in Frankreich, Mexiko und Portugal finden Stierkämpfe statt – einige davon blutig, andere nicht.

Ebenfalls seit bereits 6.000 Jahren beim Publikum beliebt: Hundekämpfe. Dafür züchten Menschen sogenannte Kampfhunde und stellen zwei von ihnen gegeneinander in den Ring. Sie sehen dabei zu, wie sich die Hunde zerfleischen und wetten auf den Sieger. Die Verlierer findet man regelmäßig blutüberströmt oder sterbend ausgesetzt. In den USA sind Hundekämpfe, wie fast überall, illegal. Die bloße Teilnahme an Hundekämpfen gilt in den USA als schwere Straftat. Auch in Deutschland sind Hundekämpfe verboten, finden im Verborgenen doch nach wie vor statt (peta.de/themen/hundekaempfe-deutschland/). Das Gleiche trifft auf Hahnenkämpfe zu – ein Spektakel, bei dem zwei oder mehr Hähne bis zum Tod gegeneinander kämpfen müssen. Meist bringt man an den Füßen der Tiere Rasierklingen an, um stärkere Verletzungen zu verursachen.

Eines der tödlichsten Spektakel ist gleichzeitig eines der am wenigsten bekannten und erscheint auf den ersten Blick auch recht harmlos: Taubenwettflüge. In ihrer Ausgestaltung unterscheiden sich die Wettbewerbe zwar, doch normalerweise geht es grundsätzlich darum, sogenannte Brieftauben auszusetzen, die dann über hunderte Kilometer hinweg zurück zu ihrem Taubenschlag fliegen. Man trennt sie von ihrem Lebenspartner und den Kindern. Und so hetzen die hingebungsvollen Eltern nach Hause – wohl wissend, dass sie ihre Kinder mit der Milch füttern müssen, die sowohl Männchen als auch Weibchen in ihrem Kropf produzieren. Während des Fluges fallen sie häufig Beutegreifern, Stromleitungen, Jägern oder schlichtweg der völligen Erschöpfung zum Opfer. In einigen Wettflügen verschwinden über 80 Prozent der teilnehmenden Vögel. Wo die Strecke über ein Meer führt, stürzen viele Vögel ins Wasser und ertrinken. Manche Wettflüge sind für ihre tödlichen Konsequenzen geradezu berüchtigt. So kehrten bei einem dieser Flüge in New York City nur 4 von insgesamt 213 Tauben zurück nach Hause. Doch selbst die Tiere, die nach Hause zurückkehren, sind nicht sicher. Kommen sie zu spät oder als letzte an, werden sie möglicherweise direkt im Anschluss getötet. Das Gleiche gilt für Tauben, die unterwegs zusammenbrechen, von einer tierlieben Person anhand des Fußrings identifiziert und zum Halter zurückgebracht werden. Ein Teilnehmer solcher Wettflüge drückte es so aus: „Das Erste, was man lernen muss, wenn man an Taubenwettflügen teilnimmt, ist, die Verlierer zu töten.“[85] Diesen „Verlierern“ wird der Hals umgedreht.

Pferderennen sind ein milliardenschweres Geschäft – und zwar weltweit. Ein Geschäft, in dem man daraus Profit schlägt, ein Pferd vom Anfang bis zum Ende seines Lebens zu malträtieren. Viele Pferde müssen schon in einem Alter Rennen laufen, in dem ihre Knochen noch nicht vollständig ausgewachsen sind. Sie werden von Anfang an unter Medikamenteneinfluss gesetzt, häufig illegaler Weise. Denn nur so bringt man die Tiere dazu, zu rennen, wenn ihr Körper doch eigentlich Ruhe benötigt und sich von Verletzungen und Strapazen erholen möchte. Dass die Tiere dann trotzdem rennen, führt nicht selten zu Knochenbrüchen oder sogar zum Tod. In Nordamerika sterben jeden Tag mindestens drei Pferde auf der Rennbahn. Hunderte weitere werden im Training verletzt oder getötet. Die Überlebenden sind oft so schwer verletzt, dass sie schon mit fünf oder sechs Jahren nicht mehr zum Rennen taugen. Sobald das der Fall ist, landen Tiere aus der nordamerikanischen Rennindustrie beispielsweise auf einer Auktion und werden von dort aus über mehrere Tage hinweg nach Mexiko oder Kanada transportiert. Dort wartet der Schlachter. Es werden von Amerika aus sogar Pferde nach Japan und Südkorea verschickt. Teils züchtet man dort zuerst mit ihnen, teils müssen sie noch für Rennen herhalten – manchmal wird aber auch direkt Hackfleisch aus ihnen gemacht. Bevor PETA USA die Rennindustrie im Jahr 2012 davon überzeugen konnte, ein spezielles Programm für ausgediente „Rennpferde“ einzuführen, wurden bis zu 10.000 Vollblüter aus den USA zur Schlachtung in andere Länder transportiert.

FILM UND FERNSEHEN

Flipper, Lassie, Black Beauty: Was wäre die Film- und Fernsehlandschaft ohne Tiere? Früher hätte die Antwort auf diese Frage wohl lauten müssen: Sie wäre weniger unterhaltsam und wesentlich erfolgloser. Tiere treten schon auf der Leinwand auf, seit es bewegte Bilder gibt. Und zwar im wahrsten Sinne des Wortes: Die ersten bewegten Bilder entstanden im Jahr 1878, als der englische Fotograf Eadweard Muybridge eine Reihe schnell hintereinander aufgenommener Bilder eines galoppierenden Pferdes aufnahm. Der Legende nach gewann er damit 25.000 Dollar von einem amerikanischen Geschäftsmann, weil er bewiesen hatte, dass bei einem rennenden Pferd stets in einem Moment alle vier Beine in der Luft sind.

Im Filmgeschäft verstand man schnell, wie man Tiere gewinnbringend ausbeuten konnte. Das beste Beispiel dafür liefert ein Kurzfilm von 1903 mit dem Titel *Electrocuting an Elephant*. Er war der erste Versuch, zahlendes Publikum durch das Töten eines Tieres für einen Film zu begeistern. Was aber steckte dahinter? Im Jahr 1902 soll eine Elefantenkuh namens Topsy einen betrunkenen Zirkusbesucher erdrückt haben, der sie mit einer brennenden Zigarette verbrannt hatte. Sie wurde daraufhin an einen Zoo verkauft. Dort stach ihr (ebenfalls betrunkener) Pfleger mit einer Mistgabel auf Topsy ein, sie konnte ausbrechen und rannte durch die Straßen Brooklyns. Der Pfleger wurde gefeuert und Topsy sollte erneut verkauft werden. Doch niemand wollte sie. Deshalb wurde sie medienwirksam zum Tod durch Stromschlag „verurteilt". Die Filmgesellschaft Edison erklärte sich bereit, das Spektakel zu filmen. So entstand das grausame Filmdokument.

Schon bald begeisterten sich mehr und mehr Menschen für Filme mit Tieren. Ob nun boxende Kängurus oder tanzende Elefanten – die Darstellungen glichen oft denen eines Zirkus. Ebenfalls beliebt waren Schafe, Bären, Esel und Affen und nach einer Weile traten die Tiere eher als unfreiwillige Schauspieler denn als Zirkusdarsteller auf. Der wohl berühmteste von ihnen war ein Schäferhund namens Rin Tin Tin. Er war Teil von insgesamt 27 Filmen und erhielt jede Woche mehr als 10.000 Fan-Briefe. 1932 starb Rin Tin Tin und schon kurz darauf stieg ein Pferd namens Black Beauty zum nationalen Filmheld auf. Vielleicht noch berühmter war jedoch ein Collie namens Lassie, der erstmals in dem Filmklassiker *Heimweh* von 1943 auftrat. Aus dem Film wurde schließlich eine Serie, die über 17 Jahre hinweg lief. Mindestens neun unterschiedliche Hunde spielten die Rolle der Lassie und sie alle waren männlich (obwohl das englische Wort Lassie „Mädchen" bedeutet). Doch man wollte wohl einen etwas größer wirkenden Hund. Allerdings hatte Lassie auch stets ein Stuntdouble und das war weiblich.

So sehr das Publikum tierische Filmhelden auch liebte – Hollywood selbst zollte dieser Liebe kaum Respekt. Die vierbeinigen Stars wurden häufig schlecht behandelt, gequält oder gar getötet. Die Autorin Petrine Day Mitchum beschreibt in ihrem Buch *Hollywood Hoofbeats* beispielsweise die Praxis des Stolperdrahts, die dann zum Einsatz kam, wenn ein Pferd im Film erschossen wurde oder aus einem anderen Grund ruckartig zum Stillstand kommen musste: „Man führte ein Drahtseil, das an den Vorderbeinen des Pferdes befestigt war, durch einen Ring am Sattelgurt und fixierte es an vergrabenen Gewichten ... Wenn das Pferd dann am Ende des Seils angekommen war, riss es ihm die Vorderbeine unter dem Körper weg."[86] Das Publikum mag begeistert gewesen sein, doch die Pferde waren nach dieser Prozedur entweder schwer verletzt oder tot. So erging es beispielsweise den Pferden in den Westernfilmen *Ringo* (1939) und *Jesse James, Mann ohne Gesetz* (1939). Vier Pferde starben am Set von *Heaven's Gate* (1980) und zwei für die HBO-Serie *Luck* (2011–2012). Und bei den Dreharbeiten für den Spielfilm *Flicka – Freiheit. Freundschaft. Abenteuer.* aus dem Jahr 2006 brach sich ein Pferd Berichten zufolge das Genick, nachdem es sich in einem Seil verheddert hatte, während ein zweites nach einem Beinbruch in einer ähnlichen Situation eingeschläfert werden musste. Filmhistoriker wissen, dass insgesamt fünf Pferde bei den Dreharbeiten zu der 1925er-Version von *Ben Hur* getötet wurden; für die Version von 1959 sollen es noch viel mehr gewesen sein.

Die meisten von uns haben nicht die geringste Ahnung davon, was hinter den Kulissen mit Tieren geschieht. Das süße Grinsen, das wir beispielsweise von Schimpansen auf der Leinwand kennen, ist Dr. Jane Goodall zufolge in Wahrheit eine „Angstgrimasse". Schimpansen zeigen ihre Zähne niemals aus Freude. Für Filmaufnahmen tun sie es auf Kommando. Aber nur deshalb, weil die Tiere schon in jungen Jahren oft mit Totschlägern oder Billardstöcken verprügelt oder mit Elektroschocks traktiert werden, um sie gefügig zu machen. Einigen werden die Zähne entfernt. Die Primatologin Sarah Baeckler arbeitete 14 Monate lang verdeckt in einem bekannten Trainingsbetrieb für Hollywood und sah „viel körperliche Gewalt. Viele Schläge und Tritte und den Einsatz des ‚Ugly Stick' – ein abgesägter Besenstiel. Damit wurden die Schimpansen geschlagen". Außerdem „alle möglichen Formen des körperlichen Missbrauchs, damit die [Tiere] aufmerksam bleiben und dem Trainer gehorchen"[87].

Hunden und Katzen ergeht es kaum besser. 2007 sah sich Disney schweren Vorwürfen ausgesetzt, nachdem die für den Film *Snow Buddies – Abenteuer in Alaska* genutzten 15 Welpen erkrankt, zum Teil sogar gestorben waren. Viele der Welpen stammten von einem kommerziellen Züchter in New York und waren von dort aus mit nur sechs Wochen an die kanadische Produktionsfirma geliefert worden. Laut Gesetz wäre der Verkauf erst im Alter von acht Wochen erlaubt gewesen. Einem Bericht aus dem Jahr 2013 zufolge ist der Tiger aus dem berühmten Film *Life of Pi: Schiffbruch mit Tiger* bei den Dreharbeiten fast ertrunken. Und am Set von *Der Hobbit: Eine unerwartete Reise* kamen laut Aussagen von Informanten insgesamt 27 Tiere zu Tode, u. a. Schafe und Ziegen, die dehydrierten, an Erschöpfung starben oder ertrankten.

Dass Tiere bei Dreharbeiten sterben, kommt häufiger vor, als man meinen könnte. Doch nicht nur am Set gibt es Todesfälle, sondern auch dort, wo Tiere untergebracht sind oder trainiert werden, oder beim Transport. Die Website *The Dodo* enthüllte im Jahr 2018, dass Sidney Yost, ein berühmter Tiertrainer Hollywoods und Eigentümer von Amazing Animal Productions, Tiere misshandelt hat. Unter anderem schlug er sie mit Stöcken, trat ihnen gegen den Kopf und hielt sie in völlig verdreckten Gehegen. In einem Zeitraum von nur drei Jahren stellte die zuständige US-Behörde bei dem Mann rund 40 Tierschutzverstöße fest. Doch trotz allem konnte er weiterhin Tiere trainieren, zum Beispiel für Blockbuster wie *Die Tribute von Panem, Der Butler* und *12 Years a Slave*. Schlussendlich entzog ihm die Behörde seine Lizenz und er musste 30.000 Dollar Strafe zahlen. Heute darf er nicht mehr mit Tieren arbeiten.

Fast jeder Filmfan hat schon einmal im Abspann die Worte gelesen: „In diesem Film kamen keine Tiere zu Schaden." – Oder Englisch: „No Animals Were Harmed in the Making of This Film." Doch wie in so vielen Aspekten Hollywoods trügt der Schein auch hier. In Amerika ist für die Ausstellung des Tierwohlvermerks die Organisation American Humane (AH) zuständig. Sie hatte sich gegründet, nachdem für den Film *Jesse James unter Verdacht* von 1939 ein Pferd absichtlich in den Tod gestürzt worden war.

Doch leider hat AH keine ausreichenden Befugnisse, um ihre eigenen Standards auch wirklich durchzusetzen. Sie kann lediglich aus ihren sechs unterschiedlichen Kategorien wählen, die sich zwischen „Hervorragend" und „Nicht geprüft" bewegen. Zudem wird AH von der Schauspielergewerkschaft finanziert – also von eben jener Industrie, die sie überwachen soll. Die Bewertungen beziehen auch lediglich den Umgang mit Tieren am Set mit ein – nicht etwa Training oder Unterbringung. Karen Rosa, Direktorin der Film- und Fernsehabteilung von AH, sagte der *Los Angeles Times:* „Wir sind eine Non-Profit-Organisation. Wir haben gar nicht die nötigen Mitarbeiter, um eine derart umfassende Beaufsichtigung zu gewährleisten. Wir können nicht davon ausgehen, dass [die Leute] anders mit den Tieren umgehen, sobald sie das Set verlassen."[88] Im Jahr 2013 gab es in den Medien mit Hintergrundinformationen belegte Vorwürfe, AH würde Vorfälle von Tiermissbrauch an Film- und Fernsehsets nicht in ausreichendem Maße melden.

Neben der Tatsache, dass AH nichts über Training oder Lebensbedingungen der Tiere aussagt, kommt ein weiterer Punkt hinzu. Die Organisation bezieht nicht mit ein, ob ein Trainer schon zuvor wegen Tierquälerei aufgefallen war. So wurde beispielsweise für die Bereitstellung eines Grizzlybären für den Film *Semi-Pro* eine Firma namens Predators in Action angeheuert. Und das, obwohl das Unternehmen von der zuständigen Behörde zuvor wegen Tierschutzverstößen vorgeladen worden war, u. a. aufgrund des mangelhaften Zustandes der Tiergehege, weil man einen Löwen bei Schnee in eine winzige Box gesperrt hatte und weil es Tieren an Trinkwasser fehlte. Auch der Film *Evan Allmächtig* wurde von AH nicht dafür kritisiert, mit einem Unternehmen zusammenzuarbeiten, das mehrfach wegen fehlender tierärztlicher Versorgung und schlechter Unterbringung verwarnt worden war. Was ebenfalls von keiner Stelle überwacht wird, ist, ob Babys von ihren Müttern getrennt werden. Und was mit den Tieren geschieht, wenn sie der Firma irgendwann nichts mehr nützen, bleibt vor den Augen von AH ebenfalls verborgen.

TIERFREIE UNTERHALTUNG

Im Winter 2018 schaffte eine Gruppe britischer Soldatinnen etwas wahrhaft Unglaubliches: Die Frauen durchquerten die Antarktis. Als Hilfsmittel standen ihnen hauptsächlich ihre eigene Stärke und ihr Durchhaltevermögen zur Verfügung. Sie brauchten für die 1.700 Kilometer lange Strecke bei Temperaturen von bis zu minus 40 °C gerade einmal 62 Tage – ein neuer Rekord. Auf Skiern stehend zogen sie Schlitten mit ihrer Ausrüstung hinter sich her, die pro Person rund 80 Kilogramm wogen. Wer braucht da schon das bereits erwähnte

Hundeschlittenrennen Iditarod, wenn es doch Menschen gibt, die sich freiwillig auf eine solche Reise begeben und der ganzen Welt zeigen, dass man so eine gewaltige Leistung erzielen kann, ohne auch nur einem Tier zu schaden!

Zwischen dem Nord- und dem Südpol gibt es für uns alle schier unendliche Möglichkeiten, uns die Zeit zu vertreiben. Wer etwa Wildtiere bestaunen möchte, muss dafür weder um die ganze Welt fliegen noch die Gefangenhaltung von Tieren im Zoo unterstützen. Einerseits gibt es von nahezu jedem Tier, das man sich nur vorstellen kann, wunderbare Videoaufnahmen. Andererseits bieten uns neue Technologien wie Oculus Rift und andere Virtual-Reality-Headsets interaktive Darstellungen von Wildtieren, mit denen man das Gefühl bekommt, man könne den Atem der Tiere auf dem eigenen Gesicht spüren. Für dieses Erlebnis müssen keine Tiere in Käfige gesperrt werden. Die moderne Technik erschafft sogar Tiernachbildungen, die einen Herzschlag haben, gähnen oder Verletzungen aufweisen können. Mit solchen Modellen kann man etwa in der Ausbildung völlig tierleidfrei lernen, wie Wunden bei Tieren zu versorgen sind.

KÜNSTLICHE TIERE

Der Zoo von London verfügt über eine ganz besondere Attraktion: Ein künstlicher Löwe, der so echt wirkt, dass man ihn kaum vom Original unterscheiden kann. Modelliert wurde das Tier aus Ton und Gips in Latexschichten, dann wurde von Hand synthetisches Fell an den Körper genäht. Die Augen bestehen aus Glas, die Krallen aus Plastik, die Schnurrhaare aus Glas. All jene, die den „Löwen" schon aus der Nähe bestaunen (und fürchten) durften, sind sich einig: Genau wie ein echter Löwe!

Ein Tier, das man weder im Dschungel noch im Zoo vorfinden kann, entstand Anfang der 2000er-Jahre in Frankreich. Die Straßentheatergruppe Royal de Luxe erweiterte ihr Programm um einen 12 Meter hohen, 8 Meter breiten mechanischen Elefanten. Der Publikumsliebling besteht aus 45 Tonnen Holz und Stahl und kann bis zu 49 Passagiere auf einen 45 Minuten langen Spaziergang mitnehmen. Der „Reiher-Baum" der Theatergruppe ist ebenfalls eine Stahlstruktur und ganze 45 Meter breit und 28 Meter hoch. Auf dem „Baum" sitzen zwei „Reiher" und wer möchte, kann von den Flügeln oder dem Rücken der Vögel aus die Aussicht auf die hängenden Gärten der Gruppe genießen.

Holografisches Theater ist eine weitere fantastische Möglichkeit, mit Tieren zu interagieren, ohne sie auszubeuten. Das erste Theater dieser Art öffnete seine Tore im Herbst 2017 in Los Angeles. Alle dort aufgeführten Stücke – ob nun mit Menschen oder Tieren – sind rein holografisch (und die komplette Speisekarte übrigens vegan). Die verantwortliche Firma, Hologram USA, möchte Ähnliches an 150 weiteren Orten entstehen lassen, angefangen mit Chicago.

ZIRKUS OHNE TIERE

Tierfreie Zirkusse setzen sich weltweit immer stärker durch. Der berühmte, 1984 in Montreal gegründete Cirque du Soleil erzählt als größter Theaterproduzent der Welt seine Geschichten mit beeindruckender, scheinbar unmöglicher menschlicher Akrobatik, Theater, Kostümen und Spezialeffekten. Und dabei meist ganz ohne Tiere (in einigen Shows treten gelegentlich domestizierte Tiere auf). In Indien gründeten Romain Timmers und Sharanya Rao vor nicht allzu langer Zeit einen Zirkus, in dem Tanz, Jonglage und Akrobatik zusammenfinden. Tiere braucht man dort nicht. Dem Künstlerduo zufolge unterscheidet sich ihr Zirkus grundlegend von dem „altbackenen, verstaubten Image" früherer Manegen.[89] Und in Deutschland stieg der Circus Roncalli im Jahr 2019 von Tieren komplett auf Hologramme um.

Dem Publikum gefällt dieser Wandel. Tierzirkusse finden immer weniger Zulauf. Nach monatelangen Gesprächen mit PETA gab die weltgrößte Reisewebsite TripAdvisor 2016 bekannt, keine Eintrittskarten mehr für Veranstaltungen zu verkaufen, in denen Wildtiere in Kontakt zu Besuchern kommen. Dazu gehören unter anderem das Elefantenreiten, Fotomöglichkeiten mit Tigern oder Schwimmen mit Delfinen. Virgin Holidays entschied sich 2017, keine neuen Attraktionen oder Hotels mehr zu unterstützen, die Wale oder Delfine gefangen halten und die Tiere zu Vorführungen nutzen. Das Unternehmen hält seither auch seine bestehenden Partner dazu an, dem Tierschutz höhere Priorität einzuräumen und schlussendlich von allen „theaterähnlichen Darstellungen" mit Tieren abzurücken. Im selben Jahr strich die Reiseagentur Thomas Cook den Meerespark SeaWorld sowie mehrere Delfin- und Elefantenattraktionen in Thailand, Indien, auf Kuba, in der Türkei und in der Dominikanischen Republik aus dem Programm, nachdem bekannt geworden war, dass die Parks noch nicht einmal vorgeschriebene Tierschutzstandards einhalten. Nach zahllosen Kampagnen von Tierrechtsorganisationen haben mittlerweile über 160 Reiseunternehmen Elefantenattraktionen aus dem Programm genommen. Das berichtet die internationale Tierschutzorganisation World Animal Protection – die nun auch im Gespräch mit Kreuzfahrtunternehmen darauf drängt, keine Ausflüge mehr anzubieten, auf denen Esel, Ponys, Kamele oder Elefanten Touristen tragen müssen oder anderweitig Tiere gequält werden.

Wer sich Elefanten anschauen möchte, dem sei eine Elefantenauffangstation im amerikanischen Tennessee ans Herz gelegt: Die dazugehörige Webcam bietet Einblicke in den Alltag der zum Beispiel aus Zirkussen geretteten Elefanten: www.elephants.com/elecam.

Es gibt sogar ganz großartige Elefanten, die gar keine echten Elefanten sind! Der amerikanische Circus 1903 etwa reist mit „Elefanten" umher, die von denselben Puppenspielern zum Leben erweckt werden, die schon mit dem preisgekrönten Theaterstück *Gefährten* berühmt wurden. Näheres erfahren Sie unter circus1903.com.

ANIMATRONIC

Da nun immer mehr tierische „Attraktionen" Darstellungen mit neuartigen Technologien weichen, bedienen auch mehr Unternehmen denn je zuvor dieses Feld. Eines der innovativsten seiner Art ist Creature Technology Co. Dort stellt man „technologisch ausgeklügelte, kreative, lebensechte Animatronic für Großspektakel, Themenparks, Ausstellungen, Bühnenshows und andere Veranstaltungen" her. Die 2006 im australischen Melbourne gegründete Firma hat mit ihrer Animatronic bereits diverse Preise abgeräumt, zum Beispiel für die Shows *Walking with Dinosaurs*, *How to Train Your Dragon* und *King Kong*. Creature Technology Co. stellte auch die Dinosaurier für die auf dem Kinofilm basierende Ausstellung *Jurassic World* her.

Ein weiteres in diesem Bereich tätiges Unternehmen ist Animal Makers Inc. aus den USA. Hier werden wilde Tiere für Film, Fernsehen, Internetvideos, Zoos, Hotels, Restaurants und sogar teure Privatsammlungen hergestellt. Die Kaufinteressierten können aus über 3.000 unterschiedlichen Produkten wählen. Unternehmensgründer Jim Boulden begann seine Karriere 1979 mit dem Verkauf origineller Tierbilder für Schaufenster und Privatleute. In den 1980er-Jahren ging er zum Fernsehen und sorgte dort für Tierrequisiten. Seine Kreationen kamen seither in diversen Produktionen vor, unter anderem in *Der mit dem Wolf tanzt*, *Aus der Mitte entspringt ein Fluss* und *Fluch der Karibik 3*. Gleichzeitig kündigten die Unternehmen Feld Entertainment und Universal Brand Development Anfang 2018 eine Show-Tour basierend auf dem Film *Jurassic World* an, in der lebensechte, bis zu zwölf Meter lange Dinosaurier auftreten sollen.

VIRTUELLE TIERE

Auch die virtuelle Realität bietet tierischer Unterhaltung ohne echte Tiere eine Bühne. Anstatt eingesperrte Tiere im Zoo zu begaffen, kann man mit dieser Technologie einen noch viel direkteren Einblick in das Leben von Tieren bekommen. Mit *I, Calf* kann man sehen und sogar spüren, wie es ist, als Kalb in einem Milchbetrieb geboren zu werden – mit einer Mischung aus Filmaufnahmen und Computeranimation. Als Teilnehmender wird man quasi in den Körper eines Kalbes gesteckt, dessen Mutter (gesprochen von Schauspielerin und Veganerin Alicia Silverstone) heimlich Zwillinge geboren hat. Weil sie sich daran erinnert, dass ihr der Bauer in der Vergangenheit ihre Kälber wegnahm, versteckt sie eines der Neugeborenen. Ein anderes Programm der sogenannten augmentierten bzw. erweiterten und virtuellen Realität ist PETAs *I, Orca*. Mit einer kabellosen Google-VR-Brille werden die Teilnehmenden in eine Welt versetzt, in der sie mit ihrer Orca-Familie die Weltmeere durchqueren. Sie treffen eine Orca-Mutter (gesprochen von Schauspielerin Edie Falco), die noch immer trauert, weil man ihr vor vielen Jahren ihr Baby gestohlen und an SeaWorld verkauft hat, wo es nun ein qualvolles Dasein fristet.

Fische müssen nicht mehr eingefangen werden, um uns zu unterhalten. *National Geographic* ist seit jeher für seine spektakulären Fotoaufnahmen bekannt. Nun zog das Unternehmen mit einer Ausstellung am New Yorker Times Square nach: Besucherinnen und Besucher können dort in die Tiefen des Pazifik eintauchen und mit enormen Fischschwärmen, Riesenkalmaren, Buckelwalen und Delfinen interagieren. Die Bilder für das Spektakel namens *Encounter: Ocean Odyssey* lieferten die gleichen Animatoren, die auch für die visuellen Effekte in *Game of Thrones* verantwortlich waren. Das Publikum kommt mit den „Fischen" in Kontakt, unternimmt Unterwasserspaziergänge, spielt mit einer Robbe, berührt Korallenriffe oder genießt in entspannender Dunkelheit Walgesänge.

In Japan entstand ein weiteres Aquarium der Zukunft: LightAnimal. Mit einer digitalen Software wird hier eine virtuelle Unterwasserlandschaft kreiert, für die kein einziges Tier leiden muss. Weil das Konzept in Japan so beliebt war, zog es weiter nach China und Südkorea.

CGI

Das sogenannte CGI (Computer-Generated Imagery) und seine Anwendung in Hollywood steht wohl für eine der spektakulärsten Neuerungen im Bereich tierfreier Unterhaltung. Für CGI werden Bilder per Computergrafik erstellt, ob für Filme, Videospiele oder andere Anwendungen. Brandneu ist die Technologie nicht: 1982 kam sie als 3-D-CGI im Film *Tron* erstmals in größerem Ausmaß zum Einsatz. Selbst Tiere und andere Kreaturen, die es in der echten Welt gar nicht gibt, können durch CGI zum Leben erweckt werden, wie etwa Gollum aus den *Herr der Ringe*-Filmen (2001–2003), die Charaktere in *Avatar* (2009) oder die berühmten Dinosaurier aus *Jurassic Park* (1993). Und immer öfter werden mittlerweile auf diese Weise Tiere kreiert, damit keine echten Tiere eingesetzt werden müssen – so entstanden, unter anderem, der Bär im Film *The Revenant* (2015) mit Leonardo DiCaprio und fast alle Tiere in *Noah* (2014) auf diese Weise.

Als der Schauspieler und Produzent Jon Favreau mit der Planung der Neuauflage des Disney-Klassikers *Das Dschungelbuch* begann, wusste er: Er musste einige der berühmtesten Tiercharaktere der Literatur- und Filmgeschichte zum Leben erwecken. Angefangen mit Balu dem Bären bis hin zum Tiger Shir Khan. Er entschied sich schnell für CGI und erklärte das wie folgt: „Es ist unfassbar, wie man heute Tiere erschaffen kann, die nach Tieren aus Fleisch und Blut und mit echtem Fell aussehen. Jeden Tag, wenn ich zur Arbeit gehe, staune ich darüber, was diese Künstler der visuellen Effekte vollbringen."[90] Das Resultat all der Arbeit war eine realistische und zugleich mythische Welt aus überlebensgroßen, anthropomorphen Tieren, die inmitten üppiger Wälder leben, atmen, kämpfen und fliehen. Aus einer Mischung aus CGI und Animatronic entstand auch die unglaublich real wirkende Tigerdame Shiva in der berühmten Zombie-Serie *The Walking Dead.*

Bedenkt man, wie lange der Mensch schon Tiere zu seiner Belustigung nutzt, wie unterhaltsam er sie findet und auf welch vielfältige Art und Weise er sie für ein flüchtiges Lachen ausgebeutet hat – ist es bei all dem überhaupt möglich, sich gleichermaßen oder sogar besser unterhalten zu fühlen, ohne dass Tiere zum Einsatz kommen? Die Antwort muss ganz klar JA lauten.

WAS SIE TUN KÖNNEN

Unterstützen Sie bitte keine Form der Unterhaltung, für die Tiere ausgebeutet werden. Um noch etwas konkreter zu werden, hier einige Tipps für Sie:

Wenn Sie einen Film, eine Serie oder Werbung sehen, für die Tiere herhalten müssen, kontaktieren Sie bitte die Produktions- oder Werbefirma und teilen Sie den Verantwortlichen mit, warum Sie das nicht gutheißen. Achten Sie auf eine gute Ausdrucksweise, argumentieren Sie klug und höflich. Weisen sie auch Kinos auf solche Filme hin – bitten Sie vielleicht sogar um eine Rückerstattung, wenn Ihnen erst nach dem Kauf der Eintrittskarte auffällt, dass in dem Kino ein Film mit echten Tieren gezeigt wird. Schreiben Sie dem Filmkritiker Ihrer örtlichen Zeitung und bitten Sie darum, stets zu erwähnen, ob im Dreh eines Films Tiere zum Einsatz kamen.

Sollte Ihr Lieblingssportverein oder eine andere Einrichtung ein echtes Tier als Maskottchen haben, starten Sie eine Kampagne, mit der Sie den Umstieg auf ein menschliches Maskottchen fordern.

Haben Sie den Verdacht, dass in Ihrer Stadt oder Gemeinde Hundekämpfe stattfinden, kontaktieren Sie die Polizei. Das gleiche gilt für Hahnenkämpfe, die auch hierzulande immer wieder im kriminellen Milieu veranstaltet werden. Beide Formen der Tierausbeutung sind in Deutschland illegal, also treten Sie in einem solchen Fall unbedingt an die Behörden heran.

Besuchen Sie niemals Einrichtungen, die Wildtiere gefangen halten. Wenn Sie erfahren, dass Tiere in einer solchen Einrichtung unter schlechten Bedingungen gehalten werden, kontaktieren Sie die Behörden oder eine Tierschutzorganisation. Schreiben Sie Leserbriefe an Ihre örtliche Zeitung und machen Sie sich für Gesetze stark, die Privatzoos und Meeresparks verbieten.

Unterstützen Sie keine Hundeschlittenrennen wie das Iditarod oder Touristenattraktionen mit Hundeschlitten. Sollten Sie eine Reise nach Alaska planen, teilen Sie dem Reisebüro vorher unbedingt mit, dass sie nicht mit einem Hundeschlitten fahren möchten. Informieren Sie die Sponsoren von Hundeschlittenrennen darüber, dass Sie nichts von Firmen kaufen, die eine solche Tierquälerei fördern. Anstelle tierischer Rennspektakel können Sie sich bei entsprechender Fitness entweder selbst auf die Socken machen (wie die stahlharten Frauen, die die Antarktis durchquerten), oder Sie unterstützen ein „Menschenrennen". Im amerikanischen Lowell beispielsweise findet jedes Jahr im Februar die sogenannte Nationale Menschenschlitten-Meisterschaft statt. Die Teams aus bunt verkleideten Teilnehmenden spurten einfach selbst auf die Ziellinie zu. Beim „Idiotarod" in New York City kommen rund 500 Menschen zusammen, die dekorierte Einkaufswägen über die Brooklyn Bridge und nach Manhattan schieben.

Rodeos sind in Deutschland zwar bei weitem nicht so verbreitet wie etwa in den USA, doch einige Veranstalter halten auch hierzulande an den Tierqualspektakeln fest. Sollte in Ihrer Nähe ein Rodeo stattfinden, bringen Sie bei den Behörden vor Ort Ihren Unmut zum Ausdruck. Schreiben Sie den Sponsoren, verteilen Sie am Eingang Flyer oder planen Sie gemeinsam mit einer örtlichen Tierschutzorganisation eine Demo. Informieren Sie sich grundsätzlich darüber, welcher Umgang mit Tieren an Ihrem Wohnort legal und welcher illegal ist. Als beispielsweise ein Zuschauer bei einem Rodeo in den USA filmte, wie sich ein Bulle ein Bein brach, verabschiedete die Stadt Pittsburgh ein Gesetz, das den sogenannten Buckelgurt, Elektrostäbe und bestimmte Sporen verbietet. Da der Flankengurt jedoch bei den meisten Rodeos zum Einsatz kommt, hat das Gesetz praktisch alle Rodeos verboten. Eine ähnliche Möglichkeit, Rodeos ganz den Garaus zu machen, besteht darin, sich auf das sogenannte Calf Roping zu konzentrieren – eine Praxis, bei der ein Kalb mit einem Seil gefangen und gefesselt wird. Viele Rodeoveranstalter verlangen diese Tierquälerei von ihren Teilnehmenden. Geht man also erfolgreich gegen das „Calf Roping" vor, bedeutet das das Ende der Rodeos insgesamt.

Wenn Sie eine Auffangstation für Tiere besuchen möchten, stellen Sie sicher, dass diese auch wirklich gute Arbeit leistet. International findet man etwa bei der Global Federation of Animal Sanctuaries (GFAS) heraus, welche Auffangstationen ihre Tiere nicht zu kommerziellen Zwecken ausbeuten oder mit ihnen züchten.

Besuchen Sie einen tierfreien Zirkus! In den USA und Kanada gibt es beispielsweise den Circus Vargas, der früher mit Tieren, heute nur noch mit menschlichen Darstellerinnen und Darstellern arbeitet. Der Cirque Italia ist ein reisender Wasser-Zirkus, dessen Bühne aus weit über 100.000 Litern Wasser besteht. Ebenfalls in Amerika gibt es den Fern Street Circus, der besonders in ärmeren Gegenden die Menschen unterhält. Der Flying High Circus setzt auf

Hochseilakte, Akrobatik und Jonglage. Der Imperial Circus gehört wohl zu den herausragendsten unter den international gefragten chinesischen Zirkussen; und nicht zu vergessen die atemberaubenden Shows des Cirque du Soleil.

Begeben Sie sich auf eine virtuelle Safari. Anstatt Tiere in ihrem natürlichen Lebensraum zu stören oder Parks wie SeaWorld zu besuchen, können Sie Tiere auch bequem von zuhause aus beobachten. An vielen Orten weltweit stehen Live-Kameras, die uns Tiere auf sichere und tierfreundliche Weise vor die Linse bringen. Sie haben die freie Wahl: Wollen Sie in die arktische Tundra reisen, zu Wasserlöchern in Afrika, zu Orcas im Meer oder zu einer Insel vor der schottischen Küste, auf der Vögel ihre Babys aufziehen? An all diesen virtuellen Orten werden Sie wesentlich mehr über Tiere lernen, als es in einem Zoo je möglich wäre – denn Sie beobachten Tiere in ihrem Zuhause, nicht in einem Käfig oder Betonbecken.

Gehen Sie schnorcheln oder tauchen. So können Sie Fische und andere Meeresbewohner in Freiheit beobachten. Oder gehen Sie tatsächlich auf Safari, zum Beispiel in einen Park wie den schwedischen Glasrikets Elchpark, wo Ihnen wunderschöne Elche über den Weg laufen. Sie können Ihre Freizeit auch in einem botanischen Garten oder in Parks, wie man sie in fast allen Städten findet, verbringen. Auch dort entdecken Sie sicher das ein oder andere Tier in freier Natur, sei es ein Eichhörnchen oder ein Vogel.

An vielen Küsten weltweit kann man Wale beobachten. Wenn Sie sich auf eine Tour auf dem Wasser begeben, achten Sie darauf, einen Anbieter zu wählen, der Wert auf Tierschutz legt und den Walen nicht zu nahe kommt. Informieren Sie sich also am besten vorher über das Unternehmen. Denn in der Vergangenheit wurden immer wieder Fälle bekannt, in denen Whale-Watching-Touren Wale und ihre Kälber bedrängten.

Wie wäre es mit einem Besuch im Naturkundemuseum? Es gibt kaum eine bessere Möglichkeit, Tiere in ihrem natürlichen Lebensraum zu sehen, als in den Dioramen solcher Museen. Nicht nur lassen sich Tiere aus nächster Nähe betrachten, man bekommt auch Tiere zu Gesicht, die schon lange nicht mehr auf der Erde leben.

Und wenn Sie Tieren wirklich nahekommen und eine Beziehung zu ihnen aufbauen wollen, dann arbeiten Sie ehrenamtlich! Es gibt sehr viele Gnadenhöfe und Auffangstationen, die händeringend nach Freiwilligen suchen – sowohl hier als auch im Ausland. Sicher stehen die Chancen gut, dass es auch in Ihrer Nähe einen solchen Hof gibt. Eine kleine Auswahl von Lebenshöfen weltweit finden Sie unter vegan.com/blog/sanctuaries/ oder sanctuaries.org.

TIERFREUNDLICH AUF REISEN

Bitte lassen Sie sich niemals dazu überreden, auf einem Elefanten zu reiten – und wenn der Elefant noch so freundlich dreinzublicken scheint. Die Tiere werden zum Gehorsam gequält. Und auch für Sie selbst könnte ein solcher Ritt schlimme Folgen haben: 2016 wurde ein 36-jähriger Brite in Thailand getötet, als sein Elefant, nachdem man ihn malträtiert und geschlagen hatte, ausbrach und den Mann tottrampelte. Viele Elefanten sind zudem mit dem menschlichen Tuberkulose-Stamm infiziert. Elefanten sind nicht dafür gemacht, zwischen Ritten ständig angekettet zu sein, große Lasten zu tragen oder steile Hänge hinaufzugehen. Doch genau dazu werden viele in Gefangenschaft gezwungen – von Amer Fort im indischen Jaipur bis in den Dschungel Burmas.

Schwimmen mit Delfinen? Nein, danke! Natürlich klingt das Angebot zunächst einmal verlockend. Doch die dafür eingesetzten Tiere wurden meist ihrem natürlichen Zuhause entrissen und werden nun gezwungen, mit Menschen zu interagieren. Und das in einem Becken, in dem die Delfine weder große Strecken schwimmen noch Meeresströmungen erleben oder ihre Babys aufziehen können.

Bitte machen Sie keine Selfies mit Tieren. Im Jahr 2016 töteten Menschen in Argentinien ein seltenes Delfinbaby, weil sie mit dem Tier Selfies machten. Zwar behauptete ein Zeuge, das Tier sei schon tot gewesen, was die Beteiligten aber nicht unbedingt in einem besseren Licht darstellen lässt. Und dies war keine Ausnahme. Dem Selfie-Wahn fielen in jüngster Vergangenheit auch ein Schwan, der aus einem See gezogen wurde, sowie Pfauen, Haie und Meeresschildkröten zum Opfer.

Besuchen Sie niemals einen Stierkampf. Die armen Tiere werden mit Abführmitteln geschwächt und ihre Sehkraft wird beeinträchtigt, indem man ihnen Gel in die Augen schmiert, bevor sie in die Arena müssen.

Meiden Sie tierische Nahrungsmittel, aber halten Sie dabei besonders Ausschau nach „Delikatessen", die auf den ersten Blick gar nicht tierischen Ursprungs zu sein scheinen. Ein Beispiel dafür ist Kopi-Luwak-Kaffee. Er wird aus den Beeren der Kaffeebohne hergestellt – jedoch erst, nachdem die Beeren von Schleichkatzen gegessen und wieder ausgeschieden wurden. Dafür entreißt man viele der Tiere ihrem natürlichen Lebensraum und sperrt sie in winzige Käfige. Sie bekommen ausschließlich Kaffee zu essen, bis ihnen die Haare ausfallen. Viele sterben sogar.

Achten Sie darauf, nicht versehentlich Andenken zu kaufen, die aus Tierquälerei stammen. Dazu gehören unter anderem Schmuckstücke aus Schildpatt, Spielzeuge oder Mützen aus Fell, Schildkrötenöl oder Federohrringe.

Auf den Websites von PETA finden Sie Tipps für tierfreundliche Reisemöglichkeiten und Hinweise für gute Auffangstationen.

Auch auf der Website des *National Geographic* (www.nationalgeographic.com) finden sich Tipps, wie man eine gute Auffangstation erkennt, und Informationen darüber, welche Einrichtungen Interaktionen mit Wildtieren zulassen, Tiere züchten u.v.m.

Die Facebookseite der Global Federation of Animal Sanctuaries (GFAS) können Sie gezielt nach von der Organisation als gut befundenen Auffangstationen durchforsten. Die GFAS verlangt von den Einrichtungen strikte Standards in Sachen Management und Tierpflege. Die angehörigen Höfe züchten weder Tiere noch beuten sie ihre Schützlinge zu kommerziellen Zwecken aus. Und natürlich stellen sie sicher, dass die dort untergebrachten Tiere für den Rest ihres Lebens bestmöglich versorgt sind.

Die Website vegans.uk schlägt in ihrem Blog zehn Alternativen zu grausamen Aktivitäten wie Tierzirkussen, Stierkämpfen oder Kutschfahrten vor – zum Beispiel Zirkusse mit menschlichen Artisten, Boxsport-Veranstaltungen oder Radtouren: http://vegans.uk/cruelty-free-living/ten-alternatives-to-animal-entertainment/.

» ERNÄHRUNG

Schließen Sie Ihre Augen. Reisen Sie in der Zeit zurück und versetzen Sie sich in die Welt von vor 5.000 Jahren. Sie leben in der Altsteinzeit. Nach einem langen Tag der Nahrungssuche im Wald kehren Sie und Ihre Familie zu Ihrer Höhle zurück. Draußen ist es eisig kalt und es scheint jeden Tag noch kälter zu werden. In der Höhle warten schon Ihre restlichen Familienmitglieder – all jene, die zu krank oder zu jung sind, um nach Nahrung zu suchen. Sie sitzen um das wärmende Feuer, haben Hunger und freuen sich auf eine stärkende Mahlzeit. Was mag wohl auf dem Speiseplan stehen?

Vergessen Sie das Bild des speerschwingenden Höhlenmenschen, der Gazellen und Tiger zur Strecke bringt. Was tatsächlich auf Ihrem Teller am Feuer landet, ist meist genau das, was Sie kurz zuvor im Wald gefunden haben: Pflanzen. Die Mahlzeiten des frühen Menschen bestanden vermutlich aus stärkereichen Nahrungsmitteln wie Knollen, Wurzeln, Körnern, Samen, Früchten und Gemüse. Wenn es überhaupt Fleisch gab, dann nur sehr selten, denn die meisten Menschen der Altsteinzeit waren nicht stark und schnell genug, um andere Tiere zu jagen. Falls Sie Fleisch aßen, dann nur, wenn Ihnen Raubtiere etwas von ihrer Beute übrigließen.

Die Ernährung unserer nächsten Verwandten, der Schimpansen, bietet uns Einblicke in die Ernährungsweise unserer Vorfahren. Schimpansen essen Obst, Blätter, Blumen, Rinde, Nüsse und Insekten. Ab und an zwar auch Fleisch, doch nur, wenn sich ihnen gerade die Gelegenheit bietet – zum Beispiel, wenn ein Leopard oder ein anderer großer Beutegreifer die Reste seiner Nahrung liegenlässt. Insgesamt macht Fleisch gerade einmal 3 Prozent der Ernährung wildlebender Schimpansen aus. Bedenkt man, dass unsere DNA zu 99 Prozent mit ihrer übereinstimmt, ergibt es wesentlich mehr Sinn, uns ernährungstechnisch Hinweise bei unserer Primatenverwandtschaft zu holen als in irgendwelchen Dauerwerbesendungen im Fernsehen.

Genau wie bei diesen Primaten ist auch unser Darm lang und gewunden. Damit ist er bestens geeignet für die Verdauung von Obst und Gemüse. Auch haben Mensch und Schimpanse einen kleinen Magen, der nur rund ein Viertel unseres Verdauungstrakts ausmacht. Das wiederum bedeutet, dass wir nicht viel Nahrung auf einmal aufnehmen können.

VEGANE TIERE

Fleisch macht groß und stark? Werfen wir doch einen Blick auf einige Riesen des Tierreichs, die sich hauptsächlich von Obst, Sprossen und Blättern ernähren.

- Der größte Dinosaurier aller Zeiten war der *Amphicoelias fragillimus* – er wog Schätzungen zufolge bis zu 122 Tonnen. Wie er so groß werden konnte? Mit tonnenweise pflanzlichen Leckerbissen!

- Gorillas können 180 Kilogramm schwer und 1,80 Meter groß werden.

- Elefanten lieben Erdnüsse, aber auch andere pflanzliche Nahrung steht auf ihrem Speiseplan. Indische und afrikanische Elefanten ernähren sich von Gras, Pflanzen, Büschen, Früchten, Zweigen, Baumrinde und Wurzeln.

- Der Bison kann über 50 km/h schnell rennen. Seine Hauptnahrung besteht aus Gräsern, Beeren und Flechten.

- Manatis – auch Seekühe genannt – lassen sich pro Tag teils über 80 Kilogramm Seegras schmecken.

- Yaks sind für ihre Größe und Stärke bekannt. Sie sind über 2 Meter groß und können bis zu 1.000 Kilogramm wiegen. Ihre Nahrung besteht aus Gräsern und Kräutern.

FRÜHE MENSCHLICHE ERNÄHRUNG

Die Geschichte unserer Ernährung beginnt vor rund 65 Millionen Jahren mit einem rattenartigen Säugetier namens *Purgatorius*. Dieses Tier gilt als erste Primatenart. Als überzeugter Veganer aß *Purgatorius* mit Vorliebe tropische Früchte, Samen und Nüsse. Über Millionen Jahre hinweg behielten seine Nachkommen eine ähnliche Ernährung bei und nahmen hauptsächlich Obst, Blumen und gelegentlich Insekten auf. Vor ungefähr 15 Millionen Jahren kamen Nüsse und harte Samen hinzu, aber die erste wirklich große Veränderung ergab sich erst vor sechs Millionen Jahren. Damals gelang es dem *Sahelanthropus* als einem der ersten Primaten, aufrecht auf zwei Beinen zu gehen. Er hatte außerdem kleinere Reißzähne und dicken Zahnschmelz, was darauf hindeutet, dass er seine Nahrung eher kaute als zermahlte.

Vor rund vier Millionen Jahren begann einer unserer Vorfahren, der *Australopithecus*, durch die Wälder, Flusstäler und Überschwemmungsgebiete Afrikas zu streifen. Er ernährte sich pflanzlich: Seine starken Kiefer sind Anzeichen dafür, dass er Pflanzenmaterial zerkleinerte. Seine Nahrungsgewohnheiten ähnelten stark denen des Schimpansen – er aß als Gelegenheitsaasfresser ab und zu Fleisch, aber sein Verdauungstrakt war nicht ausgerichtet auf eine regelmäßige Fleischaufnahme. Auch der Paläoanthropologe Dr. Richard Leakey geht davon aus, dass der Mensch nur nach Tierfleisch Ausschau hielt, wenn es gerade nicht genügend Nüsse, Samen und Körner gab: „Hominini gelten als opportunistische Aasfresser; wenn sie Fleisch fanden, aßen sie es, ernährten sich aber sonst pflanzlich.“[91]

Vor 2,6 Millionen Jahren hielt Fleisch dann stärker Einzug in die frühe menschliche Ernährung. Zahnuntersuchungen des *Homo habilis* – auch genannt: der Handwerker, weil er als Erster Werkzeuge aus Stein herstellte – sprechen für den Verzehr zäher Nahrungsmittel wie Blätter, holzige Pflanzen und etwas Tiergewebe. Vor ungefähr 1,8 Millionen Jahren tauchte dann *Homo erectus* auf der Bildfläche auf – der erste bekannte Mensch, der nicht auf vier, sondern auf zwei Beinen ging. Er lebte in Jäger-Sammler-Gemeinschaften und war auch der Erste, der auf kontrolliertem Feuer Nahrung kochte. Er aß gelegentlich Fleisch, doch seine Hauptemährung bestand aus knackigem Wurzelgemüse wie Knollen. Und schließlich, vor rund 200.000 Jahren, waren wir beim Menschen, wie wir ihn heute kennen, angelangt, dem *Homo sapiens*. Unsere modernen Vorfahren aßen Grassamen, Wurzeln, Gräser und Sukkulenten, aber auch Fleisch von toten Tieren.

Im Laufe des 20. Jahrhunderts ging die Wissenschaft mehrheitlich davon aus, die zusätzlichen Proteine, die der Mensch aus den aufgenommenen

Fleischresten gewann, seien entscheidend für unsere Evolution gewesen. Ganz besonders, was das Wachstum des menschlichen Gehirns anging. Doch jüngste Forschungen zeigen, dass andere Innovationen wohl ausschlaggebender waren – allen voran die Erfindung des Kochens. Dr. Richard Wrangham etwa argumentiert in seinem Buch *Catching Fire*, das Kochen habe die Verdaulichkeit von Fleisch und Pflanzen gleichermaßen verbessert, was dazu führte, dass das Gehirn mit mehr Kalorien versorgt wurde und so stärker wachsen konnte.

Vor rund 12.000 Jahren nahm das menschliche Leben mit der Einführung der Tierzucht eine revolutionäre Wende. Das Klima hatte sich verändert, Bevölkerungszahlen waren gestiegen, Jagdgründe ausgebeutet und man hatte gelernt, Werkzeuge zu nutzen. Deshalb baute der Mensch innerhalb der darauffolgenden 7.000 Jahre auf jedem Kontinent mit Ausnahme von Australien und der Antarktis Nahrungsmittel an. Damit einher ging, dass die Tiere, mit denen der Mensch seine Ernährung ergänzte, an einem Ort festgehalten werden mussten – das läutete den Beginn der Domestizierung von Tieren ein.

Mufflons waren möglicherweise die ersten domestizierten „Nutztiere“. Die Vorfahren unserer heutigen Schafe sind recht kleiner Statur. Die männlichen (teils auch die weiblichen) Tiere haben wunderschöne gekrümmte Hörner, die beinahe einen Kreis bilden. Heute findet man sie nur noch in den Bergregionen des Irak, Iran und Armeniens, doch vor 10.000 Jahren bevölkerte eine wesentlich größere Population von ihnen weitere Gebiete. Ursprünglich züchtete der Mensch diese frühen Vorfahren des Schafs zur Gewinnung von Fleisch, Milch und Haut. Als die Mufflons um 3.500 v. Chr. bereits dank selektiver Zucht dem modernen Schaf ähnelten, machte sie ihre Wolle beliebt. Denn diese konnte man spinnen und zu Kleidung verarbeiten.

Ungefähr 9.000 v. Chr. tauchten in China die aus Wildschweinen domestizierten Schweine auf. Wildschweine sind extrem anpassungsfähig: Obwohl ihr Lebensraum immer weiter zerstört wurde, haben sie es geschafft, sich über ganz Asien sowie Teile Europas, Australiens und der USA auszubreiten. Sie leben in Gruppen zusammen, die man „Horden“ nennt und suchen mit ihren muskulösen Schnauzen im Boden nach Nahrung wie Pilzen, Farnen, Wurzeln, Blättern, Fröschen und Insekten. Niemand weiß, wie genau der Mensch diese besonders unabhängigen Tiere zähmte. Vielleicht suchten etwas weniger scheue Wildschweine im menschlichen Lebensraum immer wieder erfolgreich nach Nahrungsabfällen und blieben schließlich in der näheren Umgebung.

Der Auerochse wurde vom Menschen vor ungefähr 10.500 Jahren in Mesopotamien domestiziert. Der Vorfahr unserer heutigen Rinder war ein muskulöses Tier mit Hörnern, das in Europa, Asien und Nordafrika zu finden war. Im 17. Jahrhundert v. Chr. starb er schließlich aus. Doch um 5.400 v. Chr. hatte man ihn bereits ausreichend domestiziert, um ihn in der alten sumerischen Stadt Eridu als Arbeitstier einzusetzen. Er pflügte Felder, zog Wagen und sogar Boote gegen den Strom. Mehrere Generationen gezielter Zucht ließen im Laufe der

Zeit zwei Fleischrassen entstehen: das Zebu, beheimatet auf dem indischen Subkontinent, und das Hausrind aus Eurasien.

Unsere andere große domestizierte Nahrungsquelle, das Huhn, stammt vom Bankivahuhn ab, das auch heute noch die Bambuswälder Südostasiens und Indiens durchstreift. Männliche Tiere haben goldene Federn und einen wunderschönen roten Kamm, der wie eine Krone den Abschluss ihres Kopfes bildet. Weibchen haben ein Gefieder in Tarnfarben, das ihnen Schutz bietet, wenn sie sich um ihre Eier und die neugeborenen Küken kümmern. Der Mensch hat das Bankivahuhn vermutlich um 2.000 v. Chr. domestiziert. Jahrtausende der selektiven Zucht haben das Aussehen der Hühner drastisch verändert: Wiegen ausgewachsene Bankivahühner nur etwas über ein Kilo, können die Hühner von heute ihr Schlachtgewicht von gut über zwei Kilo in nur fünf Wochen erreichen.

DER MENSCH ALS FLEISCHFRESSER?

Menschen haben kurze, weiche Fingernägel und kleine Reißzähne. Fleischfresser, also Karnivoren, wie Löwen und Tiger hingegen verfügen über scharfe Krallen und lange Reißzähne, mit denen sie Fleisch zerreißen können. Der Kiefer eines Karnivoren bewegt sich nur auf und ab, um Fleischstücke von der Beute zu reißen, die dann im Ganzen verschluckt werden. Menschen und andere Pflanzenfresser, also Herbivoren, können den Kiefer sowohl auf und ab als auch von einer Seite zur anderen bewegen, um Obst und Gemüse mit den Backenzähnen zu zermahlen. Die Backenzähne des Menschen sind, wie die anderer Herbivoren, flach, damit wir faserige pflanzliche Nahrung zermahlen können. Dr. Richard Leakey fasst das so zusammen: „Wir können Fleisch nicht von Hand zerreißen. Wir können Haut nicht von Hand zerreißen. Unsere Frontzähne sind nicht dazu geeignet, Fleisch oder Haut zu zerreißen. Wir haben keine großen Reißzähne und wären nie in der Lage gewesen, mit Nahrungsquellen umzugehen, die solche großen Reißzähne erfordern."[92] Karnivore Tiere schlucken ihre Nahrung im Ganzen – ihre extrem säurehaltigen Magensäfte sorgen dann dafür, dass das Fleisch zersetzt wird und gefährliche Bakterien abgetötet werden. Menschliche Magensäfte sind wesentlich schwächer, denn um vorgekautes Obst und Gemüse zu verdauen, braucht es keine starke Säure. Deshalb können wir in der Regel kein rohes Fleisch essen und müssen es vorher kochen. Karnivoren haben einen kurzen Verdauungstrakt und ihr Dickdarm lässt Fleisch relativ schnell durch den Körper wandern. Der menschliche Verdauungstrakt ist viel länger und lässt dem Körper somit mehr Zeit, Fasern zu zersetzen und die Nährstoffe aus pflanzlichen Lebensmitteln zu absorbieren. Der Verzehr ungekochten Fleisches ist für uns sehr riskant: Die Bakterien im Fleisch haben auf der langen Reise durch unser Verdauungssystem zu viel Zeit, sich zu vermehren, was das Risiko auf eine Lebensmittelvergiftung erhöht. Zudem beginnt Fleisch auf der langen Strecke durch den menschlichen Darm zu verrotten. Das erhöht unser Risiko auf die Entstehung von Darmkrebs und anderen Darmerkrankungen.

Dr. William C. Roberts, Herausgeber einer Fachzeitschrift für Kardiologie, schreibt: „Wir glauben zwar, von Natur aus Karnivoren zu sein und verhalten uns entsprechend, doch in Wahrheit sind wir es nicht. Wenn wir Tiere töten, um sie zu essen, töten sie am Ende uns – denn ihr Fleisch voller Cholesterin und gesättigter Fettsäuren war nie für den Menschen gedacht, der von Natur aus Herbivore ist."[93]

DIE FLEISCHINDUSTRIE

Im folgenden Kapitel wird die Situation in den USA beleuchtet – dem Heimatland der Autoren. Doch auch in Deutschland sind die Zustände ähnlich: Jährlich werden in Deutschland 58 Millionen Schweine, 630 Millionen Hühner und 3,2 Millionen Rinder geschlachtet. 95 Prozent der Rinder, 97 Prozent der Hühner und 99 Prozent der Schweine leben in der sogenannten Intensivtierhaltung. 100 Prozent der Tiere – auch die aus Biobetrieben – werden im Schlachthof getötet. Zählt man Puten, Enten, Gänse und Kaninchen dazu, sind das Jahr für Jahr allein in Deutschland knapp 800 Millionen Landlebewesen, die für die „Produktion" von Fleisch leiden und sterben müssen. Hinzu kommen 1.500 Milliarden Fische, die pro Jahr gefangen werden, das sind mehr als alle anderen Tiere zusammen. Viele werden bereits in den Netzen zerquetscht. Jeder Deutsche verzehrt zudem circa 200 Eier im Jahr, dafür leiden Millionen Hennen tagtäglich in der industriellen Tierhaltung. Auch wenn in Deutschland die „Legebatterien" der Vergangenheit angehören, über Backwaren und Nudeln zum Beispiel kehren sie aus dem europäischen Ausland dann doch „versteckt" wieder in die deutschen Supermärkte zurück. Kühe werden auch in Deutschland in der Milchindustrie zu reinen Milchlieferanten degradiert. Nicht das Wohl der Tiere, sondern die maximale Produktionsmenge steht im Mittelpunkt.

Noch in den 1950er-Jahren boten viele Bauern ihren Tieren ein etwas tierfreundlicheres Leben – wenngleich auch diese Tiere natürlich irgendwann geschlachtet und gegessen wurden. Bauern lebten hauptsächlich von Nutzpflanzen sowie Eiern und Milch. Der Dung von Kühen und Schweinen wurde genutzt, um die Felder nährstoffreich zu halten.

Heute isst der durchschnittliche Amerikaner im Jahr 100 Kilogramm rotes Fleisch und Geflügel – im Jahr 1950 waren es noch gut 60 Kilogramm. Mit dem steigenden Appetit nach Fleisch konnten kleine Familienbetriebe nicht lange mithalten – besonders dann nicht mehr, als ab den 1960ern Fast-Food-Restaurants wie Pilze aus dem Boden schossen. Heute werden allein in den USA nahezu 10 Milliarden Landtiere für den menschlichen Konsum gezüchtet und getötet. Weltweit liegt die Zahl bei fast 50 Milliarden. Fische werden nicht in Individuen gezählt, sondern in Tonnen. Während Sie diesen Absatz gelesen haben, wurden zehntausende Tiere geschlachtet.

Tiere in diesem Ausmaß zu töten, ist nur mit Massentierhaltung möglich. In den 1930ern entstanden neue Zucht- und Haltungssysteme für Hühner mit eigenen Brutmaschinen. So konnten Bauern fortan Großbetriebe hochziehen. Ende der 1940er-Jahre führte das Unternehmen Tyson Foods das wirtschaftliche System der vertikalen Integration in der Hühnerzucht ein und erlangte damit die Kontrolle über die gesamte Lieferkette. Indem Betriebe zusammengelegt wurden, ließen Tyson und andere Mischkonzerne die tierische Landwirtschaft praktisch wie ein riesiges, zusammenhängendes Fließband funktionieren.

FLEISCH- UND MILCHSUBVENTIONEN

Dass sich die Massentierhaltung im Verlauf des letzten Jahrhunderts derart gut etablieren und immer weiter wachsen konnte und in Folge billige tierische Lebensmittel stets verfügbarer wurden, ist kein Zufall. Denn im 20. und 21. Jahrhundert wurden und werden Milchbetriebe massiv von Regierungsseiten subventioniert und unterstützt. Während etwa in den USA das Landwirtschaftsministerium Bürgerinnen und Bürger auffordert, mehr Obst und Gemüse und weniger Fleisch zu essen, steckt die Regierung noch immer 38 Milliarden Dollar an Zuschüssen jedes Jahr in die Fleisch- und Milchindustrie. Und wenn es darum geht, die empfohlenen Lebensmittel tatsächlich zu kaufen, werden Menschen mit Billigfleisch und lächerlich günstigen Milchprodukten auf die falsche Fährte geführt.

Besonders problematisch ist das Verhältnis zwischen der amerikanischen Regierung und der Milchindustrie. Ein Bericht legte kürzlich dar, dass im Jahr 2015 ganze 73 Prozent der bei amerikanischen Milchbetrieben eingegangenen Einnahmen aus steuerfinanzierten Subventionen stammten. Teils ermuntert durch diese Zuschüsse produzieren Bauern seit langem mehr Milchprodukte, als Amerika konsumiert. Im Juni 2018 berichtete die *Washington Post*, dass sich in den USA der größte Lagerbestand an Käse in 100 Jahren angestaut hatte: rund 635 Millionen Kilogramm. Das sind 2 Kilogramm Käse für jeden Mann, jede Frau und jedes Kind im Land. Doch der Industrie bereitet das nicht allzu große Sorgen. Kein Wunder: Als der Überschuss 2016 schon über 453 Millionen Kilogramm erreicht hatte, sprang Uncle Sam großmütig ein und erwarb Käse im Wert von 20 Millionen Dollar zur Verteilung an Essensausgaben. Die enge Beziehung zwischen Milchwirtschaft und Regierung wirkt auch in das Schulsystem hinein. Zwischen 2010 und 2014 konnte Domino's 3.000 Schulen in 38 Bundesstaaten davon überzeugen, in den Pausen Pizza zu servieren.

Regierungszuschüsse fließen außerdem in Werbekampagnen für Fleisch und Milchprodukte. In Amerika besonders bekannt war etwa die Kampagne „Got Milk?" in den 1990er-Jahren, um nur ein Beispiel von vielen zu nennen. Dank intensiver Lobbyarbeit und der Mithilfe der Politik konnten sich die Fleisch- und die Milchindustrie einen direkten Draht zu den amerikanischen Verbraucherinnen und Verbrauchern aufbauen.

Auch in Deutschland herrscht ein komplexes Verhältnis zwischen Landwirtschaft und Politik. Weitere Informationen darüber finden Sie unter peta.de/kategorie/tiere-in-der-ernaehrungsindustrie/milch/.

Je schneller sogenannte Nutztiere ihr Schlachtgewicht erreichen, desto höher ist der Profit. Eine Methode, um eine schnelle Gewichtszunahme herbeizuführen, ist, Tiere mit Antibiotika vollzupumpen. So gehen beispielsweise in den USA 70 bis 80 Prozent aller Antibiotika nicht etwa an kranke Menschen, sondern an Rinder, Schweine und Geflügel, damit die Tiere schneller wachsen. Rückstände dieser Antibiotika bleiben auch nach Schlachtung und Zubereitung im Fleisch. Aus diesem Grund hat die menschliche Antibiotikaresistenz über die Jahre in alarmierendem Maße zugenommen und es konnten Superbakterien entstehen, gegen die kein Medikament etwas ausrichten kann. Dr. Martin J. Blaser ist Teil einer Expertengruppe, die den Präsidenten zum Thema antibiotikaresistente Bakterien berät. Gegenüber der *New York Times* sagte er: „Wir sind mittlerweile süchtig nach Antibiotika. Wir nutzen sie, als müssten wir biologisch betrachtet keinen Preis dafür zahlen. Doch das müssen wir."[94]

Um ihre Effizienz zu steigern, spezialisieren sich Massentierhaltungen meist auf eine Tierart – entweder Rinder, Schweine, Hühner oder Fische. Schauen wir uns zunächst die Rinderhaltung an. Allein in den USA werden jedes Jahr in der Fleisch- und Milchindustrie 29 Millionen Kühe, Bullen und Kälber geschlachtet. In der Fleischindustrie verbringen Rinder meist ein Jahr auf einer Farm. Man gesteht ihnen dort zwar ein Minimum an Freiheit zu, doch dafür werden sie mit einem heißen Eisenstück oder per Kaltbrand gekennzeichnet. Männliche Tiere werden zudem meist ohne Schmerzmittel oder Betäubung kastriert. Weil viele Rinder in den USA bei Sturm und Überschwemmungen, Sommer wie Winter, im Freien gelassen werden, kommt es in Bundesstaaten wie Nebraska, South Dakota und Wyoming immer wieder vor, dass Tiere erfrieren. Im Sommer fehlt es ihnen dann an Schattenplätzen und sie können in Bundesstaaten wie Kansas oder Texas der brütenden Hitze zum Opfer fallen. Nach ungefähr einem Jahr gehen sie an eine Auktion und werden dann an teils hunderte Kilometer entfernte Mastställe verkauft. Dort stehen sie zu tausen-

Hat eine Kuh ein Kalb geboren, nimmt man es ihr gleich nach der Geburt oder ein bis zwei Tage später weg.

den zusammengepfercht inmitten ihrer eigenen Ausscheidungen. Viele sind schon bei der Ankunft krank und sterben kurze Zeit später.

Man könnte meinen, „Milchkühen" würde es besser ergehen. Doch das ist leider nicht der Fall. Tatsächlich geht es ihnen sogar noch schlechter als Rindern in der Fleischindustrie. Um die stetige Nachfrage nach Milch, Joghurt und Käse zu stillen, werden Kühe wieder und wieder künstlich befruchtet. Dafür steckt ein Mensch seinen Arm in die Kuh hinein, um das Sperma zu platzieren. Diese Prozedur wird in regelmäßigen Abständen wiederholt, damit der Profit nicht abreißt. Hat eine Kuh ein Kalb geboren, nimmt man es ihr gleich nach der Geburt oder ein bis zwei Tage später weg. Denn die Milch, die eigentlich für das Kalb gedacht ist, soll schließlich verkauft werden. Weibliche Kälber landen dann meist im gleichen Teufelskreis wie ihre Mütter, während männliche Kälber noch schneller ihrem industriellen Zweck zugeführt werden: Aus ihnen wird Kalbfleisch. Dafür sperrt man die Tiere in eine winzige Box, damit sie sich kaum bewegen können, und ernährt sie so, dass sie eine Blutarmut entwickeln – denn so bleibt ihr Fleisch zart. Mit wenigen Monaten werden sie geschlachtet. Kann der Körper ihrer Mutter irgendwann nicht mehr genug Milch produzieren – was meist schon mit rund vier oder fünf Jahren der Fall ist –, landet auch sie im Schlachthof. Die sogenannten Milchkühe werden dann normalerweise zu qualitativ minderwertigen Rindfleischprodukten wie Hundefutter oder Trockenfleisch verarbeitet.

Jahrelang hat die Milchindustrie alles Menschenmögliche dafür getan, dass wir Milch trinken – nicht, weil das so gut für uns wäre, sondern, weil sie davon profitieren konnte. Das Kalzium in Kuhmilch ist das am schlechtesten absorbierbare Kalzium, das es in Lebensmitteln gibt. Grünes Blattgemüse ist die beste Quelle für den knochenstärkenden Mineralstoff. Anders als oft behauptet, kann Kuhmilch unseren Knochen sogar schaden. Das *British Medical Journal* veröffentlichte eine Reihe von Studien, in denen insgesamt 100.000 Menschen über einen Zeitraum von rund 20 Jahren analysiert wurden. Das Ergebnis: Milch kann das Risiko auf Knochen- oder Hüftfrakturen erhöhen. Das würde erklären, warum es in den Ländern, in denen die meiste Milch konsumiert wird, auch einige der höchsten Osteoporose-Raten gibt. Amerikanerinnen und Amerikaner nehmen beispielsweise mehr Kalzium aus Milchprodukten auf als die Bürger jedes anderen Landes. Entsprechend ist Osteoporose dort weit verbreitet.

Kommen wir nun zu Schweinen. Schweine haben ein komplexes Kommunikationssystem und starke kognitive Fähigkeiten. Es sind soziale und verspielte Tiere, die soziale Bindungen eingehen und ihre Freunde beschützen. Sie kennen ihren Namen, können Tricks erlernen und finden mit ihrem liebevollen Verhalten schnell einen Platz im Herzen all jener, die sie kennenlernen. Rund 115 Millionen Schweine werden jedes Jahr getötet, damit aus ihrem Fleisch Kotelett, Schinken oder Speck hergestellt werden kann. Sauen hält man in Kastenständen: Diese winzigen Boxen sind so klein, dass sich die Tiere darin nicht einmal umdrehen können. Wenn ihre Ferkel noch nicht einmal zehn Tage alt sind, verlegt man sie in überfüllte Ställe, um sie für die Fleischproduktion zu mästen.

Ist der Tag der Schlachtung gekommen, werden die völlig verängstigten Schweine in Transporter und bei jeder Wetterlage auf eine lange Reise geschickt. Im Sommer sterben viele an Überhitzung. Im Winter sind sie teils im Inneren des Transporters angefroren, weil sie, ähnlich wie der Mensch, nur wenige Haare auf der Haut haben. Industrieberichten zufolge sterben in den USA jedes Jahr über eine Million Schweine während des Transports. Mindestens 40.000 weitere ziehen sich vor Ankunft am Schlachthof Verletzungen zu.

Hühner werden gemeinhin unterteilt in „Legehennen“ und „Masthühner“. Allein in den USA werden jedes Jahr rund 9 Milliarden Hühner ihres Fleisches wegen gezüchtet und getötet. Sie haben richtig gelesen: Milliarden! Dazu kommen 305 Millionen Hennen, deren Reproduktionssystem für den Verkauf von Eiern ausgebeutet wird. Die Nachfrage nach Eiern ist riesig, stecken sie doch in allen möglichen Produkten, von Plätzchen über Eierlikör bis hin zu Nudeln. Um diese Nachfrage zu bedienen, werden Hennen in vielen Ländern noch immer in Käfigbatterien gehalten. In jeden Käfig pfercht man mindestens fünf Hennen. Weil sie inmitten all der Käfige voller Ausscheidungen so viel Ammoniak einatmen, leiden die Tiere oft unter Atemnot. Die Käfige stehen übereinander, was bedeutet, dass die Hennen gezwungen sind, ihren Urin und Kot auf ihre Artgenossinnen unter ihnen fallen zu lassen. Über Jahrzehnte wurden „Legehennen“ genetisch darauf ausgerichtet, unnatürlich viele Eier zu legen

– nämlich um die 300 pro Jahr. Im Vergleich: Die Vorfahren unserer heutigen Zuchthühner, die Bankivahühner, legen zwischen 10 und 15 Eier pro Jahr! Bringt eine Henne in der Eierindustrie männliche Küken zur Welt, sind diese für die Industrie nicht von Nutzen, da sie keine Eier legen können. Sie werden deshalb sofort nach der Geburt erstickt, landen im Müllcontainer oder werden lebendig geschreddert.

Von einem „Masthuhn" spricht man, wenn man ein (weibliches oder männliches) Huhn meint, das speziell für sein Fleisch gezüchtet wurde. Die Zucht dieser Tiere ist seit langem darauf ausgerichtet, dass die Hühner so viel an Gewicht wie nur möglich zunehmen und mit nur sechs Wochen ihre volle Größe erreicht haben. Die intensive Zucht, beispielsweise auf besonders viel Brustfleisch, führt in Kombination mit der Vergabe künstlicher Wachstumshormone und Antibiotika zu schweren gesundheitlichen Problemen. Viele Hühner haben eine so schwere Brust, dass sie nicht mehr laufen können. Teils erleiden erst wenige Wochen alte Tiere einen Herzinfarkt. Man pfercht sie zu tausenden in riesige, fensterlose Hallen. Doch während Hühner in Kleingruppen meist gut zurechtkommen, weil jedes Huhn seinen Platz in der Hackordnung kennt, können sich bei den Größenordnungen der Massentierhaltung einfach keine Sozialstrukturen entwickeln. Die aggressivsten, am stärksten frustrierten Vögel picken oft auf die ihnen unterlegenen ein und verursachen schwere Verletzungen oder töten sie sogar.

Um nicht ganz so herzlos zu wirken, schreibt sich die Hühnerindustrie gern Begriffe wie „Freilandhaltung" oder „Weidehaltung" auf die Fahnen. Sie schmückt ihre Verpackungen mit Bildern von Bauernhöfen, die mit der Realität rein gar nichts gemein haben. Will sich in den USA ein Betrieb als „Freilandhaltung" qualifizieren, muss sein Geflügel der zuständigen Behörde zufolge „Zugang zum Freien" haben. Die Aussage ist absichtlich vage gehalten. Sie kann so zum Beispiel bedeuten, dass den Hühnern nicht mehr als ein winziges Fleckchen vor dem Stall zur Verfügung steht – aber eben auch nur dann, wenn sie es schaffen, sich durch die Masse an tausenden Artgenossen hindurch zum Ausgang zu kämpfen. Wie eine verdeckte Recherche bei der Marke Nellie's Free Range Eggs zeigte, blieb das versprochene „Freiland" im Winter verschlossen, genauso wie an den Abenden, bei schlechtem Wetter und so weiter – kurzum: meistens war der Ausgang zu. So kamen noch nicht einmal die wenigen Hennen, die direkt neben dem Ausgang waren, ins Freie. Kommt in den USA der Begriff „käfigfrei" ins Spiel, so bedeutet das, dass Hennen „in einem Gebäude, Raum oder einem umzäunten Bereich gehalten werden, wo ihnen uneingeschränkter Zugang zu Futter und Wasser zur Verfügung steht sowie die Möglichkeit, sich innerhalb dieses Bereiches während des Legezyklus frei zu bewegen". Die Wahrheit sieht meist anders aus. Viele Vögel werden in riesigen, überfüllten Ställen gehalten, in denen jedem Tier gerade einmal 30 Quadratzentimeter oder gar weniger zur Verfügung stehen. Ist in den USA von „Weidehaltung" die Rede, soll das bedeuten, dass die Tiere „an mindestens 120 Tagen im Jahr ständigen freien Zugang nach draußen" haben. Das wirft jedoch die Frage auf: Was ist mit den restlichen 245 Tagen?

Zu guter Letzt wären da noch Fische. Denn die Massentierhaltung erstreckt sich nicht nur auf Landtiere. Fast die Hälfte aller jährlich in Amerika konsumierten Fische wachsen in künstlichen Becken in Flüssen, Seen oder dem Meer heran, die man „Aquafarmen" nennt. Fische müssen dort unter völlig überfüllten Bedingungen leben, sind häufig verletzt, leiden Hunger oder haben mit verseuchtem Wasser zu kämpfen. Viele haben Läuse oder ziehen sich Verletzungen zu, wenn sie aufgrund der Enge mit anderen Fischen zusammenstoßen. Gleichzeitig haben Aquafarmen nicht dafür gesorgt, dass die Weltmeere nicht mehr ausgebeutet werden. Auch hier werden Fische gefangen – und zwar so viele, dass dutzende ehemals häufig vorkommende Arten schon in einigen Jahrzehnten ausgestorben sein könnten.

Aquafarmen lassen ihre Abwässer, Pestizide und andere Chemikalien direkt in die ökologisch hochempfindlichen Küstengewässer laufen und zerstören damit ganze Ökosysteme. Wenn sich die Gehege von Aquafarmen direkt in abgezäunten Bereichen natürlicher Gewässer befinden, töten die Betriebe außerdem natürliche Lebensräume ab, weil sie deren Kapazitäten weit überstrapazieren. Die Abwässer exzessiver Fischpopulationen können zu großen Algenteppichen auf der Wasseroberfläche führen, was dem Wasser Sauerstoff entzieht und das Leben unter Wasser abtötet. In Brasilien hat die von der Aquakultur verursachte Zerstörung die Umwelt so stark verändert, dass manche Aquafarmen wieder schließen mussten.

Um eine Tonne Fisch unter kommerziellen Bedingungen heranzuziehen, braucht es acht Tonnen Wasser. Die intensive Shrimp-Produktion benötigt bis zu zehnmal mehr Wasser. Einer Studie zufolge produziert eine rund 8.000 m² große Lachsfarm so viel Abwasser wie eine Stadt mit 10.000 Einwohnern. Lachsfarmen in der kanadischen Provinz British Colombia verursachten sogar so viel Abwasser wie eine Stadt mit einer halben Million Menschen.

DIE URSPRÜNGE DER TIERSCHUTZBEWEGUNG

Was in der heutigen Massentierhaltung geschieht, hätten sich unsere Vorfahren wohl nicht einmal im Traum einfallen lassen. Und doch sahen Menschen Tiere selbst früher schon als Güter zur freien Verfügung. Der französische Philosoph René Descartes (1596–1650) fasste die Beziehung zwischen Mensch und Tier in seinem *Discours de la méthode* treffend zusammen. Er schrieb, Tiere seien im Grunde Maschinen, die weder denken noch fühlen könnten – oder in seinen Worten: „Seelenlose Automaten". Die Massentierhaltung wäre dann nur die logische Konsequenz der seit Generationen bestehenden Mensch-Tier-Beziehung in extremer Form.

Den meisten Menschen ging es seit jeher hauptsächlich darum, dass ihnen Fleisch, Eier und Milch gut schmeckten. Doch es gab stets Personen, die sich dafür einsetzten, dass Tieren zumindest ein Minimum an Mitgefühl entgegengebracht wurde. Einer der ersten westlichen Gelehrten, die sich öffentlich für Tierrechte einsetzten, war der französische Philosoph Michel de Montaigne (1533–1592). Er hielt Gewalt an Tieren für grundlegend falsch und stellte die vermeintliche Überlegenheit des Menschen gegenüber Tieren infrage: „An welchem Vergleich zwischen ihnen und uns macht [der Mensch] die Dummheit fest, die er ihnen zuschreibt?", so der Denker. „Wenn ich mit meiner Katze spiele, wer weiß schon, ob ich nicht mehr Zeitvertreib für sie bin als sie für mich?"

Hundert Jahre später argumentierte der berühmte englische Philosoph und Begründer des politischen Liberalismus, John Locke (1632–1704), dass Erwachsene nicht tatenlos zusehen sollten, wenn Kinder Tiere quälen. Denn ein Tier zu quälen oder zu töten würde die Kinder zudem ihres Mitgefühls gegenüber anderen Menschen berauben. Locke störte sich nicht daran, dass Tiere als minderwertig gegenüber dem Menschen betrachtet wurden. Vielmehr ging es ihm darum, dass sich Kinder nicht an die Anwendung von Gewalt gewöhnen sollten. Denn diese könnten sie sonst, so seine These, eines Tages auch an anderen Menschen auslassen. An dieses Argument knüpfte der deutsche Philosoph Immanuel Kant (1724–1804) an. Er schrieb, Tierquälerei widerspreche der Pflicht des Menschen gegenüber seiner selbst – denn büße er an seinem Mitgefühl für Tiere ein, könne sich dies auch auf seinen moralischen Umgang mit anderen Menschen auswirken.

Einer der ersten Philosophen, die sich zweifellos für den Schutz von Tieren stark machten, war Jeremy Bentham (1748–1832). Er ist als Begründer des Utilitarismus bekannt, der davon ausgeht, ein Handeln sei gerecht, wenn es bei der Mehrheit der Menschen – und seinem Denken nach: auch Tieren – zu einem gesteigerten Wohlbefinden beitrage. Für Bentham kam es nicht auf die Intelligenz eines Lebewesens an oder darauf, dass Tiere nicht so sprechen wie der Mensch. Sie seien trotz allem fühlende Lebewesen. Entsprechend stellt er in seinem Werk *Eine Einführung in die Prinzipien der Moral und Gesetzgebung* fest: „Die Frage lautet nicht: Können sie denken? Oder: Können sie sprechen? Sondern: Können sie leiden?"

Seine Worte fanden jedoch nur bei einer kleinen Minderheit Anklang. Ungeachtet dessen hatte das englische Unterhaus Anfang des 19. Jahrhunderts damit begonnen, Entwürfe für Gesetze gegen bestimmte Formen der Tierquälerei vorzulegen. Federführend dahinter war Colonel Richard Martin, der sich Zeit seines Lebens immer wieder für Tiere und auch arme Menschen einsetzte. Die Londoner *Times* berichtet, dass es zu schallendem Gelächter geführt habe, als

Colonel Martin vorschlug, man solle Pferde unter Schutz stellen: „Als der Vorsitzende diesen Vorschlag wiederholte, wurde noch lauter gelacht. Ein anderer Abgeordneter sagte, als nächstes würde Martin auch noch Hunde schützen lassen wollen, was einen weiteren Ausbruch der Erheiterung nach sich zog sowie den Ausruf ‚Und Katzen!'. Danach konnten sich die Mitglieder des Hauses kaum noch auf ihren Sitzen halten."

Martin ließ sich davon nicht beirren und schaffte es tatsächlich, dass ein Gesetz gegen den Missbrauch von Pferden und Rindern verabschiedet wurde. Es handelte sich um das erste umfassendere Tierrechtsgesetz. Von diesem Zeitpunkt an konnte es mit einer Geldstrafe von bis zu fünf Pfund oder einer zweimonatigen Gefängnisstrafe geahndet werden, wenn man Pferde, Esel, Maultiere, Rinder, Schafe „oder anderes Vieh" schlug oder anderweitig misshandelte. Martin und einige weitere Abgeordnete machten sich jedoch Sorgen, das Gesetz könne nicht ausreichend durchgesetzt werden. Deshalb gründeten sie im Jahr 1824 die Society for the Prevention of Cruelty to Animals – die Gesellschaft zur Verhinderung von Tierquälerei. Sie sollte Schlachthäuser inspizieren und bei Zuwiderhandlungen dafür sorgen, dass die Täter zur Verantwortung gezogen wurden. 30 Jahre später verabschiedete auch Frankreich mit dem *Loi Grammont* ein Gesetz gegen den Missbrauch domestizierter Tiere. Einige US-Bundesstaaten, zum Beispiel Maine, New York, Massachusetts, Connecticut und Wisconsin, folgten.

Mit den ersten Gesetzen für Tierrechte entstanden die ersten Tierrechtsorganisationen. In den USA war die erste ihrer Art die 1866 von dem wohlhabenden New Yorker Henry Bergh gegründete American Society for the Prevention of Cruelty to Animals (ASPCA). Ziel der ASPCA war es, sich um obdachlose und misshandelte Tiere zu kümmern – um „die stummen Diener des Menschen", wie Bergh es ausdrückte. Die Organisation betrieb Öffentlichkeitsarbeit, um über Tierrechte aufzuklären, und arbeitete mit den Strafverfolgungsbehörden zusammen, damit Tierquäler nicht ungeschoren davonkamen. Wie bereits erwähnt gründete die irische Schriftstellerin und Sozialreformerin Frances Power Cobbe neun Jahre später die weltweit erste Organisation, die sich gegen Tierversuche einsetzte. 1910 veröffentlichte Rupert Wheldon das Buch *No Animal Food*. Es gilt als das erste vegane Kochbuch aller Zeiten und enthält sowohl Aufsätze über den Verzicht auf tierische Lebensmittel als auch 100 Rezepte.

Doch keine tierischen Produkte zu konsumieren war im Westen noch immer etwas sehr Seltenes. Selbst vegetarisch lebende Menschen standen einer Ernährung ohne Eier und Milchprodukte skeptisch gegenüber. Anders jedoch Donald Watson (1910–2005), ein britischer Ausbilder in der Holzverarbeitung. Nachdem er als Kind hatte mit ansehen müssen, wie auf dem Hof seines Onkels ein Schwein auf grausamste Weise geschlachtet wurde, aß er kein Fleisch mehr. Mit 32 wurde ihm schließlich klar, dass es nicht weniger grausam war, eine Kuh ihrer Milch wegen einzusperren, als sie ihres Fleisches wegen zu töten. Also strich er von da an außerdem Milchprodukte von seinem Speiseplan. Später schrieb er: „Es ist deutlich erkennbar, dass unsere heutige Zivilisation auf der Ausbeutung von Tieren fußt, genau wie vergangene Zivilisationen auf der Ausbeutung von Sklaven fußten. Wir glauben, dass es die spirituelle Bestimmung des Menschen ist, eines Tages Abscheu bei dem Gedanken zu empfinden, dass sich der Mensch einst mit Produkten aus Tierkörpern ernährt hat."[95]

1944 gründeten Watson, seine Frau Dorothy und vier ihrer Freunde eine Organisation mit dem Ziel, möglichst viele Menschen von tierischen Produkten abzubringen. Als Bezeichnung für eine solch tierfreie Ernährung schlug Watson das Wort „vegan" als um einige Buchstaben verkürzte Form des englischen Wortes „vegetarian" („vegetarisch") vor. Er erklärte diese Überlegung später so: „Der Veganismus beginnt mit dem Vegetarismus, welcher dann bis zu seiner logischen Erweiterung fortgesetzt wird."[96] Der neue Verein, die Vegan Society, besteht bis heute.

Niemand weiß ganz genau, wie viele Menschen weltweit vegan leben. Aber fest steht: Es werden immer mehr. Laut einem Bericht über Ernährungstrends in den USA aus dem Jahr 2017 identifizieren sich 6 Prozent der Befragten als vegan – 2014 war es noch 1 Prozent! Vegane Restaurants und Geschäfte erleben einen wahren Boom: Seit 2017 ist die pflanzenbasierte Lebensmittelindustrie um 8,1 Prozent gewachsen. Entsprechend ist in den vergangenen Jahrzehnten natürlich auch die Anzahl an hochgradig professionellen Tierschutzorganisationen gestiegen.

ESSEN OHNE TIERE

Wenn man eine einzige Entscheidung definieren müsste, mit der man Tieren mit Abstand am besten helfen kann, dann wäre das zweifelsohne der Umstieg auf eine pflanzliche Ernährung. Und zum Glück ist es heute um ein Vielfaches einfacher, sich vegan zu ernähren, als es noch zur Zeit von Donald und Dorothy Watson in den 1940ern der Fall war.

Vegan zu leben bedeutet nicht, dass man all seine Lieblingsgerichte aufgeben muss. Vor 50 Jahren mag Veganismus Verzicht bedeutet haben – heute hingegen bedeutet es nur, sich neue Versionen bekannter Gerichte anzueignen. Man findet praktisch für alles, was man schon früher gern gegessen hat, eine pflanzliche Version: Von Bratwürsten über Pizza bis hin zu Nudelauflauf. Wenn Sie auf die jeweilige vegane Version Ihres Lieblingsessens umsteigen, ergibt sich eine echte Win-win-Situation: Sie genießen eine köstliche Mahlzeit und helfen dabei noch Tieren, der Umwelt und Ihrer eigenen Gesundheit.

Man kann jeden Nährstoff, den unser Körper braucht, völlig problemlos mit einer veganen Ernährung sicherstellen. Unsere drei Hauptnahrungsbestandteile sind Kohlenhydrate, Fett und Eiweiß. Um zu überleben, brauchen wir alle drei – daran führt kein Weg vorbei. Tierfleisch enthält nur zwei von ihnen, nämlich Fett und Eiweiß, und das noch dazu häufig in gefährlich hohen Mengen. Kohlenhydrate – die Hauptenergielieferanten unseres Körpers – sind in Fleisch nicht enthalten. Die meisten vollwertigen pflanzlichen Nahrungsmittel hingegen enthalten jede Menge gesunde, nicht verarbeitete Kohlenhydrate, die über den Tag hinweg langsam Energie freisetzen. Zudem sind pflanzliche Fette meist reich an Omega-3- und Omega-6-Fettsäuren. Und diese senken der Forschung zufolge unser Risiko, an Herzkrankheiten, Diabetes und verschiedenen Krebsarten zu erkranken.

Eine der ersten Fragen, die einem als Veganer oft gestellt wird, lautet: „Aber woher bekommst du dein Eiweiß?" Dahinter steht der Mythos, Pflanzen würden keine Proteine enthalten. Die Wahrheit ist jedoch: Fast jedes Lebensmittel – von Steak über Brokkoli bis hin zu Samen und Nüssen – enthält Eiweiß. Eine Unterversorgung mit Eiweiß ist derart selten, dass sich die englische und die deutsche Sprache dafür einen Begriff aus der ghanaischen Sprache Ga borgten: *Kwashiorkor*. Der Mensch benötigt pro Tag 0,8 Gramm Eiweiß pro Kilogramm Körpergewicht. Bei einer 70 Kilogramm schweren Person wären das also knappe 60 Gramm. Im Schnitt nehmen wir aber wesentlich mehr zu uns: Ein Amerikaner etwa 102 Gramm pro Tag, eine Amerikanerin 70 Gramm.

Eine pflanzliche Ernährung kann derart proteinreich sein, dass bereits viele Profisportlerinnen und -sportler umstiegen, um ihre Leistung zu steigern. So etwa der Ultramarathon-Champion Scott Jurek, der UFC-Kämpfer Nate Diaz, Mixed-Martial-Arts-Kämpfer Mac Danzig und die Tennis-Superstars Venus und Serena Williams sowie Novak Đjoković. Außerdem NBA-Star Kyrie Irving und Formel-1-Weltmeister Lewis Hamilton.

Doch auch für den Rest von uns gilt: Eine pflanzliche Ernährung ist ausschlaggebend für ein langes, gesundes Leben. Denn obwohl die Medizin immer weiter voranschreitet, sind die Menschen heute kränker denn je. Im Jahr 2017 sank die Lebenserwartung in den USA im zweiten Jahr in Folge ab. Mehr als 7 von 10 Amerikanern nehmen mindestens ein verschreibungspflichtiges Medikament; 50 Prozent von ihnen sogar mehr als zwei, und 20 Prozent nehmen sogar mindestens fünf Medikamente. Von Cholesterin- über Blutdrucksenker bis hin zu Diabetesmedikamenten: über vier Milliarden Rezepte werden in den USA jährlich eingereicht, um alle möglichen gesundheitlichen Probleme unter Kontrolle zu halten.

Baustelle Nummer 1 ist dabei das Herz. Über 600.000 Menschen sterben in den USA jährlich an Herzkrankheiten. „Es steht außer Frage, dass die Ernährung enormen Einfluss auf Herzkrankheiten hat", so Dr. Walter Willett, Professor für Epidemiologie und Ernährung in Harvard. Er verweist auf eine Studie aus dem Jahr 2014, für die fast 200 Menschen mit schweren Herzkrankheiten über mehrere Jahre hinweg begleitet wurden. Alle Teilnehmenden waren mit einer typisch-amerikanischen Ernährung aufgewachsen: jede Menge verarbeitetes Fleisch, Frittiertes, fettreiche Milchprodukte, raffiniertes Getreide, Eier und zuckerhaltige Getränke. Für die Studie wurden sie gebeten, die meisten tierischen Produkte von ihrem Speiseplan zu streichen und gleichzeitig pflanzliche Nahrungsmittel wie Vollkornprodukte, Obst, Gemüse und Hülsenfrüchte hinzuzufügen. 21 Personen hielten sich nicht an diese Ernährungsvorgaben und 13 von ihnen erlitten erneut ein kardiovaskuläres Ereignis wie einen Herzinfarkt oder einen Schlaganfall. Doch von den anderen 177 Personen, die über einen durchschnittlichen Zeitraum von vier Jahren tierische Produkte weglie-ßen, gab es nur bei einer einzigen einen Vorfall (einen minderschweren Schlaganfall). Die Studie schlussfolgerte: „Die heutige medizinische und chirurgische Behandlung kann Koronararterienerkrankungen zwar behandeln, doch zur Verhinderung oder gar Ausmerzung solcher Erkrankungen trägt sie wenig bei. Wie unsere und andere Studien gezeigt haben, kann ein Eingreifen in die Ernährung Koronararterienerkrankungen aufhalten oder gar umkehren."[97]

Eine pflanzliche Ernährung kann sogar bei Diabetes Typ 2 wahre Wunder wirken. In einer staatlich finanzierten Studie in den USA wurden Männer und Frauen zufällig entweder einer konventionellen „Diabetes-Ernährung" zugeteilt, bei der an Kalorien und Kohlenhydraten gespart wird, oder einer fettarmen veganen Ernährung mit unbegrenzter Menge an Obst, Gemüse, Bohnen, Vollkornprodukten und allen möglichen Gerichten aus diesen Zutaten. Es stellte sich heraus, dass die vegane Ernährung in Sachen Blutzuckerkontrolle dreimal mehr bewirkte. Viele Teilnehmende konnten ihre Medikamente daraufhin reduzieren oder sogar ganz absetzen. In einer Folgestudie ging es gezielt um Patientinnen und Patienten mit seit langem bestehender Diabetes, die bereits zu Nervenschäden (Neuropathie) geführt hatte. Selbst bei ihnen stellten sich mit einer veganen Ernährung noch Verbesserungen ein. Seit Bekanntwerden der Studien haben viele Menschen diesen Ansatz ausprobiert und damit an Gewicht verloren, ihr Cholesterin in den Griff bekommen, ihren Blutdruck gesenkt und sogar ihre Diabetes umgekehrt.

Ferner wird zu Krebs und veganer Ernährung immer wieder geforscht. 2013 zeigte eine Studie, dass vegan lebende Frauen ein 34 Prozent niedrigeres Risiko auf frauenspezifische Krebsarten wie Brust-, Gebärmutterhals- und Eierstockkrebs aufwiesen. Eine Metaanalyse von sieben Einzelstudien mit fast 125.000 Teilnehmenden kam zu dem Schluss, dass „Vegetarier wesentlich seltener an einer ischämischen Herzerkrankung sterben (29 %) und insgesamt seltener unter Krebs leiden (18 %) als Nicht-Vegetarier"[98]. Zuletzt wurde eine Studie mit über 63.000 Teilnehmenden in der Fachzeitschrift *American Journal of Clinical Nutrition* veröffentlicht, die deutlich machte, dass „das Krebsvorkommen bei Vegetariern insgesamt niedriger lag als bei Fleischessern"[99].

In einigen Fällen kann eine pflanzliche Ernährung Krebs sogar umkehren. Vor rund 15 Jahren führte Dr. Dean Ornish, Leiter einer gemeinnützigen Organisation für die Erforschung präventiver Medizin, eine Studie an 93 Männern durch. Sie alle hatten Prostatakrebs im Frühstadium. Ihr Zustand wurde engmaschig überprüft, doch sie befanden sich noch nicht in aktiver Behandlung. Die Hälfte der Gruppe aß weiter so wie zuvor. Die andere Hälfte stieg um auf eine pflanzliche Ernährung mit viel Gemüse, Obst, Hülsenfrüchten und Vollkornprodukten. Am Ende der Studie waren die PSA-Marker (Hinweisgeber auf Prostatakrebswachstum) der ersten Gruppe um 6 Prozent gestiegen. Die pflanzlich ernährte Gruppe hingegen hatte um 4 Prozent gefallene PSA-Marker zu verzeichnen, was bedeutet, dass ihre Tumore geschrumpft waren.

Die wissenschaftlichen Fakten liegen auf der Hand: Den Konsum tierischer Produkte einzustellen, ist einer der signifikantesten Schritte, um chronischen Erkrankungen im späteren Leben vorzubeugen. Aber wie wir alle wissen, ist es gar nicht so einfach, schlechte Angewohnheiten loszuwerden. Wer raucht, ist süchtig nach Nikotin. Und wer mit einer durchschnittlichen Ernährung voller tierischer Produkte aufgewachsen ist, tut sich manchmal schwer, nicht mehr so viel Salz, Zucker und Fett zu konsumieren. Zum Glück macht es einem die Auswahl an pflanzlichen Produkten heute kinderleicht, tierischen Lebensmitteln ein für alle Mal Adieu zu sagen.

VEGGIEBURGER 2.0

Veggieburger und andere Fleischersatzprodukte sind seit langem fester Bestandteil der fleischfreien Ernährung. Marken wie Wheaty, Garden Gourmet, Berief, Like Meat und viele andere finden sich in fast allen Supermärkten und bieten eine breite Palette veganer und vegetarischer Alternativprodukte. Es gibt heute für fast alles ein veganes Ersatzprodukt – seien es Chicken Nuggets aus Soja oder getreidebasiertes „Fleisch". Das Marktforschungsunternehmen MarketsandMarkets geht davon aus, dass der Marktwert für Fleischersatzprodukte im Jahr 2023 bei fast 7 Milliarden Dollar liegen wird. Diese Produkte sind lecker und entsprechend beliebt. Doch sie sind im Grunde nicht dafür gedacht, Fleisch nachzuahmen – sondern dafür, Menschen, die sich pflanzlich ernähren, die freie Wahl zu lassen.

Da wäre etwa der Beyond Burger. Dieser proteingeladene Pflanzenburger kam im Mai 2016 auf den Markt und kommt völlig ohne Gluten, Antibiotika, Hormone, gentechnisch veränderte Inhaltsstoffe und Tierquälerei aus. Das Team hinter Beyond Burger entwickelte den Bratling auf Basis von Erbsenprotein und anderen pflanzlichen Zutaten. Dank dem enthaltenen Rote-Bete-Saft sieht es sogar so aus, als würde er bluten. Dem Hersteller Beyond Meat zufolge entsteht die fasrige Struktur des Burgers, die man sonst von tierischem Protein kennt, mit Hilfe eines geheimen Herstellungsprozesses aus Hitze, Kälte und Druck. Es werden also pflanzliche Inhaltsstoffe so zubereitet, dass die Struktur, das Mundgefühl und der Geschmack von Fleisch entstehen. Heraus kommt ein

Mit einem Veggieburger schont man nicht nur die Tiere, sondern auch die eigene Gesundheit und das Klima.

Bratling, der in der Pfanne spritzend brutzelt – genau wie ein Stück Tierfleisch. Das Unternehmen hat es sich zum Ziel gesetzt, „für den Massenmarkt fähige Lösungen [zu finden], um tierisches Protein auf ideale Weise durch pflanzliches Protein zu ersetzen“. So möchte man „die menschliche Gesundheit verbessern, positiv auf den Klimawandel einwirken, natürliche Ressourcen schützen und das Wohlergehen von Tieren respektieren“[100].

Beyond Meat ging Ende 2018 mit einer Bewertung von 100 Millionen Dollar an die Börse. Das Unternehmen wird von vielen Prominenten unterstützt, zum Beispiel von Schauspieler Leonardo DiCaprio, den Twitter-Mitbegründern Evan Williams und Biz Stone, Microsoft-Gründer Bill Gates und sogar von dem ehemaligen McDonald's-Chef Don Thompson. Die Produkte von Beyond Meat muss man nicht lange suchen. Den Beyond Burger führen beispielsweise Metro und Netto und zahlreiche andere wie z. B. Edeka als Aktionsware. Neben dem Burgerbratling gibt es übrigens auch Würstchen sowie pflanzliches Hühner- und Hackfleisch.

FLEISCH OHNE TIERLEID

In einem Essay mit dem Titel „In fünf Jahren“ prophezeite Winston Churchill im Jahr 1932: „Wir müssen von der Absurdität abkommen, dass wir ein ganzes Huhn heranwachsen lassen, nur um dann die Brust oder Flügel zu essen – und zwar, indem wir diese Teile separat unter einem geeigneten Medium züchten.“

Fünf Jahre mögen als zeitliche Zielsetzung etwas zu übereifrig gewesen sein. Doch nun könnte Churchills Voraussage schon bald Wirklichkeit werden.

Denn für all die Menschen, die Heißhunger auf Fleisch verspüren, aber keinem Tier etwas zuleide tun wollen, wurde in den letzten zehn Jahren eine Lösung entwickelt: Fleisch aus dem Labor, auch In-vitro-Fleisch genannt. Die Methoden, die hierfür zum Einsatz kommen, sind unterschiedlich. Doch der Grundgedanke dahinter ist stets, mittels Gewebekulturen „echtes" Fleisch aus tierischen Zellen zu züchten. Keine Massentierhaltung, keine Tiertransporte, keine Schlachthäuser. Keine Abholzung der Wälder, um Nahrung für Rinder anzubauen. Keine Umweltverschmutzung, wenn tierische Ausscheidungen in Grundwasser und Gewässer gelangen. Und weil das Fleisch im Labor gezüchtet wird, birgt es nicht die Gefahr von Kolibakterien, Salmonellen oder Campylobacter.

Im Jahr 2013 stellten Professor Mark Post und ein Forschungsteam der Universität Maastricht den ersten im Labor gezüchteten Rindfleischbratling vor. Mit einer Finanzspritze des Google-Mitbegründers Sergey Brin war es ihnen gelungen, 10.000 Streifen Kuhmuskelgewebe, die sie einzeln im Labor gezüchtet hatten, zusammenzusetzen. Aus diesem Durchbruch entstand das Unternehmen Mosa Meat, das seither daran arbeitet, „die Gewebezüchtung zu einer Technologie weiterzuentwickeln, mit der Fleisch in großen Mengen und zu einem guten Preis produziert werden kann".

Die Herstellung dieses ersten Burgers kostete noch ganze 300.000 Dollar. Doch Mosa Meat optimiert den Herstellungsprozess immer weiter und hofft, seinen Bratling schon in den kommenden Jahren vielen Spitzenrestaurants zur Verfügung stellen zu können, um ihn danach im Supermarkt anzubieten. Doch es kann gut sein, dass Mosa Meat nicht die ersten sein werden, denen das gelingt. Denn das In-vitro-Fleisch erfährt viel Unterstützung: So investierte die chinesische Regierung 2017 beispielsweise mit einem 300-Millionen-Dollar schweren Handelsabkommen in drei israelische Firmen (SuperMeat, Future Meat Technologies und Meat the Future), um ebenfalls Teil dieser bahnbrechenden Innovation zu werden. Selbst Risikokapitalgesellschaften haben das Potenzial des Marktes erkannt. New Crop Capital und Stray Dog Capital haben bereits Millionen in entsprechende Unternehmen investiert. Christopher Kerr, einer der Partner von New Crop Capital, drückte es so aus: „Aus Investitionssicht handelt es sich hierbei potenziell um die Möglichkeit auf einen Billionen-Dollar-Markt."[102]

Dass sich etwas im Wandel befindet, bleibt den traditionellen Lebensmittelherstellern nicht verborgen. Tyson Foods ist das zweitgrößte Verarbeitungs- und Vermarktungsunternehmen von Hühner-, Rind- und Schweinefleisch weltweit. 2018 investierte man hier in das Start-up Memphis Meats. Dieses stellt Fleisch durch die Regenerierung tierischer Zellen in großen Stahlbecken her, ganz ohne echte Tiere züchten, füttern und schlachten zu müssen. Und der

Trend zum In-vitro-Fleisch umfasst nicht nur das Fleisch von Landtieren: Ein Unternehmen namens Finless Foods (etwa: „Essen ohne Flossen") entwickelt Fischfleisch im Labor.

Unternehmen befassen sich zunehmend damit, wie sich traditionelle Tieranlagen in moderne Zellherstellungsbetriebe verwandeln lassen. Der Gründer des oben erwähnten Unternehmens Future Meat Technologies, Yaakov Nahmias, hat vor, Bauern kleine Zellmengen zur Verfügung zu stellen sowie die nötige Ausstattung, um diese Zellen selbst in Fleisch zu verwandeln: „Mit solchen Verteilungsmodellen können wir organisch wachsen und Hühnerbetriebe im Grunde durch diese Bioreaktoren ersetzen."[103]

EIER

Es gibt mittlerweile mehrere Marken, die vegane Eier verkaufen. Die wohl bekannteste auf dem internationalen Markt ist Follow Your Heart mit dem Produkt VeganEgg. Daraus lässt sich wunderbar ein „Rührei" für den Frühstückstisch herstellen. Starbucks führt ein veganes Eier-Sandwich ein und in vielen Biosupermärkten gibt es veganen Eier-Salat. Sie können nicht auf ein glibberiges Eigelb verzichten? Dann probieren Sie doch einmal das der Firma Vegg – es ist, wie alle veganen Lebensmittel, zu 100 Prozent cholesterinfrei.

Wer backen möchte, braucht gewiss keine Eier. Es existieren unzählige Ersatzmöglichkeiten – von Apfelmus über Seidentofu bis hin zu Bananenmus und Leinsamen. Natürlich gibt es auch Fertigprodukte, die diesen Zweck erfüllen, zum Beispiel „VollEy" von MyEy oder „Ei-Ersatz" von Biovegan. Oder Sie verwenden einfach Aquafaba: Das Wasser aus Kichererbsen-Dosen (oder das, was nach dem Kochen getrockneter Kichererbsen übrigbleibt). Das Wort Aquafaba setzt sich aus den lateinischen Begriffen „Aqua" (Wasser) und „Faba" (Bohne) zusammen. Aquafaba ist nicht nur günstig erhältlich, sondern auch perfekt geeignet für dekadente Desserts wie Mousse au Chocolat, Macarons, vegane Brownies oder einen Kuchen mit „Eischnee".

Es gibt unzählige Möglichkeiten, mit denen Sie Ihre liebste Eierspeise völlig vegan genießen können. Tofu-Rührei – oder „Rührtofu" – ist mittlerweile fester Bestandteil fast jedes veganen Frühstücksbuffets. Man muss dafür nur etwas Tofu zerkrümeln, Gewürze wie Kurkuma, Hefeflocken und schwarzen Pfeffer hinzugeben und alles mit wenigen anderen Zutaten zusammen in der Pfanne verrühren. Mayonnaise, die eigentlich aus Eigelb und Öl besteht, finden Sie in veganer Form in vielen Supermärkten. Sie können sie aber auch ganz leicht selbst herstellen, indem Sie Rapsöl, Sojamilch, Zitronensaft und Senf mit dem Pürierstab aufschlagen.

MILCH

Pflanzendrinks sind seit einigen Jahren derart beliebt, dass auch viele eigentlich nicht vegan lebende Menschen sie der Kuhversion vorziehen. Eine Studie aus dem Jahr 2016 ergab, dass der Markt für Milchalternativen – hauptsächlich mit Blick auf Mandel-, Soja-, Kokos- Hafer-, Reis- und Hanfdrink – schon im Jahr 2022 über 14 Milliarden Dollar wert sein soll. Weitere Milchalternativen bestehen zum Beispiel aus Cashewkernen, Hasel- oder Erdnüssen, Leinsamen, Erbsen, Macadamianüssen, Pistazien oder Bananen. Jede dieser Optionen hat ihre ganz eigenen Qualitäten und Vorzüge. Cashewdrink etwa ist cremig und bildet eine perfekte Grundlage für Soßen. Mandeldrink schmeckt besonders lecker mit Müsli. Haferdrink passt perfekt zu Kaffee, Kokosmilch zu einem Curryeintopf. Und Reisdrink macht sich gut in Nachspeisen oder Getränken. Haferdrink gelangte jüngst aufgrund seiner guten Umweltbilanz zu neuer Beliebtheit und war deshalb sogar teilweise in vielen Supermärkten und online ausverkauft.

KÄSE

Viele Menschen kommen wunderbar ohne Fleisch, Eier und Fisch zurecht, können sich aber nicht vorstellen, Käse von ihrem Speiseplan zu streichen. Die Forschung hat gezeigt, dass dies an den konzentrierten Casomorphinen liegen könnte – einem Stoff, der Menschen auch nach anderen Drogen wie Heroin süchtig macht. Zum Glück gibt es jede Menge Alternativen, die in unserer Ernährung den Platz von Käse einnehmen können.

Die frühen Versuche, Käse nachzuahmen, hatten mit tierischem Käse kaum etwas gemein. Heute gelingt es zahlreichen Unternehmen, das Original hervorragend nachzuempfinden oder sogar zu übertreffen. Zu den beliebtesten veganen Käseherstellern in Deutschland gehören Wilmersburger, bedda, Simply-V, Happy Cashew, Violife und viele mehr, deren Produkte in vielen Bioläden und Supermärkten erhältlich sind.

Ob Sie nun Lust auf Pizza, Nachos mit Käsesoße oder Auflauf haben: Die veganen Käseprodukte auf dem Markt sind so vielseitig, dass Sie für jedes Gericht den passenden „Käse" finden werden. Vielleicht am erstaunlichsten war in den letzten Jahren die Entwicklung verschiedener handgemachter Käsesorten, die in Konsistenz und Geschmack ihren tierischen Gegenstücken die Show stehlen. Sie sind eher mit hochpreisigem, handgemachtem tierischen Käse vergleichbar. Die Marke Kite Hill beispielsweise stellt veganen Streich-, Weich- und Hartkäse her – und zwar mit traditionellen Käserei-Methoden. Mitbegründer des Unternehmens sind der berühmte vegane Koch Tal Ronnen ebenso wie Jean Prevot, der bereits bei führenden Käseherstellern in den USA und Frankreich tätig war. In Frankreich bekommt man übrigens mittlerweile verschiedene traditionell-französische Käsesorten in veganer Form. Neben Kite Hill sind andere beliebte Marken zum Beispiel Happy Cashew und Violife. Neben Onlineshops gibt es natürlich auch echte Läden, die sich veganem Käse widmen. In den USA wären da beispielsweise der Laden Riverdel in Brooklyn und Vtopia in Portland. Hier findet man alles, was das Herz begehrt – von veganem Ziegenkäse bis Mozzarella.

Wer möchte, kann veganen Käse selbst herstellen. Oft benötigt man dafür keine ausgefallenen Zutaten, sondern Produkte, die man bereits zuhause hat, zum Beispiel Cashewkerne, Hefeflocken, vegane Milchalternativen und Misopaste. Im Internet finden Sie unzählige Rezepte. Pizzafans haben mittlerweile die Qual der Wahl zwischen Marken wie Garden Gourmet, Alfredo, Valsoia, Veganz oder Followfood. Außerdem gibt es die tierfreie Pizza oft als erfolgreiche Aktionsware bei Supermärkten wie Aldi, Penny und LIDL.

BUTTER

In den meisten Supermärkten finden Sie eine Auswahl an veganen „Buttersorten". Den buttrigsten Geschmack erreichen Marken wie Alsan oder Naturli Butterblock. Diese veganen Aufstriche bestehen aus pflanzlichen Ölen und Wasser und haben oft 40 Prozent weniger Kalorien und 70 Prozent weniger gesättigte Fettsäuren als Butter. Die besonders Ambitionierten unter uns stellen sogar selbst Butter her, zum Beispiel aus Aquafaba oder Kokosöl. Rezepte finden Sie online.

JOGHURT

Für manche Menschen ist Joghurt das Lebenselixier am Morgen. Veganen Joghurt gibt es heute in allerlei Geschmacksrichtungen und er ist ebenso angenehm cremig und probiotisch wie sein milchiges Gegenstück. Die Produkte bestehen beispielsweise aus Kokosmilch und probiotischen Kulturen, aus Soja, Mandeln, Cashewkernen oder anderen Nüssen. Beliebte Marken sind etwa Alpro, Alnatura, Provamel, Luve oder Harvest Moon.

NACHTISCH

Früher war veganes Speiseeis eine Seltenheit, doch diese Zeiten sind lange vorbei. Ständig bringt eine neue Marke veganes Eis auf den Markt. Zu den Großen des veganen Eismarkts gehören etwa Ben & Jerry's, Veganz, Luve, Valsoia, die EDEKA Hausmarke und viele weitere Eigenmarken der Discounter. Aber auch alteingesessene Eismarken bringen mittlerweile häufig milchfreies Eis heraus, zum Beispiel Ben & Jerry's, Breyers und Häagen-Dazs. Das Unternehmen Van Leeuwen setzt auf ausgefallene Sorten wie Mint Chip oder Cookie Crumble Strawberry Jam.

Pflanzliches Eis wird meist auf Basis von Pflanzendrinks hergestellt, beispielsweise Soja, Kokosnuss, Cashew, Mandel oder Hanf. Sollte Ihre Lieblingseisdiele noch kein veganes Eis verkaufen, fragen Sie nach. Und solange Sie warten: Probieren Sie doch einfach ein Sorbet. Sorbet ist fast immer vegan – erkundigen Sie sich aber sicherheitshalber beim Personal.

Wer auf eine vegane Ernährung umsteigt, bekommt oft in leicht panischem Tonfall die Frage gestellt: „Aber ... ist Schokolade eigentlich vegan?" Die Antwort lautet: „Oft." Und nicht nur das – selbst einige der köstlichsten Pralinen sind aus schwarzer Schokolade und vegan.

Milchschokolade enthält – wie der Name schon sagt – normalerweise Milch. Doch das ist nicht immer der Fall. Es gibt pflanzliche Milchschokolade, etwa aus Kokosmilch oder Reisdrink. Probieren Sie unbedingt die veganen Schokoladen von Lindt, iChoc, Rapunzel, Ritter Sport und Veganz. Auch international beliebte Aufstriche wie Nutella findet man in einer veganen Variante, zum Beispiel von den Marken Bionella, Rapunzel, Valsoia oder der dm-Eigenmarke.

Wenn Sie nach einem Produkt suchen, lesen Sie unbedingt auf der Zutatenliste nach. Oft verstecken sich tierische Produkte wie Molke oder Kasein dort, wo man sie am wenigsten erwartet. Qualitativ minderwertige Schokolade enthält häufig tierische Nebenprodukte wie Lecithin und Albumin. Entgegen ihres Namens ist Kakaobutter jedoch vegan. Grundsätzlich gilt: Halten Sie Ausschau nach Schokolade mit hohem Kakaoanteil, am besten über 70 Prozent. Je höher der Kakaoanteil, desto weniger unterschiedliche Inhaltsstoffe stecken in der Tafel. Echte Schokolade wird aus den Samen des Kakaobaums hergestellt, die man röstet und mahlt. Der lateinische Name des Baumes, *Theobroma cacao*, heißt wörtlich übersetzt „Speise der Götter". Zu den gemahlenen Samen hinzu kommen Produkte wie Rohrzucker, Kakaobutter und Vanille. Die gute Nachricht ist, dass die meisten Produkte aus dunkler Schokolade, auch Backschokolade und Kakao, vegan sind. Selbst halbbittere Schokolade ist oft noch vegan.

VERSTECKTE TIERISCHE INHALTSSTOFFE

Selbst die scheinbar harmlosesten Produkte enthalten teilweise Zutaten, die von Tieren stammen. Gelatine ist das beste Beispiel: Sie steckt als Verdickungsmittel in vielen Fruchtgummis, in Vitaminpräparaten, Shampoos, Joghurt, Eis, Marshmallows, Tortenguss, Pudding und vielen anderen Produkten. Gelatine ist ein Protein, das man erlangt, indem man Haut, Sehnen, Bänder und Knochen – meist von Kühen oder Schweinen – verkocht. Glücklicherweise kann man sie in den meisten Rezepten problemlos ersetzen, zum Beispiel durch Pektin, Agar-Agar, Guarkernmehl oder Carrageen. Viele Fruchtgummis sind mittlerweile vegan. Und wer am Lagerfeuer nicht auf ein paar klebrige Marshmallows verzichten möchte, bekommt auch diese mittlerweile in einer veganen Variante.

Eine ebenfalls häufig vorkommende versteckte Zutat ist Fischblase – Gelatine in Reinform, die, wie der Name schon sagt, aus der Schwimmblase von Fischen hergestellt wird. Die Industrie nutzt Fischblase zur Klärung von Wein und anderen Produkten. In anderen Ländern wird teils auch Bier so geklärt. Einige große Biermarken wie Guinness sind bereits auf alternative Klärmethoden umgestiegen.

Nicht einmal Zucker ist überall auf der Welt vegan: Er wird teils mit Tierknochenkohle verarbeitet, die dabei der Entfärbung dient. Tierkohle wird üblicherweise aus den Knochen von Rindern aus Afghanistan, Argentinien, Indien und Pakistan hergestellt. Die Knochen werden von dort aus an Unternehmen in Schottland, Ägypten oder Brasilien verkauft, die sie dann weiterverkaufen, beispielsweise an die amerikanische Zuckerindustrie. Rohrzucker wird oft mit Tierkohle verarbeitet, aber es gibt auch jede Menge Zuckerarten, die ohne Knochen auskommen. Brauner Naturzucker und Vollrohrzucker werden niemals mit Tierkohle gefiltert, genauso wenig wie Rüben- und Kokosblütenzucker oder Bio-Rohrzucker. Bei dem Zucker, den man in Deutschland kaufen kann, muss man sich zum Glück keine Sorgen machen.

Wir alle lieben Pu den Bären. Und Pu der Bär liebt Honig. Aber das ist noch kein Grund, dass wir Honig essen sollten. Denn Honig ist ebenfalls eines der vielen Produkte, für die Tiere zur Ware degradiert werden und entsprechend leiden. Bienen sind faszinierende, intelligente und kommunikative Tiere. In der Honigindustrie werden Bienenköniginnen die Flügel abgeschnitten, Bienen werden künstlich befruchtet und ganze Bienenstöcke exekutiert, ja sogar mitsamt ihrer Einwohner verbrannt. Doch wer braucht schon Honig, wo es doch zahlreiche natürliche Alternativen gibt? Da wären etwa Agavendicksaft, Kokos-, Ahorn-, Zuckerrüben-, Reis-, Dattel- oder Malzsirup. Einige Firmen haben sogar veganen Honig entwickelt, der fast wie das Original schmeckt und doch keinem Tier weggenommen werden musste, das hart dafür geschuftet hat. Die Firma Vegablum etwa stellt Honig ohne Bienen her.

AUSWÄRTS ESSEN

Vorbei die Zeiten, in denen man als Veganer im Restaurant um einen Salat ohne Sahnedressing oder ein Nudelgericht ohne Eiernudeln betteln musste. Weltweit haben in den letzten Jahren tausende vegane Restaurants ihre Tore geöffnet. Abgesehen davon bekommt man in vielen nicht-spezifisch veganen Landesküchen hervorragende tierfreie Gerichte – sei es in der indischen Küche, in Szechuan-Restaurants oder in der italienischen Küche (etwa Penne all'arrabbiata oder Spaghetti aglio e olio, jeweils ohne Käse). In einem japanischen Restaurant lässt sich wunderbar Avocado-, Gurken- und Daikonsushi bestellen, in der koreanischen Küche Gemüse-Bibimbap und in der mexikanischen etwa Bohnengerichte (sofern sie nicht mit Schweineschmalz zubereitet wurden). Wenn Sie knackiges, frisches Gemüse bevorzugen, werden Sie erstaunlicherweise in vielen Steakhäusern fündig. Dort stehen oft Gerichte wie gedünstetes Gemüse (mit einem Hauch Knoblauch), Ofenkartoffeln, Pilze, Tomaten vom Grill, Spargel und vieles mehr auf der Karte.

Die Restaurantkette Veggie Grill – in Deutschland leider noch nicht etabliert – unterhält in den USA über 30 Läden – alle ohne Fleisch, Milchprodukte, Eier, Cholesterin und tierische Fette. Und sie will weiter ausbauen. Auch die Kette By Chloe fing mit einem Restaurant in New York City an und hat ihre Standorte mittlerweile in mehreren Städten der USA sowie London. Auf der komplett veganen Speisekarte findet man viele lokale Zutaten, die täglich frisch zubereitet werden.

Vegane Speisen haben Einzug in die unterschiedlichsten kulinarischen Sphären gehalten – von Sternerestaurants über preisgekrönte Köche bis hin zu Food Trucks. Apps wie HappyCow zeigen einem überall auf der Welt Restaurants mit veganen Gerichten an. Einige vegane Restaurants haben sich bereits einen hervorragenden Ruf erarbeitet, in den USA zum Beispiel das Blossoming Lotus in Portland, das Bouldin Creek Café in Austin oder das Bulan Thai in Los Angeles mit seinen veganen Versionen traditioneller thailändischer Gerichte. Außerdem wären da die äthiopischen Gerichte des Bunna Cafe in Brooklyn, der Mexikaner Gracias Madre in San Franciso, das komplett vegane Chicago Diner oder das Ground Control – ein Restaurant, das für seine mit Pilz-Nuggets gefüllten Sandwiches berühmt ist. Schauen wir nach Deutschland, fällt uns beispielsweise das Stuttgarter Restaurant Körle und Adam ein. Und dies ist selbstverständlich nur eine kleine Auswahl der vielen empfehlenswerten veganen Restaurants auf der ganzen Welt.

Sogar bei Fast-Food-Ketten kann man heute getrost einen Stopp einlegen und vegane Gerichte finden, etwa bei Burger King, McDonald's und Subways.

WAS SIE TUN KÖNNEN

Immer häufiger bestätigen Studien, dass eine vollwertige, fettarme vegane Ernährung unserer Gesundheit einen großen Dienst erweist. Gleichzeitig retten wir damit Tierleben. Und zum Glück ist der Umstieg heutzutage, wie in diesem Kapitel deutlich wurde, gar kein Problem mehr. Das Internet ist voller einfacher, leckerer veganer Rezepte und in fast jedem Supermarkt findet man Alternativen zu tierischen Produkten. Es gibt also keinen Grund, dem Veganismus nicht schon heute eine Chance zu geben. Oft bedarf es nur einiger Denkanstöße. Ihr Rührei mit Speck am Morgen können Sie zum Beispiel gegen Porridge mit frischem Obst tauschen – oder Sie bleiben bei dem Gericht und bereiten sich veganen Speck mit Rührtofu zu. Zum Mittagessen könnten Sie einen Salat oder einen Hummuswrap und Bohnentacos genießen – oder Sie tauschen Ihren Rindfleischburger einfach gegen einen Veggieburger. Beim Abendessen haben Sie ebenfalls die Wahl: Sie könnten sich gerade am Anfang an einfachere vegane Gerichte wie vegane Lasagne, Gemüseeintopf oder Ofenkartoffeln mit Brokkoli und Raspelkäse halten – oder Sie essen eine vegane Suppe aus der Dose, werfen eine vegane Pizza in den Ofen oder wärmen sich ein Fertiggericht aus der Tiefkühltruhe wie veganes Thai-Curry auf.

Doch bei diesen einfachen und schnellen Gerichten müssen Sie es nicht belassen! Sie können zu einem Vorreiter der veganen Bewegung werden. Am besten, Sie fangen damit direkt in Ihrem Umfeld an – wir verraten Ihnen, wie das geht.

MYTHEN ENTTARNEN

Sicher werden Sie am Anfang mit allerhand Gerüchten über die vegane Ernährung konfrontiert. Wir haben drei der gängigsten ausgesucht und die passenden Antworten parat:

Veganern fehlt es an Proteinen. Dieser Mythos hält sich hartnäckig, weil viele Menschen glauben, Proteine fänden sich nur in Fleisch. Doch wie sehen die Fakten aus? In jedem pflanzlichen Nahrungsmittel stecken Proteine. Nicht einmal drei Prozent aller Menschen in Amerika leiden unter Eiweißmangel – die meisten nehmen eher zu viel davon auf. Im Schnitt isst selbst ein Veganer oder eine Veganerin 70 Prozent mehr Eiweiß als nötig. Die meisten offiziellen Ernährungsorganisationen empfehlen eine mäßige Proteinaufnahme, zum Beispiel 0,8 Gramm pro Kilogramm Körpergewicht. Das wären für einen durchschnittlichen Mann 56 Gramm pro Tag, für eine Frau 53 Gramm. Um die für Sie empfehlenswerte Tagesdosis an Eiweiß zu ermitteln, multiplizieren Sie Ihr Körpergewicht mit 0,8 – oder nutzen Sie diese Website: https://fnic.nal.usda.gov/fnic/dri-calculator.

Im Wachstum befindliche Kinder sollten nicht vegan ernährt werden. Es ist ein Mythos, dass Kinder für ihren schnell wachsenden Körper große Mengen an Fett und Protein brauchen. Umfangreiche Studien haben gezeigt, dass vegan ernährte Kinder im Schnitt sogar 2,5 Zentimeter größer wurden als ihre fleischessenden Altersgenossen. Jüngste Forschungen beweisen, dass die tödlichsten Krankheiten den Körper schon viel früher als bisher vermutet angreifen. Die mit Alzheimer in Verbindung stehenden Beta-Amyloid-Plaques etwa bringen unsere Gehirnzellen schon viele Jahre, bevor überhaupt Symptome wie Gedächtnisverlust auftreten, durcheinander. Studien machen sogar deutlich, dass fast alle der in den USA in einer entsprechenden Erhebung untersuchten Kinder unter zehn Jahren „Fettstreifen" in den Blutgefäßen aufwiesen – das erste Stadium von Herzerkrankungen. Ein Medizinkomitee erklärte dazu: „Kinder, die sich heute an Chicken Nuggets, Roastbeef und Pommes Frites gewöhnen, sind die Krebs-, Herz- und Diabetespatienten von morgen."[104]

Die vegane Ernährung ist teuer. Natürlich gibt es besonders angesagte und dadurch hochpreisige vegane Restaurants. Aber wer möchte, kann sich extrem preisgünstig vegan ernähren. Zur Grundausstattung gehören dann etwa Reis, Kartoffeln, Bohnen und Nudeln. Diese Lebensmittel sind nicht nur günstig, sie halten sich auch lange. Die Zubereitungsarten, Soßen und Beilagen sind vielfältig und so kann man sich die günstigsten Optionen aussuchen. Natürlich ist eine Ernährung mit Bio-Lebensmitteln vorzuziehen, doch wer auf den Preis achten muss, wird in jedem Supermarkt fündig (gerade dann sollte man allerdings alle frischen Lebensmittel gut waschen). Obst und Gemüse aus der Tiefkühltruhe sind eine tolle Alternative für Sparfüchse und stecken selbst Monate später noch voller wertvoller Nährstoffe, falls man bei Schnäppchen-Angeboten gern größere Mengen kauft.

ANREGUNGEN FÜR RESTAURANTS

Die meisten Restaurants haben auf die große vegane Nachfrage bereits reagiert und bieten dauerhaft tierfreie Gerichte an. Doch auch Restaurants, bei denen das noch nicht der Fall ist, gehen gern auf Kundenwünsche ein. Steht wirklich gar nichts Passendes auf der Karte, sprechen Sie den Kellner an – vielleicht freut sich das Küchenpersonal, einmal etwas Neues ausprobieren zu können. Serviert man Ihnen dann ein tolles Essen, sollte das Trinkgeld wenn möglich üppig ausfallen. Sie können sich direkt im Anschluss oder später in den sozialen Medien bei dem Restaurant bedanken. Weisen Sie in diesem Zuge darauf hin, dass Sie sich freuen würden, in Zukunft vegane Gerichte auf der Speisekarte zu finden – vielleicht können Sie sogar etwas als Anregung empfehlen? Schließlich sind Restaurants Geschäftsbetriebe – und mehr vegane Gerichte bedeuten mehr Umsatz. Wenn Sie Kaffeetrinken gehen, bitten Sie um Soja- oder Mandeldrink – sogar dann, wenn Sie schon wissen, dass das Café diese Optionen (noch) nicht führt. Fragen Sie höflich nach und zeigen Sie der Geschäftsleitung so, was sich die Kundschaft wünscht.

ÄRZTLICHE VERSORGUNG

Früher empfahlen rauchende Ärzte in TV-Werbespots Zigaretten mit etwas weniger Teer. Heute haben viele Menschen das Rauchen aus gesundheitlichen Gründen eingestellt – doch die meisten essen nach wie vor Fleisch und Milchprodukte. Leider fehlt es vielerorts noch immer an Wissen über Ernährung. So bietet in den USA beispielsweise nicht einmal ein Viertel der medizinischen Fakultäten eine Kurseinheit zu Ernährung an. Und selbst in den Einrichtungen, in denen es solche Kurse gibt, umfassen diese in einem Ausbildungszeitraum von vier Jahren gerade einmal 25 Stunden. Deshalb sind sich viele Ärztinnen und Ärzte – besonders diejenigen, deren Studium schon eine Weile zurückliegt – gar nicht darüber bewusst, dass viele aktuelle Forschungsprojekte eine vegane Ernährung befürworten. Doch immer mehr Studien zeigen auf, dass eine solche Ernährung viele der heute häufigsten Todesursachen zu verhindern oder umzukehren vermag.

Machen Sie sich also auf Gegenwind von Ihrem Arzt oder Ihrer Ärztin gefasst und halten Sie dagegen. Man hört immer wieder von Menschen, die tierische Produkte aus ihrer Ernährung streichen wollten und dann auf einen Mediziner trafen, der Einwände dagegen hatte. Zwar befinden wir uns heute in der glücklichen Lage, hochmoderne Operationsmethoden und Medikamente zur Behandlung zur Verfügung zu haben. Doch nichts ist besser, als chronische Krankheiten durch eine passende Ernährung gar nicht erst entstehen zu lassen. Abgesehen davon, dass eine Ernährungsumstellung – im Gegensatz zu Medikamenten – ganz ohne schädliche Nebenwirkungen auskommt. Scheuen Sie sich nicht, Ihrem Arzt gezielte Fragen zu stellen. Und schrecken Sie nicht davor zurück, im Zweifelsfall in eine andere Praxis zu wechseln.

SOZIALE MEDIEN

Demos und Infostände sind nicht so Ihr Ding? Dann könnten Sie sich auch in den sozialen Medien für eine pflanzliche Ernährung stark machen. Empfehlen Sie zum Beispiel leckere, einfach nachzukochende Rezepte. Fotografieren Sie, was Sie gekocht und gebacken haben und posten Sie die Bilder auf Facebook, Instagram und Pinterest. Achten Sie auf eine gute Bildqualität, die Ihren köstlichen Kreationen gerecht wird. Lassen Sie die feuerroten Paprika und die herbstlich-orangen Kürbisse leuchten!

KOCHEN FÜR FREUNDE UND FAMILIE

Wie könnte man seine Mitmenschen besser von der veganen Ernährung überzeugen als mit einem leckeren Essen? Beweisen Sie Ihrem Umfeld, dass Gemüse, Obst, Hülsenfrüchte und Getreide viel besser schmecken als Leichenteile und Körpersekrete.

Kochen Sie für eine eher skeptische Gruppe, dann halten Sie sich an allseits beliebte Klassiker – nur eben in pflanzlich. Pizza mit Grillgemüse, Olivenöl und veganem Parmesan aus Cashewkernen, Hefeflocken und Salz wird fast jeden überzeugen. Kommt der Sportverein zum Fußballschauen vorbei, probieren Sie es mit den Fleischalternativen von Beyond Meat oder bereiten Sie Ihre eigenen „Chicken Wings“ aus Weizengluten, Tahini und Hefeflocken zu. Legen Sie sich richtig ins Zeug – bei vielen Menschen reicht schon ein knusprig paniertes Schnitzel oder ein Teller cremiger Nudelauflauf, um sie davon zu überzeugen, einem gesunden, tierleidfreien Lebensstil eine Chance zu geben.

NACHWORT

Herzlichen Dank, dass Sie dieses Buch gelesen haben! Natürlich konnten wir nur einen Bruchteil all der spannenden neuen Studien über Tiere und ihre Fähigkeiten einbauen und auch nur einen kleinen Teil der tollen Produkte nennen, mit denen man sein Leben ganz einfach tierfreundlich gestalten kann. Hoffentlich konnte das Buch Sie dazu anregen, den nächsten Schritt Ihrer persönlichen Reise zu wagen. Und es gibt auf dieser Reise noch so viel zu entdecken: Von veganen Reiseanbietern und veganen Sommercamps oder Hotels über vegane Babykleidung und Kinderbücher bis hin zu Sektflaschen aus veganer Schokolade, mit denen man ein Geschenk dekorieren kann. Es gibt veganes Yoga und vegane Datingseiten – selbst vegane Mittel gegen Probleme in der Menopause. PETA und andere Organisationen bieten sogar Mentorenprogramme, bei denen sich Neulinge im Zweifel melden können – zum Beispiel, wenn man sich im Supermarkt fragt, ob dieses hübsche „Freilandei" tatsächlich tierfreundlich sein kann. Oder wenn man sich nicht sicher ist, was hinter dem Begriff Lanolin steckt. Oder falls man nicht gleich weiß, wo man vegane Ballettschuhe für die nächste Trainingseinheit oder gute Arbeitsstiefel ohne Tierleid herbekommt.

Wenn Sie bereits eine Person sind, die Tieren aktiv Respekt zollt und ihnen nicht (versehentlich) schadet, dann seien Sie gewiss: Sie sind nicht allein! Das sollte Ihnen stets bewusst sein, selbst, wenn Sie noch keiner veganen Ortsgruppe beigetreten sind. Es war nie so einfach und so beliebt wie heute, vegan zu leben. Sie wissen nach all diesen Informationen, was zu tun ist. Der nächste Schritt besteht nun darin, Ihr Umfeld zu informieren. Seien es Freunde, Arbeitskolleginnen, Ihre Familie – ja sogar Menschen, die Sie auf der Hundespielwiese oder im Supermarkt treffen. Die meisten Menschen freuen sich über neue Rezeptideen (und ganz sicher über eine Kostprobe) oder über Informationen über neue Materialien. Andere sind vielleicht begeistert, wenn Sie ihnen von Ihrer liebsten Hautcreme ohne Tierversuche erzählen. Ja, einige lassen sich sogar von Tipps über bewährte Putzmittel (natürlich auch ohne Tierversuche) begeistern.

Die Menschen wollen immer auf dem Laufenden sein, keine Neuigkeiten verpassen. Also tun Sie ihnen den Gefallen und erzählen Sie ihnen, welche großartigen neuen veganen Produkte es gibt. Sei es ein veganer Rasier- oder Malpinsel aus synthetischen statt Dachsborsten, vegane Sportkleidung, die noch leichter als Funktionskleidung aus Wolle oder Daunen ist, oder eine leckere vegane Mahlzeit, die tatsächlich unser Leben verlängern kann. Wenn Sie Ihren Bekannten etwas zum Probieren mitbringen, müssen Sie nicht immer von vornherein sagen, dass es sich um ein veganes Gericht handelt. Linda McCartney etwa überzeugte ihren Mann Paul vom Veganismus, indem sie ihm „fleischige" Gerichte wie Spaghetti Bolognese oder Fischstäbchen vorsetzte, von denen er nicht wusste, dass sie nicht aus Tierfleisch bestanden.

Die Tiere brauchen jeden Freund, den sie kriegen können. Und Sie sind einer davon. Den meisten Menschen ist gar nicht klar, wie viel sie persönlich bewegen können, indem sie die richtigen Entscheidungen treffen. Dabei sind es genau diese Entscheidungen, die für ein Tier den Unterschied zwischen Leben und Tod bedeuten können. Haben Sie erst einmal die Scheuklappen abgelegt und gesehen, was wirklich hinter den Kulissen vor sich geht, ist es entscheidend, die Augen nicht wieder zu verschließen. Vielmehr müssen wir, wie Tolstoi es sagte, noch näherkommen und versuchen zu helfen. Indem Sie vegan leben und andere ebenfalls dazu ermutigen, helfen Sie nicht nur einem bestimmten Hund, diesem oder jenem Elefanten, einer ganz bestimmten Grille oder *dem einen* Huhn. Vielmehr sind Sie damit Teil einer Revolution des menschlichen Verhaltens. Einer Revolution, die eines Tages die Norm sein wird. Glückwunsch – Sie sind jetzt Teil der Bewegung.

DANKSAGUNG

Ingrid: Ich danke all den Tieren, die mein Leben bereichert und mein Verständnis von ihnen gestärkt haben – selbst denen, die ich nur flüchtig traf. Außerdem danke ich allen Menschen, die je für ein Tier in Not aufgestanden sind, etwas gesagt haben, einen Finger gerührt oder eine Spende überwiesen haben. Und natürlich dem Team von PETA und all den Freiwilligen, deren Wissen in dieses Buch einfloss.

Gene: Ich danke meinen vierbeinigen Freunden, besonders Toby, Julia und Gus, und auch den zweibeinigen, insbesondere Nick Bromley, Miranda Spencer, Andy Kifer und Jaime Mishkin.

Gemeinsam bedanken wir uns vielmals bei unseren Agenten, John Maas von Park & Fine Literary and Media und dem Team bei Simon & Schuster, für ihre Unterstützung. Besonderer Dank gilt unserem Lektor Jonathan Cox sowie Jonathan Karp, Emily Simonson, Sonja Singleton, Carly Loman, Brigid Black, Kimberly Goldstein, Annie Craig, Ryan Raphael, Heidi Meier und Stephen Bedford.

AUSGEWÄHLTE LITERATUR

EINFÜHRUNG

Jacobson, Rebecca A.: „Slime Molds: No Brains, No Feet, No Problem", *PBS News Hour*, 5. April 2012, https://www.pbs.org/newshour/science/the-sublime-slime-mold.

Koerth-Baker, Maggie: „Humans Are Dumb at Figuring Out How Smart Animals Are", *FiveThirtyEight*, 18. Mai 2018, https://fivethirtyeight.com/features/humans-are-dumb-at-figuring-out-how-smart-animals-are/.

TEIL I

NAVIGATION

Greenwood, Veronique: „How a Kitty Walked 200 Miles Home: The Science of Your Cat's Inner Compass", *Time*, 11. Februar 2013, http://science.time.com/2013/02/11/the-mystery-of-the-geolocating-cat/.

HowStuffWorks: „6 Pets that Traveled Long Distances to Get Home", https://animals.howstuffworks.com/pets/pet-travel/6-pets-that-traveled-long-distances-to-get-home2.htm.

ZU LUFT

Avakian, Talia: „This Stork Flies Over 8,000 Miles Every Spring to Visit His True Love", *Travel + Leisure*, 23. April 2018, https://www.travelandleisure.com/travel-news/stork-south-africa-klepetan-malena.

https://www.sciencealert.com/birds-see-magnetic-fields-cryptochrome-cry4-photoreceptor-2018.

„Flight, Food and Echolocation", *Bat Conservation Trust*, http://www.bats.org.uk/pages/echolocation.html.

Hopkin, Michael: „Homing Pigeons Reveal True Magnetism", *Nature*, 24. November 2004, https://www.nature.com/news/2004/041122/full/news041122-7.html.

„How Birds Fly", *Journey North*, http://www.learner.org/jnorth/tm/FlightLesson.html.

Notopoulos, Katie: „The Heartwarming Story of Cher Ami, The Pigeon Who Saved 200 American Soldiers", *BuzzFeed*, 3. Januar 2014, https://www.buzzfeed.com/katienotopoulos/the-heartwarming-story-of-cher-ami-the-pigeon-who-saved-200.

https://www.nytimes.com/2018/07/03/science/owls-vision-brain.html.

Pappas, Stephanie: „Are Bats Really Blind?", *Live Science*, 6. September 2016, https://www.livescience.com/55986-are-bats-really-blind.html.

ZU WASSER

Bergamin, Alessandra: „Why Do Pacific Salmon Die After Spawning?", *Bay Nature*, 21. November 2013, https://baynature.org/2013/11/21/pacific-salmon-die-spawning/.

Emerson, Sarah: „We Now Know Why Great White Sharks Gather in a Mysterious Ocean Void", *Motherboard*, 18. September 2018, https://motherboard.vice.com/en_us/article/7xjbd9/we-now-know-why-great-white-sharks-visit-the-mysterious-white-shark-cafe.

Geggel, Laura: „Gray Whale Breaks Mammal Migration Record", *Live Science*, 14. April 2015, https://www.livescience.com/50487-western-gray-whale-migration.html.

Mott, Cody und Michael Salmon: „Sun Compass Orientation by Juvenile Green Sea Turtles (*Chelonia mydas*)", *Chelonian Conservation and Biology* 10: 1 (2011): 73–81.

Osborne, Hannah: „A Fish Just Passed a Test of Self-Awareness by Recognizing Itself in a Mirror", *Newsweek*, 4. September 2018, https://www.newsweek.com/fish-passes-self-awareness-test-mirror-recognition-1104273.

„Pacific Salmon, (*Oncorhynchus spp.*)", *U.S. Fish & Wildlife Service*, https://www.fws.gov/species/species_accounts/bio_salm.html.

WINZLINGE AUF REISEN

Anderson, Charles: „Dragonflies That Fly Across Oceans", *TED*, https://www.ted.com/talks/charles_anderson_discovers_dragonflies_that_cross_oceans/transcript.

Bittel, Jason: „Monarch Butterflies Migrate 3,000 Miles – Here's How", *National Geographic*, 17. Oktober 2017, https://news.nationalgeographic.com/2017/10/monarch-butterfly-migration/.

Castro, Joseph: „Wow! Dung Beetles Navigate by the Stars", *Live Science*, 24. Januar 2013, https://www.livescience.com/26557-dung-beetles-navigate-stars.html.

„Cognitive Dissonance", *Economist*, 12. Juni 2014, https://www.economist.com/blogs/babbage/2014/06/how-bees-navigate.

Ghosh, Pallab: „Snails 'Have a Homing Instinct'", *BBC News*, 3. August 2010, https://www.bbc.com/news/science-environment-10856523.

Smith, Joe: „Dragonfly Migration: A Mystery Citizen Scientists Can Help Solve", *Cool Green Science*, 16. September 2013, https://blog.nature.org/science/2013/09/16/dragonfly-migration-a-mystery-citizen-scientists-can-help-solve/.

Williams, Sarah: „Pythons Have Surprising Homing Ability, New Snake Navigation Study Finds (VIDEO)", *Huffington Post*, 23. März 2014, https://www.huffingtonpost.com/2014/03/23/python-homing-snake-navigation-study_n_5017132.html.

Young, Stephen: „Science: How Hoppers Keep Their Bearings on the Beach",

NewScientist, 29. April 1989, https://www.newscientist.com/article/mg12216624-600-science-how-hoppers-keep-their-bearings-on-the-beach.

ZU LAND

Graham, Sarah: „Internal Compass Helps Blind Mole Rat Find Its Way", *Scientific American*, 20. Januar 2004, https://www.scientificamerican.com/article/internal-compass-helps-bl/.

„Great Wildebeest Migration", *Maasai Mara*, http://www.maasaimara.com/entries/great-wildebeest-migration-maasai-mara.

Helmuth, Laura: „Saving Mali's Migratory Elephants", *Smithsonian Magazine*, Juli 2005, https://www.smithsonianmag.com/science-nature/saving-malis-migratory-elephants-74522858/.

Ishida, Yasuk, Peter Van Coeverden de Groot, Keith Leggett, Andrea Putnam, Virginia Fox, Jesse Lai, Peter Boag, Nicholas Georgiadis und Alfred Roca: „Genetic connectivity across marginal habitats: the elephants of the Namib Desert", *Ecology and Evolution* 6: 17 (2016): 6189–201.

Natural World Safaris: „The Caribou Migration", *Natural World Safaris*, https://www.naturalworldsafaris.com/experiences/natures-great-events/caribou-migration-in-arctic-canada.

KOMMUNIKATION

Samhita, Laasya und Hans Gros: „The 'Clever Hans Phenomenon' Revisited", *Communicative & Integrative Biology* 6: 6 (2013): e27122.

DIE KOMMUNIKATION DER HUNDE

Hare, Brian: „Opinion: We Didn't Domesticate Dogs. They Domesticated Us", *National Geographic*, 3. März 2013, https://news.nationalgeographic.com/news/2013/03/130302-dog-domestic-evolution-science-wolf-wolves-human/.

Hare, Brian und Vanessa Woods: „What Are Dogs Saying When They Bark? [Excerpt]", *Scientific American*, 8. Februar 2013, https://www.scientificamerican.com/article/what-are-dogs-saying-when-they-bark/.

International Wolf Center: „How Do Wolves Say Hello?", http://www.wolf.org/wolf-info/basic-wolf-info/biology-and-behavior/communication/.

LESENDE TIERE

CBS News, https://www.cbsnews.com/news/are-we-smart-enough-to-measure-animal-intelligence/.

Yirka, Bob: „Horses Found Able to Use Symbols to Convey Their Desire for a Blanket", *Phys.org*, 26. September 2016, https://phys.org/news/2016-09-horses-convey-desire-blanket.html?utm_source=nwletter&utm_medium=email&utm_campaign=daily-nwletter.

BAUERNHOFGESPRÄCHE

Grillo, Robert: „A Revolution in Our Understanding of Chicken Behavior", *Free From Harm*, 7. Februar 2014, https://freefromharm.org/chicken-behavior-an-overview-of-recent-science/.

University of Lincoln: „It's not just a grunt: Pigs really do have something to say", *ScienceDaily*, 29. Juni 2016, www.sciencedaily.com/releases/2016/06/160629100349.htm.

Young, Rosamund: *The Secret Life of Cows*, London: Faber & Faber, 2018.

KOMMUNIKATION UNTER WASSER

Herzing, Denise: „Could We Speak the Language of Dolphins?", *TED*, https://www.ted.com/talks/denise_herzing_could_we_speak_the_language_of_dolphins/transcript.

Manier, Jeremy: „Dolphin Cognition Fuels Discovery", The University of Chicago, https://www.uchicago.edu/features/dolphin_cognition_fuels_discovery/.

National Geographic: „Blue Whales and Communication", 26. März 2011, http://www.nationalgeographic.com.au/science/blue-whales-and-communication.aspx.

Schneider, Caitlin: „How Scientists Discovered the Song of the Humpback Whale", *Mental Floss*, 11. August 2015, http://mentalfloss.com/article/67250/how-scientists-discovered-song-humpback-whale.

Weisberger, Mindy: „Frogs 'Talk' Using Complex Signals", *Live Science*, 13. Januar 2016, https://www.livescience.com/53358-brazilian-frogs-complex-communication.html.

PRIMATEN MIT WERKZEUGKOFFER

Gill, Victoria: „Chimpanzee Language: Communication Gestures Translated", *BBC*, 4. Juli 2014, http://www.bbc.com/news/science-environment-28023630.

—: „Chimpanzees' 66 Gestures Revealed", *BBC*, 5. Mai 2011, http://news.bbc.co.uk/earth/hi/earth_news/newsid_9475000/9475408.stm.

Hale, Benjamin: „The Sad Story of Nim Chimpsky", *Dissent Magazine*, 17. August 2011, https://www.dissentmagazine.org/online_articles/the-sad-story-of-nim-chimpsky.

Lents, Nathan: „Koko, Washoe, and Kanzi: Three Apes with Human Vocabulary", *The Human Evolution Blog*, 28. Juli 2015, https://thehumanevolutionblog.com/2015/07/28/koko-washoe-and-kanzi-three-apes-with-human-vocabulary/.

HIMMELSGESPRÄCHE

Callaway, Ewen: „Alex the Parrot's Posthumous Paper Shows his Mathematical Genius“, *Scientific American*, 21. Februar 2012, https://www.scientificamerican.com/article/alex-parrot-posthumous-paper-mathematical-genius/.

Carey, Benedict: „Alex, a Parrot Who Had a Way With Words, Dies“, *New York Times*, 10. September 2007, http://www.nytimes.com/2007/09/10/science/10cnd-parrot.html.

Chandler, David: „Farewell to a Famous Parrot“, *Nature*, 11. September 2007, https://www.nature.com/news/2007/070910/full/news070910-4.html.

Feltman, Rachel: „These Birds Use a Linguistic Rule Thought to be Unique to Humans“, *Washington Post*, 8. März 2016, https://www.washingtonpost.com/news/speaking-of-science/wp/2016/03/08/these-birds-use-a-linguistic-rule-thought-to-be-unique-to-humans/?utm_term=.484c8b4dd8c2.

McClendon, Russell: „Wild Birds Communicate and Collaborate with Humans, Study Confirms“, *Mother Nature Network*, 22. Juli 2016, https://www.mnn.com/earth-matters/animals/blogs/wild-birds-communicate-and-collaborate-humans-study-confirms.

Mendelson, Zoe: „Traffic Is Changing How City Birds Sing“, *Next City*, 19. Februar 2016, https://nextcity.org/daily/entry/noise-pollution-bird-calls-san-francisco.

PLOS: „Goffin's cockatoos can create and manipulate novel tools: Cockatoos adjust length, but not width, when making their cardboard tools“, *ScienceDaily*, 7. November 2018, www.sciencedaily.com/releases/2018/11/181107172905.htm.

University of Zurich: „Bird communication: Chirping with syntax“, *ScienceDaily*, 8. März 2016, www.sciencedaily.com/releases/2016/03/160308134748.htm.

DIE SPRACHEN DES TIERREICHS VERSTEHEN

BT: „Animals are busy having conversations all around us, say scientists“, 6. Juni 2018, http://home.bt.com/news/science-news/animals-are-busy-having-conversations-all-around-us-say-scientists-11364276341883.

Irish Examiner: „Cheetahs don't roar ... but the adorable noise they do make will surprise you“, 4. April 2018, https://www.irishexaminer.com/breakingnews/discover/cheetahs-dont-roar-but-the-adorable-noises-they-do-make-will-surprise-you-835718.html.

Meeri, Kim: „Chirps, whistles, clicks: Do any animals have a true 'language'?“, *Washington Post*, 22. August 2014, https://www.washingtonpost.com/news/speaking-of-science/wp/2014/08/22/chirps-whistles-clicks-do-any-animals-have-a-true-language/?noredirect=on&utm_term=.3749a1cd837b.

LIEBE

Economist: „Animals think, therefore...“, https://www.economist.com/news/essays/21676961-inner-lives-animals-are-hard-study-there-evidence-they-

may-be-lot-richer-science-once-thought.
Sullivan, Ashley: „Wounda: The Amazing Story of the Chimp Behind the Hug with Dr. Jane Goodall“, *The Jane Goodall Institute*, 21. November 2017, http://news.janegoodall.org/2017/11/21/tchimpounga-chimpanzee-of-the-month-wounda/.

PARTNERSCHAFT

Bates, Mary: „What's This Mysterious Circle on the Seafloor?“, *National Geographic*, 15. August 2013, https://blog.nationalgeographic.org/2013/08/15/whats-this-mysterious-circle-on-the-seafloor/.
Bekoff, Marc: *The Emotional Lives of Animals*, Novato: New World Library, 2007.
Castro, Joseph: „Animal Sex: How Sea Turtles Do It“, *Live Science*, 5. Mai 2014, https://www.livescience.com/45354-animal-sex-sea-turtles.html.
Gorvett, Zaria: „If you think penguins are cute and cuddly, you're wrong“, *BBC*, 23. Dezember 2015, http://www.bbc.com/earth/story/20151223-if-you-think-penguins-are-cute-and-cuddly-youre-wrong.
National Audubon Society: „Masked Booby“, https://www.audubon.org/field-guide/bird/masked-booby.
National Ocean Service: „What causes a sea turtle to be born male or female?“, https://oceanservice.noaa.gov/facts/temperature-dependent.html.
Observations of Animal Behaviour: „The Enchanting Pebble“, 11. April 2013, http://blog.nus.edu.sg/lsm1303student2013/2013/04/11/the-enchanting-pebble/.
Pomeroy, Ross: „7 Facts You Didn't Know About Elephant Trunk“, *RealClear-Science*, 14. Oktober 2013, https://www.realclearscience.com/blog/2013/10/the-most-amazing-appendage-in-the-world.html.
Saad, Gad: „We're just like animals when it comes to finding a date“, *Wired*, 30. März 2016, http://www.wired.co.uk/article/human-animal-behaviour-courtship-displays-evolutionary-psychology.

TREUE

Crane, Louise: „The truth about swans“, *BBC*, 4. Dezember 2014, http://www.bbc.com/earth/story/20141204-the-truth-about-swans.
Guzman, Sandra: „Think Pigeons Are a Nuisance? Meet New York City's Pigeon Whisperer“, *NBC News*, 16. Oktober 2015, https://www.nbcnews.com/news/latino/pigeons-nuisance-meet-new-york-city-s-pigeon-whisperer-n445506.
Incrediblebirds: „Divorces in Birds“, http://incrediblebirds.com/sex-life-birds-also-have-penises/divorces-in-birds/.
Keim, Brandon: „What Pigeons Teach Us About Love“, *Nautilus*, 4. Januar 2018, http://nautil.us/issue/56/perspective/what-pigeons-teach-us-about-love-rp.
Krulwich, Robert: „Introducing A Divorce Rate For Birds, And Guess Which

Bird Never, Ever Divorces?“, *NPR*, 22. April 2014, https://www.npr.org/sections/krulwich/2014/04/22/305582368/introducing-a-divorce-rate-for-birds-and-guess-which-bird-never-ever-divorce.

Strycker, Noah: *The Thing with Feathers*, New York: Riverhead Books, 2014.

Tucker, Abigail: „What Can Rodents Tell Us About Why Humans Love?“, *Smithsonian Magazine*, Februar 2014, https://www.smithsonianmag.com/science-nature/what-can-rodents-tell-us-about-why-humans-love-180949441/.

MUTTERLIEBE

Business Report: „Slimy leeches are devoted parents“, 2. Juli 2004, https://www.iol.co.za/business-report/technology/slimy-leeches-are-devoted-parents-216206.

Hamilton, Kristy: „Why You Should Never Squash a Spider“, *IFLScience*, 24. April 2015, https://www.iflscience.com/plants-and-animals/mother-wolf-spider-squashed-hundreds-babies-scatter/.

Hogenboom, Melissa: „Are there any homosexual animals?“, *BBC*, 6. Februar 2015, http://www.bbc.com/earth/story/20150206-are-there-any-homosexual-animals.

Jenkins, Andrew: „The Protective Mouthbrooding Fish“, *PADI*, 30. Juli 2014, https://www2.padi.com/blog/2014/07/30/creature-feature-the-protective-mouth-brooding-fish/.

Yin, Steph: „Nearly a Decade Nursing? Study Pierces Orangutans' Mother-Child Bond“, *New York Times*, 17. Mai 2017, https://www.nytimes.com/2017/05/17/science/orangutans-weaning-nursing.html.

Young, Rosamund: *The Secret Life of Cows*, London: Faber & Faber, 2018.

TRAUER

Bekoff, Marc: „Grief in animals: It's arrogant to think we're the only animals who mourn“, *Psychology Today*, 29. Oktober 2009, https://www.psychologytoday.com/us/blog/animal-emotions/200910/grief-in-animals-its-arrogant-think-were-the-only-animals-who-mourn.

Brogaard, Berit: „Can Animals Love?“, *Psychology Today*, 24. Februar 2014, https://www.psychologytoday.com/us/blog/the-mysteries-love/201402/can-animals-love.

Buzhardt, Lynn: „Do Dogs Mourn?“, *VCA*, https://vcahospitals.com/know-your-pet/do-dogs-mourn.

Dooren, Thom van: *Flight Ways, Life and Loss at the Edge of Extinction*, New York: Columbia University Press, 2014.

King, Barbara: *How Animals Grieve*, Chicago: University of Chicago Press, 2013.

Krumboltz, Mike: „Just like us? Elephants comfort each other when they're stressed out“, *Yahoo News*, 18. Februar 2014, https://news.yahoo.com/elephants-know-a-thing-or-two-about-empathy-202224477.html.

Langley, Liz: „Do Crows Hold Funerals for Their Dead?“, *National Geographic*, 3. Oktober 2015, https://news.nationalgeographic.com/2015/10/151003-animals-science-crows-birds-culture-brains/.

Masson, Jeffrey: *When Elephants Weep*, New York: Dell Publishing, 1995.

Maxwell, Marius: *Stalking Big Game with a Camera in Equatorial Africa*, Literary Licensing, LLC, 2013.

Parker, Laura: „Rare Video Shows Elephants 'Mourning' Matriarch's Death“, *National Geographic*, 31. August 2016, https://news.nationalgeographic.com/2016/08/elephants-mourning-video-animal-grief/.

PETA: „The Hidden Lives of Ducks and Geese“, https://www.peta.org/issues/animals-used-for-food/factory-farming/ducks-geese/hidden-lives-ducks-geese/.

Sheldrake, Rupert: *Dogs That Know When Their Owners Are Coming Home: Fully Updated and Revised*, New York: Crown/Archetype, 2011.

EINFÜHLUNGSVERMÖGEN

Cheever, Holly: „A Bovine Sophie's Choice“, *All-Creatures.org*, Sommer 2011, http://www.all-creatures.org/articles/ar-bovine.html.

Holland, Jennifer: „Surprise: Elephants Comfort Upset Friends“, *National Geographic*, 18. Februar 2014, https://news.nationalgeographic.com/news/2014/02/140218-asian-elephants-empathy-animals-science-behavior/.

Resnick, Brian: „Do animals feel empathy? Inside the decades-long quest for an answer“, *Vox*, 5. August 2016, https://www.vox.com/science-and-health/2016/2/8/10925098/animals-have-empathy.

Schelling, Ameena: „Mother Cow Hides Newborn Baby To Protect Her From Farmer“, *The Dodo*, 25. Februar 2015, https://www.thedodo.com/dairy-cow-calf-baby-rescue-1010627123.html.

Yong, Ed: „Empathic rats spring each other from jail“, *National Geographic*, 9. Dezember 2011, https://www.nationalgeographic.com/science/phenomena/2011/12/09/empathic-rats-spring-each-other-from-jail/.

SPIELEN

Choi, Charles: „Gorillas Play Tag Like Humans“, *Live Science*, 13. Juli 2010, https://www.livescience.com/10718-gorillas-play-tag-humans.html.

ÜBERLEBENSSPIELE

Blank, David und Weikang Yang: „Play Behavior in Goitered Gazelle, Gazella Subgutturosa (Artiodactyla: Bovidae) in Kazakhstan“, *Folia Zoologica* 61: 2 (2012): 161–71.

Coley, Ben: „Why Do Lions Play?“, *Africa Geographic*, 18. Januar 2016, https://africageographic.com/blog/why-do-lions-play/.

Fagen, Robert und Johanna Fagen: „Play Behavior and Multi-Year Juvenile

Survival in Free-Ranging Brown Bears, Ursus arctos“, *Evolutionary Ecology Research* 11: 7 (2009): 1053–67.

Gray, Peter: „Chasing Games and Sports: Why Do We Like to Be Chased?“, *Psychology Today*, https://www.psychologytoday.com/us/blog/freedom-learn/200811/chasing-games-and-spor.

Remy, Melina: „Why Do Squirrels Chase Each Other?“, *Live Science*, 2. August 2010, https://www.livescience.com/32740-why-do-squirrels-chase-each-other-.html.

SOZIALES SPIEL

Farooqi, Samina und Nicola Koyam: „The Occurrence of Postconflict Skills in Captive Immature Chimpanzees“, *International Journal of Primatology* 37: 2 (2016): 185–99.

Kerney, Max, Jeroen Smaers, P. Thomas Schoenemann und Jacob Dunn: „The Coevolution of Play and the Cortico-Cerebellar System in Primates“, *Primates* 58: 4 (2017): 485–91.

Koyama, Nicola: „How Monkeys Make Friends and Influence Each Other“, *The Conversation*, 17. September 2016, https://theconversation.com/how-monkeys-make-friends-and-influence-each-other-65906.

Melnick, Meredith: „Monkeys, Like Humans, Made Bad Choices and Regret Them, Too“, *Time*, 31. Mai 2011, http://healthland.time.com/2011/05/31monkeys-play-rock-paper-scissors-and-show-regret-over-losing/.

SPIELEN – EINFACH AUS SPASS?

Goldman, Jason: „Why Do Animals Like to Play?“, *BBC*, 9. Januar 2013, http://www.bbc.com/future/story/20130109-why-do-animals-like-to-play.

Sharpe, Lynda: „So You Think You Know Why Animals Play ...“, *Scientific American*, 17. Mai 2011, https://blogs.scientificamerican.com/guest-blog/so-you-think-you-know-why-animals-play/.

Sharpe, Lynda und Michael Cherry: „Social Play Does Not Reduce Aggression in Wild Meerkats“, *Animal Behaviour* 66: 5 (2003): 989–97.

TOBENDE WELPEN

Bekoff, Marc: „The Power of Play: Dogs Just Want to Have Fun“, *Psychology Today*, 5. September 2017, https://www.psychologytoday.com/us/blog/animal-emotions/201709/the-power-play-dogs-just-want-have-fun.

Grimm, David: „In dogs' play, researchers see honesty and deceit, perhaps something like morality“, *The Washington Post*, 19. Mai 2014, https://www.washingtonpost.com/national/health-science/in-dogs-play-researchers-see-honesty-and-deceit-perhaps-something-like-morality/2014/05/19/d8367214-ccb3-11e3-95f7-7ecdde72d2ea_story.html?noredirect=on&utm_term=.759303f99543.

Sommerville, Rebecca, Emily O'Connor und Lucy Asher: „Why Do Dogs Play?

Function and Welfare Implications of Play in the Domestic Dog“, *Applied Animal Behaviour Science* 197 (2017): 1–8.
Todd, Zazie: „Why Do Dogs Play?“, *Companion Animal Psychology*, 8. November 2017, https://www.companionanimalpsychology.com/2017/11/why-do-dogs-play.html.

KATZENSPRÜNGE

Caraza, Bianca: „Frisky Felines: Why Cats Play“, *Global Animal*, 11. Juni 2011, https://www.globalanimal.org/2011/06/11/frisky-felines-why-cats-play/.
Johnston, Ian: „How Ancient Egypt's beloved cats helped our feline friends colonise the planet“, *Independent*, 19. Juni 2017, https://www.independent.co.uk/news/science/ancient-egypt-cats-colonise-planet-sacred-animals-a7798021.html.

VON AUSBRUCHSKÜNSTLERN UND GAMERN

Associated Press: „Goats escape from Idaho rental service. What happened next will not shock you“, *Los Angeles Times*, 3. August 2018, http://www.latimes.com/nation/la-na-boise-goat-escape-20180803-story.html.
PETA: „The Hidden Lives of Pigs“, https://www.peta.org/issues/animals-used-for-food/factory-farming/pigs/hidden-lives-pigs/.

ELEFANTENSCHUMMELEI

Kivi, Rose: „How Do Elephants Behave?“, *Sciencing*, 24. April 2017, https://sciencing.com/elephants-behave-4567810.html.
Worrall, Simon: „How Burmese Elephants Helped Defeat the Japanese in World War II“, *National Geographic*, 27. September 2014, https://news.nationalgeographic.com/news/2014/09/140928-burma-elephant-teak-kipling-japan-world-war-ngbooktalk/.

SPIELE ZU LUFT

Gamble, Jennifer und Daniel Cristol: „Drop-catch behaviour is play in herring gulls, *Larus argentatus*“, *Animal Behavior* 63: 2 (2002): 339–45.
Newitz, Annalee: „Scientists investigate why crows are so playful“, *Ars Technica*, 19. Oktober 2017, https://arstechnica.com/science/2017/10/scientists-investigate-why-crows-are-so-playful/.

EIGENSINNIGE WEICHTIERE

Borrell, Brendan: „Are octopuses smart?“, *Scientific American*, 27. Februar 2009, https://www.scientificamerican.com/article/are-octopuses-smart/.
Courage, Katherine: „Octopus Play and Squid Eyeballs – And What They Can Teach Us About Brains“, *Scientific American*, 18. November 2014, https://blogs.scientificamerican.com/octopus-chronicles/octopus-play-and-squid-eyeballs-mdash-and-what-they-can-teach-us-about-brains/.

Nuwer, Rachel: „Ten Curious Facts About Octopuses“, *Smithsonian.com*, 31. Oktober 2013, https://www.smithsonianmag.com/science-nature/ten-curious-facts-about-octopuses-7625828/.

MODERNE DINOSAURIER

Dinets, Vladimir: „Play Behaviour in Crocodilians“, *Animal Behaviour and Cognition* 2: 1 (2015): 49–55.

TEIL II

FORSCHUNG

Animals in Science Policy Institute: „Animals in Testing“, https://www.animalsinscience.org/why_we_do_it/animals-in-testing/.
Canadian Council on Animal Care: „Three Rs: Replacement, Reduction and Refinement“, https://3rs.ccac.ca/en/about/three-rs.html.
Clifton, Merritt: „Fewer Dogs & Cats Used in U.S. Labs Than Ever Before“, *Animals 24-7*, 24. Juni 2017, https://www.animals24-7.org/2017/06/24/fewer-dogs-cats-used-in-u-s-labs-than-ever-before/.
—: „U.S. Labs Now Using More Animals Than Ever, Data Review Finds“, *Animals 24-7*, 1. Mai 2015, https://www.animals24-7.org/2015/05/01/u-s-labs-now-using-more-animals-than-ever-data-review-finds/.
—: „Why Is Animal Use in Labs Up, Even As Public Moral Approval Is Down?“, *Animals 24-7*, 18. Mai 2017, https://www.animals24-7.org/2017/05/18/why-is-animal-use-in-labs-up-even-as-public-moral-approval-is-down/.
Committee for the Update of the Guide for the Care and Use of Laboratory Animals, Guide for the Care and Use of Laboratory Animals, Washington: The National Academies Press, 2011.
Cruelty Free International: „Alternatives to Animal Testing“, https://www.crueltyfreeinternational.org/why-we-do-it/alternatives-animal-testing.
Foundation for Biomedical Research: „Love Animals? Support Animal Research“, https://fbresearch.org/love-animals-support-animal-research/.
Franco, Nuno: „Animal Experiments in Biomedical Research: A Historical Perspective“, *Animals* 3: 1 (2013): 238–73.
Gluck, John: „Second Thoughts of an Animal Researcher“, *New York Times*, 2. September 2016, https://www.nytimes.com/2016/09/04/opinion/sunday/second-thoughts-of-an-animal-researcher.html.
Hajar, Rachel: „Animal Testing and Medicine“, *Heart Views* 12: 1 (2011): 42.
Hastings Center: „Alternatives to Animals Fact Sheet“, http://animalresearch.thehastingscenter.org/facts-sheets/alternatives-to-animals/.
—: „Animal Research and Pain“, http://animalresearch.thehastingscenter.org/facts-sheets/animal-research-and-pain/.
National Anti-Vivisection Society: „Alternatives to Animal Research“, https://www.navs.org/what-we-do/keep-you-informed/science-corner/alternatives/alternatives-to-animal-research/#.XIfiPy2ZOne.

—: „The Animal Welfare Act", https://www.navs.org/what-we-do/keep-you-informed/legal-arena/research/explanation-of-the-animal-welfare-*act-awa/#.XIfg4y2ZOnc.*

National Institute of Environmental Health Studies: „Alternatives to Animal Testing", https://www.niehs.nih.gov/health/topics/science/sya-iccvam/index.cfm.

PETA: „Alternatives to Animal Testing", https://www.peta.org/issues/animals-used-for-experimentation/alternatives-animal-testing/.

—: „Trauma Training 101", http://features.peta.org/TraumaTraining/101.asp.

Smith, Jane: „Ethics in Research with Animals", *Monitor on Psychology* 34: 1 (2003): 57.

KLEIDUNG

Alchon, Suzanne: *A Pest in the Land: New World Epidemics in a Global Perspective*, Albuquerque: University of New Mexico Press, 2003.

Backwell, Lucinda, Francesco d'Errico und Lyn Wadley: „Middle Stone Age bone tools from the Howiesons Poort layers, Sibudu Cave, South Africa", *Journal of Archaeological Science* 35: 6 (2008): 1566–80.

Cartner-Morley, Jess: „Fur flies as Stella McCartney unveils 'skin-free skin' in Paris", *Guardian*, 6. März 2017, https://www.theguardian.com/fashion/2017/mar/06/fur-stella-mccartney-unveils-skin-free-skin-paris-fashion-week.

Conniff, Richard: „Why Fur Is Back in Fashion", *National Geographic*, September 2016, https://www.nationalgeographic.com/magazine/2016/09/skin-trade-fur-fashion/.

Dindar, Shereen: „World's oldest leather shoe found in Armenia", *National Post*, 9. Juni 2010, http://news.nationalpost.com/2010/06/09/worlds-oldest-leather-shoe-found-in-armenia-2/.

Grinnell, George: *The Indians of Today*, Whitefish: Kessinger Publishing, 2010.

History.com: „Black Death", https://www.history.com/topics/black-death.

Hodge, Gene Meany: *Kachina Tales from the Indian Pueblos*, Santa Fe: Sunstone Press, 1993.

Holloway, April: „First hemp-weaved fabric in the World found wrapped around baby in 9,000-year-old house", *Ancient Origins*, 6. Februar 2014, http://www.ancient-origins.net/news-history-archaeology/first-hemp-weaved-fabric-world-found-wrapped-around-baby-9000-year-old.

Kadoph, Sara und Anna L. Langford: *Textiles*, Upper Saddle River: Prentice Hall, 2006.

Laver, James: *The Concise History of Costume and Fashion*, New York: Abrams, 1979.

Lynch, Alison: „Stella McCartney debuts her 'fur-free fur' at Paris Fashion Week", *Metro*, 9. März 2015, http://metro.co.uk/2015/03/09/stella-mccartney-debuts-her-fur-free-fur-at-paris-fashion-week-5095084/?ito=cbshare.

Miller, Michael: „Meet Chris, the insanely overgrown sheep that nearly died for the sake of our fashion", *Washington Post*, 3. September 2015, https://www.washingtonpost.com/news/morning-mix/wp/2015/09/03/meet-chris-the-insanely-overgrown-sheep-that-nearly-died-for-the-sake-of-our-fashion/.

Montaigne, Michel de: „Of sumptuary laws", *Quotidiana*, hrsg. von Patrick Madden, 23. September 2006, http://essays.quotidiana.org/montaigne/sumptuary_laws/.

Mooney, James: *The Ghost Dance Religion and Wounded Knee*, Mineola: Courier Dover Publications, 1973.

Outwater, Alice: *Water, A Natural History*, New York: Basic Books, 2008.

Schweig, Sarah: „Sheep Decides to Keep Wool, Hides Out in Cave for 6 YEARS", *The Dodo*, 27. August 2015, https://www.thedodo.com/wooly-sheep-hides-in-cave-1315578823.html.

RSPCA: „What Is Mulesing and What Are the Alternatives?", 12. Mai 2016, http://kb.rspca.org.au/what-is-mulesing-and-what-are-the-alternatives_113.html.

Whitfield, John: „Lice genes date first human clothes", *Nature*, 20. August 2003, https://www.nature.com/news/2003/030818/full/news030818-7.html.5

UNTERHALTUNG

Abramowitz, Rachel: „'Every Which Way but Abuse' Should Be Motto", *Los Angeles Times*, 27. August 2008, http://articles.latimes.com/2008/aug/27/entertainment/et-brief27.

Associated Press: „Gorilla's Escape, Violent Rampage Stun Zoo Officials", *NBC News*, 19. März 2004, http://www.nbcnews.com/id/4558461/ns/us_news/t/gorillas-escape-violent-rampage-stun-zoo-officials/#.XFs3DC2ZPfE.

—: „The Hobbit: Handlers Claim Deaths of Animals Could Have Been Prevented", *The Guardian*, 19. November 2012, https://www.theguardian.com/world/2012/nov/20/the-hobbit-animal-deaths-farm.

Bogdanich, Walt, Joe Drape, Dara L. Miles und Griffin Palmer: „Mangled Horses, Maimed Jockeys", *New York Times*, 24. März 2012, https://www.nytimes.com/2012/03/25/us/death-and-disarray-at-americas-racetracks.html.

Busch, Anita: „Sidney Yost & Amazing Animals Prods Hit With Fines, License Revocation Over Animal Welfare Act Violations; Appealing Government Decision", *Deadline*, 18. Januar 2018, https://deadline.com/2018/01/sidney-jay-yost-amazing-animals-productions-fined-license-revoked-animal-welfare-violations-appealing-decision-order-1202246105/.

Calvo, Amanda: „Tensions Are on the Rise in Spain Over its Bloody Tradition of Bullfighting", *Time*, 19. Juli 2016, http://time.com/4400516/bullfighting-calls-for-ban-spain/.

Diaz, George: „Iditarod Dog Deaths Unjustifiable", *Orlando Sentinel*, 5. März 2000, https://www.orlandosentinel.com/news/os-xpm-2000-03-05-0003050070-story.html.

Donahue, Bill: „Putin's Persian Leopard Project is an Olympic-Size Farce",

Salon, 9. Februar 2014, https://www.salon.com/2014/02/08/putins_persian_leopard_project_is_an_olympic_sized_farse_partner/.

Ensley, Gerald: „Case of the 3,600 Disappearing Homing Pigeons Has Experts Baffled“, *Chicago Tribune*, 18. Oktober 1998, https://www.chicagotribune.com/news/ct-xpm-1998-10-18-9810180320-story.html.

Flanagin, Jake: „It's 2015 – Time to Pack up the Iditarod“, *Quartz*, 11. März 2015, https://qz.com/358639/the-iditarod-is-exploitative-and-inhumane/.

Four Paws US: „Bans on Circuses“, https://www.four-paws.us/campaigns-topics/topics/wild-animals/worldwide-circus-bans.

Gruttadaro, Andrew: „The Insane Story Behind Disney's ‘Snow Buddies,’ The Movie That Killed 5 Puppies“, *Complex*, 16. Dezember 2020, https://www.complex.com/pop-culture/2016/12/snow-buddies-killed-five-puppies?utm_campaign=popculturetw&utm_source=twitter&utm_medium=social.

Hill, Logan: „The Legacy of Flipper“, *New York Magazine*, 13. Juli 2009, http://nymag.com/movies/profiles/57863/.

Hughes, Dana: „Mugabe's Ghoulish Gift for North Korea's Kim Jong Il“, *ABC News*, 14. Mai 2010, https://abcnews.go.com/International/mugabe-sends-exotic-animals-north-korean-death/story?id=10650497.

Hunt, Julia: „Alan Cumming Seeking Sanctuary for Chimpanzee He Once Starred With“, *Independent*, 5. Juni 2017, https://www.independent.ie/style/celebrity/celebrity-news/alan-cumming-seeking-sanctuary-for-chimpanzee-he-once-starred-with-35792384.html.

Iafolla, Robert: „Ads Pulled After Claims of Chimp Abuse“, *Whittier Daily News*, 1. Juli 2005, https://lists.ibiblio.org/pipermail/monkeywire/2005-July.tx.

McHugh, Jess: „Swedish Zoo Admits to Killing 9 Healthy Lion Cubs“, *Travel + Leisure*, 12. Januar 2018, https://www.travelandleisure.com/travel-news/zoo-dead-lion-cubs.

Messenger, Stephen: „Captivated: A Brief History of Animals Exploited for Entertainment“, *The Dodo*, 18. Januar 2014. https://www.thedodo.com/captivated-a-brief-history-of--394381912.html.

Mott, Maryann: „Wild Elephants Live Longer Than Their Zoo Counterparts“, *National Geographic*, 11. Dezember 2008, https://news.nationalgeographic.com/news/2008/12/wild-elephants-live-longer-than-their-zoo-counter parts/.

PETA: „Graveyard Races: Summary“, https://www.peta.org/features/graveyard-races/summary/.

Solis, Steph: „Ringling Bros. Circus Closing After 146 Years“, *USA Today*, 14. Januar 2017, https://www.usatoday.com/story/news/nation/2017/01/14/ringling-bros-circus-close-after-146-years/96606820/.

World Animal Foundation: „Don't Support Marine Mammal Parks“, https://worldanimal.foundation/advocate/don-t-support-marine-mammal-parks/.

Zoological Society of London: „The History of the Aquarium“, https://www.zsl.org/zsl-london-zoo/exhibits/the-history-of-the-aquarium.

ERNÄHRUNG

Allen, Arthur: „U.S. Touts Fruit and Vegetables While Subsidizing Animals That Become Meat“, *Washington Post*, 3. Oktober 2011, https://www.washingtonpost.com/national/health-science/us-touts-fruit-and-vegetables-while-subsidizing-animals-that-become-meat/2011/08/22/gIQATFG5IL_story.html?utm_term=.8f61c5ba80fe.

Animal Welfare Institute: „Inhumane Practices on Factory Farms“, https://awionline.org/content/inhumane-practices-factory-farms.

—: „Subtherapeutic Antibiotics in Agriculture“, https://awionline.org/sites/default/files/uploads/documents/fa-antibioticsfactsheet-112511.pdf.

Barber, Nigel: „Do Humans Need Meat?“, *Psychology Today*, 12. Oktober 2016, https://www.psychologytoday.com/blog/the-human-beast/201610/do-humans-need-meat.

Bittman, Mark: „Rethinking the Meat-Guzzler“, *New York Times*, 27. Januar 2008, http://www.nytimes.com/2008/01/27/weekinreview/27bittman.html.

Boyle, Rebecca: „Eating Cooked Food Made Us Human“, *Popular Mechanics*, 22. Oktober 2012.

Business Wire: „Don Lee Farms Introduces First Organic Raw Plant-Based Burger – Made with Plants, Not with Science“, 15. Februar 2018, https://www.businesswire.com/news/home/20180215006465/en/Don-Lee-Farms-Introduces-Organic-Raw-Plant-Based.

Carrera-Bastos, Pedro, Maelan Fontes-Villalba, James O'Keefe, Staffan Lindeberg und Loren Cordain: „The Western Diet and Lifestyle Diseases of Civilization“, *Research Reports in Clinical Cardiology* 2011: 2 (2011): 15–35.

Chiorando, Maria: „European Meat Alternative Market Spikes by 451% in Four Years“, *Plant Based News*, 13. Februar 2018, https://www.plantbasednews.org/post/european-meat-alternative-market-spikes-451-four-years.

Cordain, Loren, Stanley Eaton, Anthony Sebastian, Neil Mann, Staffan Lindeberg, Bruce Watkins, James O'Keefe und Janette Brand-Miller: „Origins and Evolution of the Western Diet: Health Implications for the 21st Century“, *The American Journal of Clinical Nutrition* 81: 2 (2005): 341–54.

Cordain, Loren, Stanley Eaton, Janette Brand-Miller, Neil Mann und Karen Hill: „The Paradoxical Nature of Hunter-Gatherer Diets: Meat-Based, Yet Non-Atherogenic“, *European Journal of Clinical Nutrition* 56 (2002): S42– S52.

Crawford, Elizabeth: „Vegan Is Going Mainstream, Trend Data Suggests“, *FoodNavigator-USA*, 17. März 2015, https://www.foodnavigator-usa.com/Article/2015/03/17/Vegan-is-going-mainstream-trend-data-suggests#.

Davis, John: „The Origins of the Vegans: 1944–46“, *Veg Source*, September 2016, http://www.vegsource.com/john-davis/origins_of_the_vegans.pdf.

Despain, David: „Why You Can All Stop Saying Meat Eating Fueled Evolution of Larger Brains Right Now“, *Evolving Health*, 2. Dezember 2012, https://evolvinghealthscience.blogspot.com/2012/12/why-you-can-all-stop-saying-meat-eating.html.

Dunn, Rob: „Human Ancestors Were Nearly All Vegetarians“, *Scientific American*, 23. Juli 2012, https://blogs.scientificamerican.com/guest-blog/human-ancestors-were-nearly-all-vegetarians/.

Eaton, Stanley, Loren Cordain, and Staffan Lindeberg: „Evolutionary Health Promotion: A Consideration of Common Counterarguments“, *Preventative Medicine* 34: 2 (2002): 119–23.

Eden Farmed Animal Sanctuary: „Interview with Jerry Friedman“, 4. Juli 2014, http://edenfarmedanimalsanctuary.com/animal-flesh-human-brain-evolution-dispelling-myths-2/.

Evans, Katy: „World's First Lab-Grown Chicken Has Been Tasted and Apparently it's Delicious“, *IFLScience*, 16. März 2017, http://www.iflscience.com/technology/worlds-first-labgrown-chicken-has-been-tasted-and-apparently-its-delicious/.

The Flaming Vegan: „Vegan Mythbusting #2: Eating Meat Gave Our Ancestors Bigger Brains“, 8. September 2014, http://www.theflamingvegan.com/view-post/Vegan-Mythbusting-2-Eating-Meat-Gave-Our-Ancestors-Bigger-Brains.

Food & Water Watch: „Factory Farm Nation“, November 2010, https://www.factoryfarmmap.org/wp-content/uploads/2010/11/FactoryFarmNation-web.pdf.

Food Empowerment Project: „Exporting Factory Farms“, http://www.foodispower.org/exporting-factory-farms/.

Freston, Kathy: „Shattering the Meat Myth: Humans Are Natural Vegetarians“, *Huffington Post*, 17. November 2011, https://www.huffingtonpost.com/kathy-freston/shattering-the-meat-myth_b_214390.html.

Garfield, Leanna: „A Former McDonald's CEO Is Teaming Up With the Vegan Meat Movement“, *Business Insider*, 10. November 2015, http://www.businessinsider.com/mcdonalds-vet-don-thompson-joins-beyond-meat-2015-11.

—: „Leonardo DiCaprio Just Invested in the Bill Gates–Backed Veggie Burger That 'Bleeds' Like Beef – Here's How It Tastes“, *Business Insider*, 17. Oktober 2017, http://www.businessinsider.com/review-leonardo-dicaprio-beyond-meat-veggie-plant-burger-2017-10.

Gibbons, Ann: „The Evolution of Di“, *National Geographic*, Februar 2013, https://www.nationalgeographic.com/foodfeatures/evolution-of-diet/.

Gowlett, John: „What Actually Was the Stone Age Diet?“, *Journal of Nutritional & Environmental Medicine* 13: 3 (2003): 143–47.

Haki, Danny: „At Hamburger Central, Antibiotics for Cattle That Aren't Sick“, *New York Times*, 23. März 2018, https://www.nytimes.com/2018/03/23/business/cattle-antiobiotics.html?rref=collection%2Ftimestopic%2FFactory%20Farming&action=click&contentCollection=timestopics&region=stream&module=stream_unit&version=latest&contentPlacement=1&pgtype=collection.

Hardy, Karen, Jennie Brand-Miller, Katherine D. Brown, Mark G. Thomas und

Les Copeland: „The Importance of Dietary Carbohydrate in Human Evolution“, *Quarterly Review of Biology* 90: 3 (2015): 251–68.

healthscience.blogspot.com/2012/12/why-you-can-all-stop-saying-meat-eating.html.

Humane Society of the United States: „Factory Farming in America“, http://www.humanesociety.org/assets/pdfs/farm/hsus-factory-farming-in-america-the-true-cost-of-animal-agribusiness.pdf.

Jha, Alok: „Synthetic Meat: How the World's Costliest Burger Made It On To the Plate“, *Guardian*, 5. August 2013, https://www.theguardian.com/science/2013/aug/05/synthetic-meat-burger-stem-cells.

Johns Hopkins: „History of Agriculture“, http://www.foodsystemprimer.org/food-production/history-of-agriculture/.

Kaplan, Hillard, Jane Lancaster und Ana Hurtado: „A Theory of Human Life History Evolution: Diet, Intelligence, and Longevity“, *Evolutionary Anthropology* 9: 4 (2000): 156–85.

King, Barbara: „Humans Are 'Meathooked' But Not Designed for Meat-Eating“, *NPR*, 19. Mai 2016, https://www.npr.org/sections/13.7/2016/05/19/478645426/humans-are-meathooked-but-not-designed-for-meat-eating.

Kristof, Nicholas: „Our Water-Guzzling Food Factory“, *New York Times*, 30. Mai 2015, https://www.nytimes.com/2015/05/31/opinion/sunday/nicholas-kristof-our-water-guzzling-food-factory.html?rref=collection%2Ftimestopic%2FFactory%20Farming.

Leneman, Leah: „No Animal Food: The Road to Veganism in Britain, 1909–1944“, *Society and Animals* 7: 3 (1999): 219–28.

Luca, Francesca, George Perry und Anna Di Rienzo: „Evolutionary Adaptations to Dietary Changes“, *Annual Review of Nutrition* 30 (2010): 291–314.

MarketsandMarkets: „Dairy Alternatives Market Worth $29.6 Billion by 2023“, Januar 2019, https://www.marketsandmarkets.com/PressReleases/dairy-alternative-plant-milk-beverages.asp.

Morris, Craig: „USDA Graded Cage-Free Eggs: All They're Cracked Up to Be“, *US Department of Agriculture*, 13. September 2016, https://www.usda.gov/media/blog/2016/09/13/usda-graded-cage-free-eggs-all-theyre-cracked-be.

Muskiet, Frits und Pedro Carrera-Bastos: „Beyond the Paleolithic Prescription: Commentary“, *Nutrition Reviews* 72: 4 (2014): 285–86.

Newkirk, Ingrid: „Will In Vitro Meat Help Put an End to Animal Suffering?“, Newsweek, 23. September 2017, http://www.newsweek.com/will-vitro-meat-help-put-end-animal-suffering-669615.

Nicholson, Ward: „Paleolithic Diet vs. Vegetarianism“, *Beyond Vegetarianism*, Oktober 1997, http://www.beyondveg.com/nicholson-w/hb/hb-interview1c.shtml.

O'Keefe Jr., James und Loren Cordain: „Cardiovascular Disease Resulting From a Diet and Lifestyle at Odds With Our Paleolithic Genome: How to Become a 21st-Century Hunter-Gatherer“, *PlumX Metrics* 79: 1 (2004): 101–8.

PETA: „Are Humans Supposed to Eat Meat?“, https://www.peta.org/features/

are-humans-supposed-to-eat-meat/.
PETA: „Factory Farming: Misery for Animals.“, https://www.peta.org/issues/animals-used-for-food/factory-farming/.
PETA: „10 Things We Wish Everyone Knew About the Meat and Dairy Industries“, 6. Dezember 2013, https://www.peta.org/living/food/10-things-wish-everyone-knew-meat-dairy-industries/.
Phys.org: „Milk Drinking Started Around 7,500 Years Ago in Central Europe“, *Phys.org*, 28. August 2009, https://phys.org/news/2009-08-years-central-europe.html.
Pobiner, Briana: „Meat-Eating Among the Earliest Humans“, *American Scientist*, März–April 2016, https://www.americanscientist.org/article/meat-eating-among-the-earliest-humans.
PR Newswire: „Meat Substitutes Market Worth 6.43 Billion USD by 2023“, 6. Februar 2018, https://www.prnewswire.com/news-releases/meat-substitutes-market-worth-643-billion-usd-by-2023-672903423.html.
Richards, Michael: „A Brief Review of the Archaeological Evidence for Palaeolithic and Neolithic Subsistence“, *European Journal of Clinical Nutrition* 56: 12 (2002): 1270–78.
Scheltens, Liz und Gina Barton: „How Big Government Helps Big Dairy Sell Milk“, *Vox*, 2. Mai 2016, https://www.vox.com/2016/5/2/11565698/big-government-helps-big-dairy-sell-milk.
Shapiro, Paul: „Lab-Grown Meat Is on the Way“, *Scientific American*, 19. Dezember 2017, https://blogs.scientificamerican.com/observations/lab-grown-meat-is-on-the-way/.
Shivan, Joshi: „Evolved to Eat Meat? Maybe Not“, *Huffington Post*, 5. März 2017, https://www.huffingtonpost.com/entry/evolved-to-eat-meat-maybe-not_us_58bc7e4be4b02eac8876d020.
Simon, David: „Uncle Sam Says: Eat More Meat!“, *Meatonomics*, 9. Dezember 2014, https://meatonomics.com/2014/12/09/uncle-sam-says-eat-more-meat/.
Smithsonian National Museum of Natural History: „Homo Erectus“, http://humanorigins.si.edu/evidence/human-fossils/species/homo-erectus.
—: „Homo Habilis“, http://humanorigins.si.edu/evidence/human-fossils/species/homo-habilis.
—: „Homo Neanderthalensis“, http://humanorigins.si.edu/evidence/human-fossils/species/homo-neanderthalensis.
—: „Homo Sapiens“, http://humanorigins.si.edu/evidence/human-fossils/species/homo-sapiens.
Sorvino, Chloe: „Tyson Invests In Lab-Grown Protein Startup Memphis Meats, Joining Bill Gates And Richard Branson“, *Forbes*, 29. Januar 2018, https://www.forbes.com/sites/chloesorvino/2018/01/29/exclusive-interview-tyson-invests-in-lab-grown-protein-startup-memphis-meats-joining-bill-gates-and-richard-branson/.
Strom, Stephanie: „Tyson to End Use of Human Antibiotics in Its Chickens by 2017“, *New York Times*, 28. April 2015, https://www.nytimes.com/2015/04/29/

business/tyson-to-end-use-of-human-antibiotics-in-its-chickens-by-2017.html?rref=collection%2Ftimestopic%2FFactory%20 Farming.
—: „What to Make of Those Animal-Welfare Labels on Meat and Eggs“, *New York Times*, 31. Januar 2017, https://www.nytimes.com/2017/01/31/dining/animal-welfare-labels.html?rref=collection%2Ftimestopic%2FFactory%20Farming.
Timmins, Beth: „Who Were the World's Very Earliest Vegans?“, *Independent*, 6. April 2017, http://www.independent.co.uk/life-style/who-were-the-world-s-very-earliest-vegans-a7668831.html.
Ungar, Peter: „The 'True' Human Diet.“, *Scientific American*, 17. April 2017, https://blogs.scientificamerican.com/guest-blog/the-true-human-diet/.
Universität Hohenheim: „Meat Substitutes and Lentil Pasta: Legume Products on the Rise in Europe“, 2. Dezember 2018, https://www.uni-hohenheim.de/en/press-release?tx_ttnews%5Btt_news%5D=39041&cHash=7d3379678828c2cddf90799cde96b63c.
University of Sydney: „Starchy Carbs, Not a Paleo Diet, Advanced the Human Race“, 10. August 2015, https://sydney.edu.au/news-opinion/news/2015/08/10/starchy-carbs--not-a-paleo-diet--advanced-the-human-race.html.
Vegan Society: „History“, https://www.vegansociety.com/about-us/history.
World Wildlife Fund: „Overview“, https://www.worldwildlife.org/threats/overfishing.
Wrangham, Richard: „The Evolution of Human Nutrition“, *Current Biology* 23: 9 (2013): PR354–R355.
Zaraska, Marta: „How Humans Became Meat Eaters“, *Atlantic*, 19. Februar 2016, https://www.theatlantic.com/science/archive/2016/02/when-humans-became-meateaters/463305/.
—: „Lab-Grown Beef Taste Test: 'Almost' Like a Burger“, *Washington Post*, 5. August 2013, https://www.washingtonpost.com/national/health-science/lab-grown-beef-taste-test-almost-like-a-burger/2013/08/05/921a5996-fdf4-11e2-96a8-d3b921c0924a_story.html?utm_term=.f18052f20c2c.
—: „Lab-grown Meat Is In Your Future, and It May Be Healthier Than the Real Stuff“, *Washington Post*, 2. Mai 2016, https://www.washingtonpost.com/national/health-science/lab-grown-meat-is-in-your-future-and-it-may-be-healthier-than-the-real-stuff/2016/05/02/aa893f34-e630-11e5-a6f3-21ccdbc5f74e_story.html?utm_term=.58dd6c22adfc.
Zeng, Spencer: „The Evolution of Diet“, *IMMpress Magazine*, 13. April 2017, http://www.immpressmagazine.com/the-evolution-of-diet/.
Zimmer, Carl: „How the First Farmers Changed History“, *New York Times*, 17. Oktober 2016, https://www.nytimes.com/2016/10/18/science/ancient-farmers-archaeology-dna.html.

ANMERKUNGEN

1. Maggie Koerth-Baker: „Humans Are Dumb at Figuring Out How Smart Animals Are", *FiveThirtyEight*, 18. Mai 2018, https://fivethirtyeight.com/features/humans-are-dumb-at-figuring-out-how-smart-animals-are/.
2. William Hodos: „Scala Naturae: Why There is no Theory in Comparative Psychology", *Psychological Review* 76: 4 (1969): 337–50.
3. „Slime Molds: No Brains, No Feet, No Problem", *PBS News Hour*, 5. April 2012, https://www.pbs.org/newshour/science/the-sublime-slime-mold.
4. Jane Lee: „New Theory on How Homing Pigeons Find Home", *National Geographic*, 30. Januar 2013, https://news.nationalgeographic.com/news/2013/13/130130-homing-pigeon-navigation-animal-behavior-science/.
5. Peter Brannen: „Tracking the Secret Lives of Great White Sharks", *Wired*, 19. Dezember 2013, https://www.wired.com/2013/12/secret-lives-great-white-sharks/.
6. Joseph Castro: „Wow! Dung Beetles Navigate by the Stars", *Live Science*, 24. Januar 2013, https://www.livescience.com/26557-dung-beetles-navigate-stars.html.
7. Pallab Ghosh: „Snails 'Have a Homing Instinct'", *BBC*, 3. August 2010, https://www.bbc.com/news/science-environment-10856523.
8. Sarah Knapton: „Snails Have Homing Instinct and Will Crawl (Slowly) Back to Motherland if Moved, BBC Wildlife Film Proves", *Telegraph*, 24. Juni 2017, https://www.telegraph.co.uk/science/2017/06/24/snails-have-homing-instinct-will-crawl-slowly-back-motherland/.
9. Laura Helmuth: „Saving Mali's Migratory Elephants", *Smithsonian Magazine*, Juli 2005, https://www.smithsonianmag.com/science-nature/saving-malis-migratory-elephants-74522858/.
10. Vlastimil Hart, Petra Nováková, Erich Pascal Malkemper, Sabine Begall, Vladimír Hanzal, Miloš Ježek, Tomáš Kušta, Veronika Němcová, Jana Adámková, Kateřina Benediktová, Jaroslav Červený und Hynek Burda: „Dogs Are Sensitive to Small Variations of the Earth's Magnetic Field", *Frontiers in Zoology* 10: 80 (2013).
11. Karin Brulliard: „Your Dog Really Does Know What You're Saying, and a Brain Scan Shows How", *Washington Post*, 31. August 2016, https://www.washingtonpost.com/news/animalia/wp/2016/08/30/confirmed-your-dog-really-does-get-you/?utm_term=.7f008d837514.
12. Brian Hare und Vanessa Woods: „Opinion: We Didn't Domesticate Dogs. They Domesticated Us", *National Geographic*, 3. März 2013, https://news.nationalgeographic.com/news/2013/03/130302-dog-domestic-evolution-science-wolf-wolves-human/.
13. „Measuring Animal Intelligence", *CBS News*, 18. März 2018, https://www.cbsnews.com/news/measuring-animal-intelligence/.
14. Rosamund Young: *The Secret Life of Cows* (London: Faber & Faber, 2018), 78.

15. *University of Lincoln*: „It's not just a grunt: Pigs really do have something to say", *ScienceDaily*, 29. Juni 2016, https://www.sciencedaily.com/releases/2016/06/160629100349.htm.
16. „It's not just a grunt: pigs really do have something to say", *University of Lincoln*, 29. Juni 2016, http://www.lincoln.ac.uk/news/2016/06/1240.asp.
17. Denise Herzing: „Could We Speak the Language of Dolphins?", *TED*, https://www.ted.com/talks/denise_herzing_could_we_speak_the_language_of_dolphins/transcript#t-178120.
18. Jeremy Manier: „Dolphin Cognition Fuels Discovery", *University of Chicago*, 3. September 2013, https://www.uchicago.edu/features/dolphin_cognition_fuels_discovery/.
19. Chris Otchy: „The Hypnotic Power of Repetition in Music", *Medium*, 5. Mai 2017, https://medium.com/@ChrisOtchy/the-hypnotic-power-of-repetition-in-music-8d59ab12b615.
20. Billy McQuay und Christopher Joyce: „It Took a Musician's Ear to Decode the Complex Song in Whale Calls", *NPR*, 6. August 2015, https://www.npr.org/2015/08/06/427851306/it-took-a-musicians-ear-to-decode-the-complex-song-in-whale-calls.
21. Kenneth Oakley: „The Earliest Tool-Makers", *Antiquity* 30: 117 (1956): 4–8.
22. Frans de Waal: *Are We Smart Enough to Know How Smart Animals Are?* (New York: W. W. Norton & Company, 2016), 62.
23. Benedict Carey: „Washoe, a Chimp of Many Words, Dies at 42", *New York Times*, 1. November 2017, https://www.nytimes.com/2007/11/01/science/01chimp.html.
24. Victoria Gill: „Chimpanzees' 66 Gestures Revealed", *BBC News*, 5. Mai 2011, http://news.bbc.co.uk/earth/hi/earth_news/newsid_9475000/9475408.stm.
25. Claire Spottiswoode, Keith Begg und Colleen Begg: „Reciprocal Signaling in Honeyguide–Human Mutualism", *Science* 353: 6297 (2016): 387–89.
26. Zoe Mendelson: „Traffic Is How City Birds Sing", *Next City*, 19. Februar 2016, https://nextcity.org/daily/entry/noise-pollution-bird-calls-san-francisco.
27. Joe Pinkstone: „Animals Take Turns to 'Speak' and Are Having Two-Way Conversations All Around Us, Claim Scientists", *Daily Mail*, 5. Juni 2018, https://www.dailymail.co.uk/sciencetech/article-5804697/Animals-turns-communicating-wait-turn-just-like-polite-humans-do.html.
28. Ashley Sullivan: „Wounda: The Amazing Story of the Chimp Behind the Hug with Dr. Jane Goodall", *The Jane Goodall Institute*, 21. November 2017, http://news.janegoodall.org/2017/11/21/tchimpounga-chimpanzee-of-the-month-wounda/.
29. Phillip Staines: *Linguistics and the Parts of the Mind* (Cambridge: Cambridge Scholars Publishing, 2018), 68.
30. Joseph Castro: „Animal Sex: How Sea Turtles Do It", *Live Science*, 5. Mai 2014, https://www.livescience.com/45354-animal-sex-sea-turtles.html.
31. Christine Peterson: „Ten Strange, Endearing and Alarming Animal Court-

ship Rituals“, *The Nature Conservancy*, 9. Februar 2016, https://blog.nature.org/science/2016/02/09/ten-strange-endearing-and-alarming-mating-habits-of-the-animal-world/.
32. Noah Strycker: *The Thing with Feathers* (New York: Riverhead Books, 2014), 248.
33. Ebd.
34. *University of Sheffield*: „Biased sex ratios predict more promiscuity, polygamy and 'divorce' in birds“, *ScienceDaily*, 24. März 2014, https://www.sciencedaily.com/releases/2014/03/140324090324.htm.
35. Sandra Guzman: „Think Pigeons Are a Nuisance? Meet New York City's Pigeon Whisperer“, *NBC News*, 16. Oktober 2015, https://www.nbcnews.com/news/latino/pigeons-nuisance-meet-new-york-city-s-pigeon-whisperer-n445506.
36. Brandon Keim: „What Pigeons Teach Us About Love“, *Nautilus*, 11. Februar 2016, http://nautil.us/issue/33/attraction/what-pigeons-teach-us-about-love.
37. „Slimy Leeches Are Devoted Parents“, *Business Report*, 2. Juli 2004, https://www.iol.co.za/business-report/technology/slimy-leeches-are-devoted-parents-216206.
38. Rosamund Young: *The Secret Life of Cows* (London: Faber & Faber, 2018), 30.
39. Simon Worrall: „How the Current Mass Extinction of Animals Threatens Humans“, *National Geographic*, 20. August 2014, https://news.nationalgeographic.com/news/2014/08/140820-extinction-crows-penguins-dinosaurs-asteroid-sydney-booktalk/?utm_source=Twitter&utm_medium=Social&utm_content=link_tw20140820news-extinct&utm_campaign=Content&sf4259638=1.
40. Kaeli Swift und John Marzluff: „Wild American Crows Gather Around Their Dead to Learn About Danger“, *Animal Behaviour* 109 (2015): 187–97.
41. Konrad Lorenz: *The Year of the Greylag Goose* (San Diego: Harcourt Brace Jovanovich, 1979), 39.
42. Francie Diep: „How Do Gorillas Grieve?“, *Pacific Standard*, 9. Juni 2016, https://psmag.com/news/how-do-gorillas-grieve.
43. Roger Highfield: „Elephants Show Compassion in Face of Death“, *Telegraph*, 14. August 2006, https://www.telegraph.co.uk/news/1526287/Elephants-show-compassion-in-face-of-death.html.
44. Jennifer Holland: „Surprise: Elephants Comfort Upset Friends“, *National Geographic*, 18. Februar 2014, https://news.nationalgeographic.com/news/2014/02/140218-asian-elephants-empathy-animals-science-behavior/.
45. Brian Resnick: „Do Animals Feel Empathy? Inside the Decades-Long Quest for an Answer“, *Vox*, 5. August 2016, https://www.vox.com/science-and-health/2016/2/8/10925098/animals-have-empathy.
46. Ebd.
47. Holly Cheever: „A Bovine Sophie's Choice“, *All-Creatures.org*, Sommer 2011, http://www.all-creatures.org/articles/ar-bovine.html.

48. *University of Portsmouth*: „Great apes 'play' tag to keep competitive advantage", *ScienceDaily*, 14. Juli 2010, https://www.sciencedaily.com/releases/2010/07/100713191223.htm.
49. Peter Gray: „Chasing Games and Sports: Why Do We Like to Be Chased?", *Psychology Today*, 5. November 2008, https://www.psychologytoday.com/us/blog/freedom-learn/200811/chasing-games-and-sports-why-do-we-be-chased.
50. Karl Groos: *The Play of Animals* (New York: D. Appleton and Company, 1898), 75.
51. Michael Steele, Sylvia Halkin, Peter Smallwood, Thomas McKenna, Katerina Mitsopoulos und Matthew Beam: „Cache Protection Strategies of a Scatter-Hoarding Rodent: Do Tree Squirrels Engage in Behavioural Deception?", *Animal Behaviour* 75: 2 (2008): 705–14.
52. Scott Nunes, Eva-Maria Muecke, Lesley Lancaster, Nathan Miller, Marie Mueller, Jennifer Muelhaus und Lina Castro: „Functions and Consequences of Play Behaviour in Juvenile Belding's Ground Squirrels", *Animal Behaviour* 68: 1 (2004): 27–37.
53. Robert Fagen und Johanna Fagen: „Play Behaviour and Multi-Year Juvenile Survival in Free-Ranging Brown Bears, Ursus Arctos", *Evolutionary Ecology Research* 11 (2009): 1053–67.
54. Frans de Waal und Angeline van Roosmalen: „Reconciliation and Consolation Among Chimpanzees", *Behavioral Ecology and Sociobiology* 5: 1 (1979): 55–66.
55. Samina Farooqi und Nicola Koyama: „The Occurrence of Postconflict Skills in Captive Immature Chimpanzees", *International Journal of Primatology* 37: 2 (2016): 185–99.
56. Lynda Sharpe: „So You Think You Know Why Animals Play", *Scientific American*, 17. Mai 2011, https://blogs.scientificamerican.com/guest-blog/so-you-think-you-know-why-animals-play/.
57. Zazie Todd: „Why Do Dogs Play?", *Companion Animal Psychology*, 8. November 2017, https://www.companionanimalpsychology.com/2017/11/why-do-dogs-play.html.
58. Victoria Allen: „'Here's Looking at You Kid': Goats Can Recognise Happy Humans and Are More Drawn to Those With Smiling Faces, Study Finds", *Daily Mail*, 28. August 2011, https://www.dailymail.co.uk/news/article-6108275/Goats-recognise-happy-humans-drawn-smiling-faces-study-finds.html.
59. „The Hidden Lives of Pigs", *PETA*, https://www.peta.org/issues/animals-used-for-food/factory-farming/pigs/hidden-lives-pigs/.
60. „New Caledonian Crows Can Create Tools From Multiple Parts", *University of Oxford*, 24. Oktober 2018, http://www.ox.ac.uk/news/2018-10-24-new-caledonian-crows-can-create-tools-multiple-parts.
61. Rachel Nuwer: „Ten Curious Facts About Octopuses", *Smithsonian.com*, 31. Oktober 2013, https://www.smithsonianmag.com/science-nature/ten-curious-facts-about-octopuses-7625828/.

62. Michael Kuba, Ruth Byrne und Daniela Meisel: „When Do Octopuses Play? Effects of Repeated Testing, Object Type, Age, and Food Deprivation on Object Play in *Octopus vulgaris*", *Journal of Comparative Psychology* 120: 3 (2006): 184–90.
63. Katherine Courage: „How the Freaky Octopus Can Help Us Understand the Human Brain", *Wired*, 1. Oktober 2013, https://www.wired.com/2013/10/how-the-freaky-octopus-can-help-us-understand-the-human-brain/.
64. Rosemary McTier: *An Insect View of Its Plain* (Jefferson: McFarland & Company, 2013), 162.
65. Ingrid Newkirk: *The PETA Practical Guide to Animal Rights* (New York: St. Martin's Press, 2009), 216.
66. Ebd.
67. Bernice Bovenkerk und Jozef Keulartz (Hrsg.), *Animal Ethics in the Age of Humans: Blurring Boundaries in Human–Animal Relationships* (New York: Springer Publishing, 2016), 113.
68. Rachel Hajar: „Animal Testing and Medicine", *Heart Views* 12: 1 (2011): 42.
69. Nuno Franco: „Animal Experiments in Biomedical Research: A Historical Perspective", *Animals* 3: 1 (2013): 238–73.
70. „Experiments on Animals: Overview", *PETA*, https://www.peta.org/issues/animals-used-for-experimentation/animals-used-experimentation-factsheets/animal-experiments-overview/.
71. „8 Expert Quotes Admitting That Testing on Animals Is Unreliable", *PETA*, https://www.peta.org/features/expert-quotes-reasons-animal-testing-unreliable/.
72. „PVM Cancer Researcher Collaborates on Creating Device to Identify Risks for Breast Cancer", *Purdue University*, https://vet.purdue.edu/newsroom/2017/pvr-a2017-breast-cancer-research.php.
73. „Trauma Training 101", *PETA*, http://features.peta.org/TraumaTraining/101.asp.
74. Michael Miller: „Meet Chris, the insanely overgrown sheep that nearly died for the sake of our fashion", 3. September 2015, https://www.washingtonpost.com/news/morning-mix/wp/2015/09/03/meet-chris-the-insanely-overgrown-sheep-that-nearly-died-for-the-sake-of-our-fashion/?noredirect=on&utm_term=.8af09ae71717.
75. „Another Patagonia-Approved Wool Producer Exposed – Help Sheep Now", *PETA*, https://investigations.peta.org/another-patagonia-approved-wool-producer-exposed/.
76. „Dispatches from Paris: Stella McCartney", *Elle UK*, 3. September 2015, https://www.elle.com/uk/fashion/news/a25155/stella-mccartney-autumn-winter-2015-catwalk-review-rebecca-lowthorpe/.
77. Brooke Bobb: „Donatella Versace Says Fur Is Over", *Vogue*, 14. März 2018, https://www.vogue.com/article/donatella-versace-fur.
78. Georgina Safe: „Sans Beast: Vegan Accessories Brand Reflects Global Shift to Ethical Fashion", *Australian Financial Review*, 26. Februar 2018, https://

www.afr.com/lifestyle/sans-beast-vegan-accessories-brand-reflects-global-shift-to-ethical-fashion-20180206-h0un3n.

79. Tess Kornfeld: „Eco-Friendly Stella McCartney Reveals 'Skin-Free Skin' Fabric During Fall '17 Show in Paris", *Us Magazine*, 7. März 2017, https://www.usmagazine.com/stylish/news/stella-mccartney-reveals-skin-free-skin-fabric-at-fall-17-show-w470838/.
80. Pete Norman: „Pamela Anderson Gives UGGs the Boot", *People*, 23. Februar 2007, https://people.com/celebrity/pamela-anderson-gives-uggs-the-boot/.
81. Hannah Parry: „EXCLUSIVE: Actor Alan Cumming is pleading for the release of his former chimpanzee co-star Tonka from 'cockroach-infested' Missouri sanctuary", *Daily Mail*, 3. Juni 2017, https://www.dailymail.co.uk/news/article-4568922/Alan-Cumming-pleads-release-chimp-costar-Tonka.html.
82. „Zoos: Pitiful Prisons", *PETA*, https://www.peta.org/issues/animals-in-entertainment/animals-used-entertainment-factsheets/zoos-pitiful-prisons/.
83. „Marine Animal Exhibits: Chlorinated Prisons", *PETA*, https://www.peta.org/issues/animals-in-entertainment/animals-used-entertainment-factsheets/marine-animal-exhibits-chlorinated-prisons/.
84. George Diaz: „Iditarod Dog Deaths Unjustifiable", *Orlando Sentinel*, 5. März 2000, https://www.orlandosentinel.com/news/os-xpm-2000-03-05-0003050070-story.html.
85. „Graveyard Races: Summary", *PETA*, https://www.peta.org/features/graveyard-races/summary/.
86. Petrine Mitchum und Audrey Pavia: *Hollywood Hoofbeats: The Fascinating Story of Horses in Movies and Television* (Los Angeles: i5 Publishing, 2014).
87. „Animal Actors: Command Performances", *PETA*, https://www.peta.org/issues/animals-in-entertainment/animals-used-entertainment-factsheets/animal-actors-command-performances/.
88. Rachel Abramowitz: „'Every Which Way but Abuse' Should Be Motto", *Los Angeles Times*, 27. August 2008, http://articles.latimes.com/2008/aug/27/entertainment/et-brief27.
89. M. Dimesh Varma: „From Tent to the Stage, Transforming Circus", *The Hindu*, 26. Oktober 2017, https://www.thehindu.com/news/cities/puducherry/from-tent-to-the-stage-transforming-circus/article19920134.ece.
90. Richard Bowie: „*Jungle Book* Film Awarded for Sparing Animal Lives", *Veg News*, 10. April 2016, https://vegnews.com/2016/4/jungle-book-film-awarded-for-sparing-animal-lives.
91. Beth Timmins: „Who Were the World's Very Earliest Vegans?", *Independent*, 6. April 2017, http://www.independent.co.uk/life-style/who-were-the-world-s-very-earliest-vegans-a7668831.html.
92. „Are Humans Supposed to Eat Meat?", *PETA*, https://www.peta.org/features/are-humans-supposed-to-eat-meat/.
93. Kathy Freston: „Shattering the Meat Myth: Humans Are Natural Vegetarians", *Huffington Post*, 17. November 2011, https://www.huffingtonpost.com/kathy-freston/shattering-the-meat-myth_b_214390.html.

94. Danny Hakim: „At Hamburger Central, Antibiotics for Cattle That Aren't Sick", *New York Times*, 23. März 2018, https://www.nytimes.com/2018/03/23/business/cattle-antiobiotics.html.
95. Russell Simmons und Chris Morrow: *The Happy Vegan* (New York: Avery, 2015), 166.
96. Bert Archer: „The Ethics, Emotion & Logic Behind Going Vegan", *Everything-Zoomer*, 1. November 2018, http://www.everythingzoomer.com/food/2018/11/01/going-vegan/.
97. Caldwell Esselstyn Jr., Gina Gendry, Jonathan Doyle, Mladen Golubic und Michael Roizen: „A Way to Reverse CAD?", *Journal of Family Practice* 63: 7 (2014): 356–64.
98. Marl Wahlqvist, Tao Huang, Ju-Sheng Zheng, Guipu Li, Duo Li und Young Bin: „Cardiovascular Disease Mortality and Cancer Incidence in Vegetarians: A Meta-Analysis and Systemic Review", *Annals of Nutrition and Metabolism* 60: 4 (2012): 233–40.
99. Timothy Key, Elizabeth Spencer, Paul Appleby und Ruth Travis: „Cancer incidence in vegetarians: results from the European Prospective Investigation into Cancer and Nutrition (EPIC-Oxford)", *American Journal of Clinical Nutrition* 89: 5 (2009): 1620–26.
100. „Frequently Asked Questions", *Beyond Meat*, https://www.beyondmeat.com/faqs/.
101. Kat Eschner: „Winston Churchill Imagined the Lab-Grown Hamburger", *Smithsonian.com*, 1. Dezember 2017, https://www.smithsonianmag.com/smart-news/winston-churchill-imagined-lab-grown-hamburger-180967349/.
102. Zara Stone: „The High Cost of Lab-To-Table Meat", *Wired*, 8. März 2018, https://www.wired.com/story/the-high-cost-of-lab-to-table-meat/.
103. Adele Peters: „Lab-Grown Meat Is Getting Cheap Enough for Anyone to Buy", *Fast Company*, 2. Mai 2018, https://www.fastcompany.com/40565582/lab-grown-meat-is-getting-cheap-enough-for-anyone-to-buy.
104. Rip Esselstyn: *Plant Strong: Discover the World's Healthiest Diet* (New York: Grand Central Life & Style, 2015), 95.

ÜBER DIE AUTOREN

Ingrid E. Newkirk ist Vorsitzende und Gründerin von People for the Ethical Treatment of Animals (PETA), der mit über 6,5 Millionen Mitgliedern und Unterstützern größten Tierrechtsorganisation der Welt. Sie konnte in ihrem Leben schon viele Erfolge für die Tiere erzielen. Unter anderem koordinierte sie die erste Verhaftung und Verurteilung eines Wissenschaftlers wegen Tierquälerei in der Geschichte der USA. Sie war an der Verabschiedung des ersten Tierschutzgesetzes Taiwans beteiligt und sorgte dafür, dass erstmals im Kontext der Massentierhaltung Anklage wegen Tierquälerei als schwere Straftat erhoben wurde und auch die erste Anklage wegen Tierquälerei an Vögeln in der Massentierhaltung – ebenfalls als schwere Straftat – erging. Außerdem war Ingrid Newkirk federführend an der Schließung eines geheimen Labors des US-Verteidigungsministeriums, in dem auf Hunde geschossen wurde, beteiligt sowie an der Schließung des größten Pferdeschlachthofs Nordamerikas wegen Tierquälerei. Auch hinter der Abschaffung aller Auto-Crash-Tests an Tieren weltweit war sie treibende Kraft. Ihre Kampagnen für einen tierfreundlichen Lebensstil haben es auf die Titelseiten beinahe jeder Zeitung der USA, des Vereinigten Königreichs und Indiens geschafft. Die Zeitschrift *Fortune* ernannte sie zu einer der wichtigsten Geschäftspersonen des Jahres und der *Washingtonian* zur Washingtonerin des Jahres. Der *New Yorker*, das *New York Times Magazine*, die *London Times*, *Forbes* und *People* berichteten ausführlich über sie und sie war Gast in diversen TV-Formaten wie *Colbert Report*, *Today*, der *Oprah Winfrey Show*, *Nightline* und *60 Minutes*. Und als sei das noch nicht genug, wurden über Ingrid Newkirk bereits zwei Dokumentationen gedreht: *Ingrid Newkirk: The Naked Revolutionary* von der BBC und die preisgekrönte HBO-Dokumentation *I Am an Animal*.

Gene Stone (www.genestone.com) hat Abschlüsse der Universitäten Stanford und Harvard, war als Freiwilliger im Friedenskorps und ist als Journalist sowie als Lektor für Bücher, Zeitschriften und Zeitungen tätig, z. B. für Simon & Schuster, Bantam Books, die *Los Angeles Times* und *Esquire*. Er ist Autor, Mitautor oder Ghostwriter von insgesamt 45 Büchern (15 davon Bestseller in den USA) zu unterschiedlichen Themen. Seit einigen Jahren beschäftigt er sich jedoch vorwiegend mit pflanzlichen Ernährungsweisen und ihren Auswirkungen auf den Tierschutz, die menschliche Gesundheit und die Umwelt. Einige seiner Bücher sind: *The Engine 2 Diet*, *How Not to Die*, *Gabel statt Skalpell*, *The Awareness*, *Eat for the Planet*, *Living the Farm Sanctuary Life*, *Mercy for Animals* und *Rescue Dogs*.

ÜBER PETA DEUTSCHLAND E.V.

PETA Deutschland e.V., ein Tierschutzverein, der sich für die Rechte aller Tiere einsetzt, wurde Ende 1993 gegründet und ist eine Partnerorganisation von PETA USA, der mit über sechs Millionen Unterstützern weltweit größten Tierrechtsorganisation. Weitere Partnerorganisationen sind in Asien, Australien, Frankreich, Großbritannien, Indien und den Niederlanden tätig. PETA steht für People for the Ethical Treatment of Animals („Menschen für einen ethischen Umgang mit Tieren"). Der Verein handelt in der Tradition sozialer Befreiungsbewegungen und macht sich unter dem Motto „Tiere sind nicht dazu da, dass wir an ihnen experimentieren, sie essen, sie anziehen, sie uns unterhalten oder wir sie in irgendeiner anderen Form ausbeuten" für ein Ende der Misshandlung, Diskriminierung und Ausbeutung von Tieren stark.

PETA Deutschland e.V. und seine internationalen Partnerorganisationen wurden gegründet, um über die anhaltende Tierquälerei in vielen verschiedenen Bereichen unserer Gesellschaft aufzuklären und die Einsicht zu fördern, dass Tiere das naturgegebene Recht darauf haben, mit Respekt behandelt zu werden. Die gemeinnützige Organisation setzt sich gegen Speziesismus ein – eine Weltanschauung, die den Menschen als allen anderen Lebewesen überlegen einstuft. Ziel der Tierrechtsorganisation ist es, das Mitgefühl für Tiere zu stärken, Tierquälerei zu stoppen und Tierrechte zu etablieren, um jedem Tier zu einem besseren Leben zu verhelfen.

In ihren Standorten in Stuttgart und Berlin beschäftigt PETA über 120 Mitarbeiter und hat allein in Deutschland mehr als 1,5 Millionen Unterstützer. PETA ist bekannt dafür, die Öffentlichkeit durch aufsehenerregende Aktionen auf die verheerende Situation der Tiere aufmerksam zu machen. Reichweitenstarke Kampagnen mit prominenten Unterstützern sind seit der Gründung ein Markenzeichen von PETA in der öffentlichen Wahrnehmung. Weniger bekannt ist die Vielzahl anderer Strategien und Arbeitsweisen, die PETA ebenfalls verfolgt, um ihr Ziel zu erreichen.

PETAs Rechtsabteilung beispielsweise erstattet jedes Jahr mehrere hundert Strafanzeigen gegen Tierquäler und systemimmanente Tierquälerei: Die Form der Tierquälerei, die durch die Haltungsbedingungen von Millionen Tieren in der Nahrungsmittel- und Bekleidungsindustrie entsteht und von den Produzenten billigend in Kauf genommen oder gar aktiv geplant wird.

Die Rechtsabteilung des Vereins hält jedes Jahr eine Tierrechtskonferenz ab. Das Symposium bietet ein in dieser Form einmaliges Forum für den interdisziplinären wissenschaftlichen Diskurs zur wirksamen Beendigung von Tierquälerei, Tierausbeutung und Tiertötung durch den Menschen. PETA führt Gespräche mit Menschen in der Politik auf Landes- und Bundesebene, um rechtliche Fortschritte für die Tiere zu erreichen. Das PETA Science Consortium International e.V. – kurz PSCI – setzt sich unter anderem innerhalb europäischer Institutionen dafür ein, dass Alternativen zu Tierversuchen entwickelt und gefördert, von Behörden auf nationaler und internationaler Ebene anerkannt und von Industrieunternehmen und Forschungseinrichtungen angewandt werden.

PETA berät unter anderem Modeunternehmen, Lebensmittelkonzerne und Automobilhersteller auf dem Weg zu einem tierfreundlichen Produktsortiment. Die Organisation klärt über die vegane Ernährung auf und stellt ein ernährungswissenschaftlich konzipiertes Umstiegsprogramm sowie tausende von veganen Rezepten kostenfrei zur Verfügung.

Gemeinsam mit der rumänischen Organisation EDUXANIMA hat PETA Deutschland e.V. ein mobiles Kastrationsprojekt für Straßenhunde in Rumänien ins Leben gerufen, um das Leid der dortigen heimatlosen Tiere nachhaltig zu verringern. Im Rahmen des Programms werden jährlich mehr als 8.000 Hunde und Katzen kastriert, registriert oder medizinisch versorgt. Zudem wird Tierrechtsunterricht an rumänischen Schulen angeboten und Schritt für Schritt als Pflichtfach etabliert, damit die junge Generation ein tierfreundliches Rumänien aufbauen kann. Die enge Zusammenarbeit mit der lokalen Politik und den Schulen vor Ort hat ein klares Ziel: in Rumänien ein ethisches Management der heimatlosen Hunde zu etablieren und die Rechte der Tiere in der Gesellschaft zu verankern.

PETA ist also laut für die Tiere, kann aber auch leise: Der Verein konfrontiert, recherchiert, klärt auf. Als Organisation, die sich für die Rechte aller Tiere einsetzt, fordert PETA, dass Tiere in allen Belangen moralisch berücksichtigt und ihre Rechte als Subjekte anerkannt werden. Mit öffentlichkeitswirksamen Mitteln übt PETA Druck auf Verantwortliche aus Politik und Wirtschaft aus, um weitreichende und anhaltende Veränderungen im Umgang mit Tieren zu erreichen. Ihre Ziele versteht PETA als ethisch und moralisch alternativlos.

Mehr Informationen über PETAs Arbeit: PETA.de